服装定制全析手册

男装

贺宪亭　吴天美　著

中国纺织出版社有限公司

内 容 提 要

本书从西装的起源、演变、发展、款式、类别、板型、工艺和面料等基础知识入手，配以大量品牌案例，着重讲解了西装的搭配与礼仪，包括配服与配伍、衬衫的剪裁与选择、不同人体对西装的影响、色彩与西装的关系、西装的量体服务等。在实地考察的基础上简单分析了西装的起源地英国伦敦萨维尔街的各个店铺现状和优势。最后基于云衣定制平台已有的实战经验，讲解了服装定制的市场营销策略和互联网应用，既有基础理论知识，也有3D扫描和3D试衣的前沿概念。

本书既可作为服装定制行业的学生、相关从业人员的培训辅导用书，也适合对男装定制、西装文化与搭配感兴趣的大众读者阅读。

图书在版编目（CIP）数据

服装定制全析手册. 男装/贺宪亭，吴天美著. --北京：中国纺织出版社有限公司，2022.3
ISBN 978-7-5180-9030-3

Ⅰ. ①服… Ⅱ. ①贺… ②吴… Ⅲ. ①男服—服装量裁—手册 Ⅳ. ①TS941.71-62

中国版本图书馆CIP数据核字（2021）第210485号

责任编辑：苗　苗　谢冰雁　　责任校对：江思飞
责任印制：王艳丽

中国纺织出版社有限公司出版发行
地址：北京市朝阳区百子湾东里A407号楼　邮政编码：100124
销售电话：010—67004422　传真：010—87155801
http://www.c-textilep.com
中国纺织出版社天猫旗舰店
官方微博 http://weibo.com/2119887771
北京华联印刷有限公司印刷　各地新华书店经销
2022年3月第1版第1次印刷
开本：889×1194　1/16　印张：15.5
字数：315千字　定价：89.00元

PREFACE
自序

迎接服装定制行业的春天

服装行业正在发生着一场深刻而伟大的变革，服装定制的春天正在走来。

最近几年，在国家供给侧改革的大背景下，服装定制化转型的呼声不断高涨，服装企业纷纷开始了定制化转型的探索，各式各样的服装定制店、定制会所如雨后春笋般开遍了祖国的大江南北，更有各种互联网模式的服装定制项目不断涌现。一时间，服装定制似乎成了每个服装人都不得不面对的事情。服装为什么需要转型定制？如何做好定制？

五年前，笔者在北京大学参加商业模式的研讨会，根据魏炜和朱武祥老师的商业模式原理设计了云衣定制平台，那时我有种强烈的感觉，服装行业转型定制一定会成为趋势。在这之前，笔者从事服装行业以及服装数字化研究已经快二十年了，每天看到听到大量的服装行业信息，尤其是自2000年后，中国的服装外贸就开始了下滑，紧接着过度涌入的内销造成了大量库存，以及服装批发行业的没落。随之而来的是电商的崛起，而伴随而来的是电商的高退货率好像无药可治。服装行业仿佛到了一个崩溃的边缘。

其实深入研究一下服装行业的发展就能发现，服装行业的高库存和高退货率，其根本原因在于：预测式的生产模式与消费者日益增加的个性化需求存在着无法逾越的鸿沟。在服装工业出现以前，人类的服装都是私人定制的，当服装工业出现以后，机器设备和标准化让规模生产成了优势，批量化的成衣逐步取代了之前的手工定制。而工业的发展并不能泯灭人类对于服装的个性化需求，当我们的经济发展到衣食住行不再仅仅为了生存的时候，个性也就完全战胜了趋同。

社会的车轮滚滚向前，我们不可能回到几十年前的那种手工作坊式的定制，现在的定制一定是建立在数字化、智能化基础上的定制，也就是用标准化的手段来生产个性化的产品。笔者所在的博克科技十多年来一直专注于服装数字化系统的研究开发，尤其是我们所做的参数化的CAD系统刚好适应了服装行业定制化的需要，让定制制板的时间从几个小时缩短为几分钟，所以博克定制CAD得到了广大服装企业的认可，短短几年，近万家的服装企业选择了博克系统。在此基础上，我们研发了云衣定制平台，通过互联网，将各地的定制数据与板型设计和工厂生产同步共享，同时与其他各类企业系统对接，实现了全方位的数据互通，从而实现基于数字技术的柔性化生产。

云衣定制平台的成长速度非常快，短短一年时间，各地的定制加盟店接近三百家，超过了很多传统品牌企业近十年的发展成果。我们深知，互联网不是万能的，要做好定制，服装技术、供应链、营销与服务等，一个都不能少。尤其是定制与成衣最大的不同在于每件衣服都是对应着一个独立的人，世界上不存在两个完全一样的人，所以要把定制做好，让客户满意，并不容易。

2015年，笔者带领一个考察团去欧洲考察了几十家男装定制店，看到了中国定制与它们的差距。其实在硬件方面，它们并不能和我们相比，中国有世界上最强大的服装产业体系，设备先进、服装技术一流、产业工人全球第一、各种配套资源应有尽有，而在软件方面，他们明显比我们具备优势，有很多定制店经营的时间至少几十年，多的甚至两三百年，积累了深厚的服装文化，在服务方面非常专业。可见，我们要想发展定制，需要补上服装文化和专业服务这门课。

出版此书，是笔者及团队多年积累的经验的总结，也希望通过这一途径，让更多的服装定制界朋友以及正在准备进入这一行业的朋友能够分享到我们的经验。在此也希望更多的前辈能够不吝赐教，让我们的教材不断改进。

云衣定制创始人：贺宪亭

2020年9月22日

CONTENTS
目录

第一章

西装的起源、演变与发展

THE ORIGIN, EVOLUTION AND DEVELOPMENT OF BUSINESS SUIT

第一节 西装的起源

西装的起源在学界有两种不同的说法：一种说法是西装起源于西欧的渔民，另一种说法是西装源自英国王室的传统服装。

说法一：

西服的结构源于北欧南下的日耳曼民族服装，当时西欧渔民终年与海洋为伴，在海里谋生，着装散领、少扣，捕起鱼来才会方便。

它以人体活动和体型等特点的结构分离组合为原则，形成了以打褶、分片、分体的服装缝制方法，并以此确立了流行当今的服装结构模式。

说法二：

源自英国王室的传统服装（图1-1）。它是以男士穿着，使用同一面料成套搭配的三件套装，由上衣、背心和裤子组成。在造型上延续了男士礼服的基本形式，属于日常服中的正统装束，使用场合甚为广泛，并从欧洲影响到国际社会，成为世界指导性服装。

现代西服形成于19世纪中叶，从其构成特点和历史演变来看，至少可以追溯到17世纪后半叶的路易十四时代（图1-2）。

↗图1-1　英国宫廷服装
↘图1-2　17世纪欧洲男性贵族服装

第二节 西装的演变

西装，在全球范围内是男装中最重要的正装，西装之所以长盛不衰，除了西装的美观性、功能性以外，很重要的原因在于它拥有深厚的文化内涵，而要了解西装的文化，就不得不重温一下西装的发展史（图1-3）。

从起源于17世纪的究斯特科尔（Justaucorps），到诞生于休息室的拉翁基夹克（Lounge Jacket），到温莎公爵推崇的定制风尚，再到19世纪末更为轻便的普通西装的出现，西装成为男士日常生活中不可或缺的一部分。

一、军装演变时期西装雏形的出现（1690年）

法国国王路易十四从士兵所穿着的卡萨克外套（Cassock）得到灵感，将其改良为衣长及膝、腰身贴合的究斯特科尔外套（图1-4），和比其略短的"贝斯特"及紧身合体的半截裤"克尤罗特"一起登上历史舞台，构成现代三件套西服的组成形式，并形成了多种穿着习惯。究斯特科尔前门襟扣子一般不扣，要扣一般只扣腰围线上下的几粒，这就是现代的单排扣西装一般扣子不扣不为失礼的原因，也是两粒扣子只扣上面一粒的穿着习惯的由来。

领带的始祖：1705年，克拉巴特

1670—1675年，克罗地亚轻骑兵作为路易十四的近卫兵在巴黎服役，他们被称为"克拉巴特近卫兵"。其脖子上系一条亚麻布引起人们的模仿而成为男装领口不可缺少的装饰物，这就是现代领带的始祖"克拉巴特"（图1-5）。

↓ 图1-3　早期西装

→ 图1-4　究斯特科尔外套

二、奠定西装时期

19世纪英国伦敦社交圈有名的博·布鲁梅尔（Beau Brummell）将三件式西服加领带的穿着方法带入伦敦社交圈，并在他流亡法国时，成为法国社交圈晚宴服装的新宠（图1-6），一举改变了西装的地位。

在1799年到1816年这段时间，布鲁梅尔确实改变了英国甚至整个欧洲男人，以及女人的穿衣方式。布鲁梅尔的影响力甚至改变了男人向世界展示自己的方法，即一个人的姿态和风度，对于智慧的追求以及“一丝悠闲的淡泊”，这些成为与绅士联系在一起的品质。

三、便装西服的产生（1850年）

诞生于1850年的拉翁基夹克是维多利亚时代的产物。当时的英国上层社会有许多礼仪讲究，特别是夜里的社交活动，男士必须穿燕尾服，举止文雅、谈吐不俗。晚宴过后，男士们可以聚在餐厅旁的休息室小憩，只有在这里，才可以抽烟、喝白兰地、开玩笑，也可以在沙发上躺卧，这时那笔挺的、紧包身体的燕尾服就显得不合时宜了。

于是，一种宽松的无尾夹克作为休息室专用的服装登上历史的舞台，这就是“拉翁基夹克”（意为休闲外套）（图1-7）。在相当一段时间里，这种夹克是不能登大雅之堂的，只限于休息或郊游、散步等休闲时穿用。19世纪后半叶，这种夹克上升为男装中一个重要品种，当时牛津大学、剑桥大学的学生穿的牛津夹克、剑桥外套也都是这种造型。

↓ 图1-5　克拉巴特
↙ 图1-6　布鲁梅尔时期的服装
↘ 图1-7　拉翁基夹克

四、温莎公爵引领的定制风尚（1930年）

20世纪初，温莎公爵作为英国王储期间，多次在出访美国与欧洲各地时身着三件式西装，消弭了对于西装非正式服装的疑虑，并掀起一阵风潮（图1-8）。

温莎公爵对于西服的影响不止于此，天生的优雅品位使他痴迷于手工定制西服。至今依然很难找到一位比温莎公爵更成功的手工定制西装"代言人"，一条位于英国伦敦以手工定制西服闻名的萨维尔街（Savile Row），在他的长期光顾与推崇之下声名远播，众多皇亲贵族、好莱坞明星、美国新富都受其影响，纷纷成为萨维尔街手工定制服的粉丝。西服术语中提到的"温莎领""温莎结"几乎是无人不晓，这都是受到以对服装美学鉴赏力著称的温莎公爵的影响。温莎公爵对于服装的审美品位提供给后世服装师们无限创作灵感，间接影响着后世男性的穿戴格调。

五、20世纪40年代的军服（1940年）

第二次世界大战期间，人们崇尚威武的军人风度，无论男装还是女装，都流行军服式。自1940年起，男装流行宽肩式（Boldlook），所谓"Bold"是大胆的意思，其特点是用厚而宽的垫肩大胆地夸张和强调男性那宽阔、强壮的肩部；与之相呼应，领子、驳头及领带也都变宽，前摆下角的弧线也变得方硬（图1-9）。裤子宽松肥大，上裆很长。

↓ 图1-8　温莎公爵时期的服装
→ 图1-9　20世纪40年代的西装

六、20世纪80年代的田园风格

20世纪80年代是一个复古的年代，随着世界经济一度复苏，西方传统的构筑式服饰文化又一次受到重视。20世纪70年代末的倒梯型西服这时又回到传统的英国式造型上来，但与以往不同的是人们在这个传统造型中追求舒适感，胸部放松量较大，驳头变大，扣位降低。单件上衣与异色裤子的自由组合很受欢迎。人们在稳重的传统造型中追求无拘无束的休闲气氛，以在宽松舒适的休闲西服中寻找传统美的感觉。在这种背景下，英国用粗花呢制作的“田园式”服装非常时髦。从此，休闲西服日渐兴盛（图1-10）。

第三节 西装在中国的发展

一、中国第一套国产西装

清末时期，浙江奉化一代的服装从业者利用给外国人士修补衣服的机会，解剖并了解了西装的基本构成，逐步发展成为民国时期红极一时的“红帮裁缝”（图1-11）。中国第一套国产西装诞生于清末，是红帮裁缝为知名民主革命家徐锡麟制作的。徐锡麟于1903年在日本大阪与在日本学习西装工艺的宁波裁缝王睿谟相识，次年，徐锡麟回国，在上海王睿谟开设的王荣泰西服店定制西服，王睿谟花了三天三夜时间，全部用手工一针一线缝制出中国第一套国产西装。在当时的情况下，其工艺未必超得过西方国家的制作水平，但已充分显示出红帮裁缝的高超工艺，成为中国西装跻身于世界民族之林的先行者。

↓ 图1-10　20世纪80年代的西装

→ 图1-11　红帮裁缝裁剪西装

关于红帮裁缝

19世纪末，许多浙江宁波的奉化人为求活路，纷纷外出谋生，从事裁缝行当，站稳脚跟后他们又把亲戚、朋友、同乡带到外地共同干活，久而久之，奉化帮裁缝队伍日益壮大，形成了所谓的“奉帮裁缝”。甲午中日战争以后，中国境内出现许多“洋行”，有着十里洋场之称的上海，出现了一股西装热。

奉帮裁缝在上海的实力和地位可谓红火，于是上海人就叫“奉帮裁缝”为“红帮裁缝”（图1–12），加上沪语中“奉”“红”同韵，于是“红帮裁缝”一说便沿用至今。

二、中山装

在西装正式被传入中国时，中山装先闯进了中国人的着装世界。20世纪初期，孙中山先生在上海亨利服装店将一套陆军制服改成便装，吸取了中式服装和西服的优点，中山装正式诞生。中山装的优势在于精炼、简便、大方。由于孙中山先生当时的提倡和他名望上的影响，很快中山装便被普及到了当时的服装中。1912年，中山装被正式定型下来，后逐渐被社会广为接受，成为中国男装中的一款标志性服装（图1–13）。

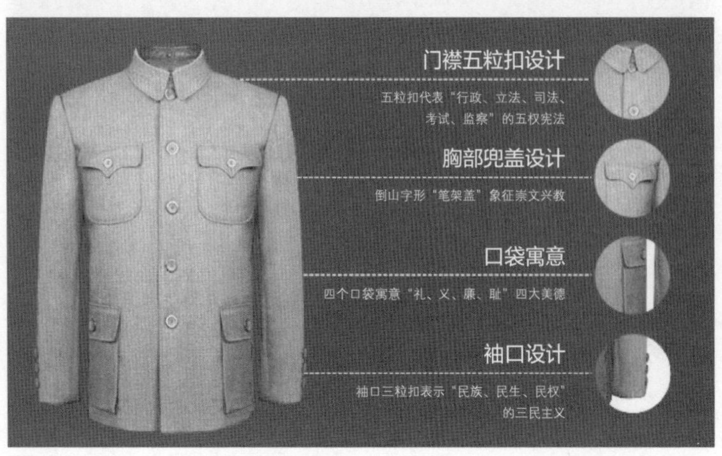

↖ 图1–12　新中国成立前红帮裁缝的代表——荣昌祥裁缝店
↙ 图1–13　中山装

三、民国时期西装的地位

1912年，民国政府将西装列为礼服之一。

1919年后，西服作为新文化的象征冲击了传统的长袍马褂，渐渐在中国得以流行。

1941年10月，民国政府公布了“服制”，规定以西式服装为大礼服（图1-14），以男子青褂蓝袍、女子上衣下裙为常礼服。这个制度后来未能在民间实行。

四、西装在近代及当代中国的发展

1. 西装定制店的兴起

20世纪30年代后，中国西装加工工艺在世界享有盛誉，上海、哈尔滨等城市出现一些专做高级西装和礼服的西服店（图1-15），以精湛的工艺闻名国内外。尤其是上海红帮裁缝红极一时，当时很多政要名流及外国人士都纷纷前往上海一些定制店定制西服。

西装在民国时期是一种“维新”的象征，在中上层非常普及。政要、商人、知识分子甚至上班族都会穿着西装（图1-16）。而且民国男子的西装打扮，放到今天依然时髦、实用，“直男”们直接照搬都能帅出新高度。

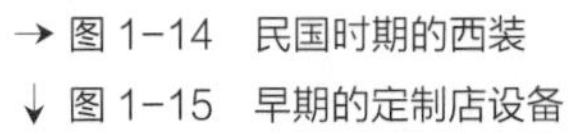

→ 图1-14　民国时期的西装
↓ 图1-15　早期的定制店设备
↘ 图1-16　穿着西装的民国男子

1949年以后，其实占服饰主导地位的一直还是中山装。改革开放以后，以西装为代表的西方服饰以不可阻挡的国际化趋势又一次涌进中国，一股“西装热”席卷中华大地，中国人对西装表现出比西方人更高的热情，穿西装打领带渐渐成为一种时尚。

2. 西装品牌的兴起与发展

20世纪八九十年代中国成立了众多的西装工厂，并逐步在浙江、山东等地形成西装生产基地；慢慢地也出现了一批西装品牌，成衣逐步取代了量体定制。同时，西装的出口量逐年上升，一直到2000年以后，由于国际市场的变化，中国的西装生产出现了下滑。

中国的西装品牌从无到有，八九十年代随着西装热的兴起（图1-17），快速崛起了罗蒙、杉杉、雅戈尔、报喜鸟等一批自主品牌（图1-18），大大小小的西装店遍布中国大中型城市，国人穿西装的比例也达到了前所未有的高度。

随着改革开放的深入及经济发展，越来越多的国际品牌也开始进入中国，包括杰尼亚、阿玛尼、雨果博斯等一批欧洲品牌在中国获得了市场的青睐（图1-19），逐步占领中高端消费市场，与中国自主品牌形成竞争之势。

← 图1-17　20世纪80年代的西装热

↗图 1-18　部分中国自主西装品牌

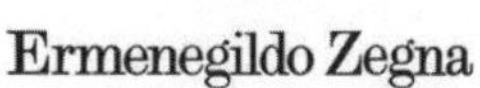

↘图 1-19　部分欧洲西装品牌

3. 互联网模式下的定制化转型

近年来，在互联网快速发展及供给侧改革的大背景下，中国的西装产业正在快速从批量化生产向定制化生产方向转变，并出现了几个比较明显的特征：一是数字化样板的应用从密集号型向一人一板方向发展；二是基于智能化应用的柔性化生产正在取代传统的刚性化流水线模式；三是互联网正在快速普及，改变着传统的服装产业模式。尤其是类似云衣定制这样的平台，为服装定制的发展提供了强大的数字化基础设施。通过云衣定制平台可以下载免费的定制CAD系统，可以在线打印各类服装纸样，可以采购各大品牌的西装面料；最重要的是为定制从业人员整合了最优秀的定制品牌和生产厂商（图1-20、图1-21），并通过数字化技术将消费者数据和样板数据、工艺数据及生产数据互通，以实现更加精准、高效的定制化生产。服装定制店只需要加盟云衣定制平台，就可以共享平台上所提供的各类资源，让服装定制更简单，成本更低。

↑ 图 1-20 云衣定制平台首页

↓ 图 1-21 云衣定制平台面料中心

第二章

西装的款式与类别

STYLES OF SUITS AND CLASSIFICATIONS

American Fashions.

第一节 西装款式

一、西装的款型和纽扣

西装的基本款型包括单排扣和双排扣。其中单排扣（图2-1）最常见的是两粒扣，还有一粒扣和三粒扣，一般两粒扣只扣上面的一粒扣，三粒扣只扣上面的两粒扣。双排扣（图2-2）包括四粒扣、六粒扣和八粒扣，其中四粒扣又分为四扣一和四扣二，六粒扣一般是六扣二，八粒扣一般是八扣三。双排扣款型会使身型看起来更具分量和厚实，也会显得更加庄重，多用于较正式的场合。

纽扣的数量会因时代潮流而改变，并无一定规则。穿着者在选择款式时可以参考当下的流行，同时兼顾自己穿着的习惯和穿着场合。

不同款式纽扣虽有不同扣法，坐姿时可解开；站立时，要注

↑ 图2-1
从左至右：两粒扣、一粒扣、三粒扣

↓ 图2-2
从左至右：四扣一、四扣二、六扣二

意将纽扣扣上，以示礼貌。选择不同的纽扣数和排数，可看出不同的人体比例和身材厚实度的变化。

二、西装的领型

西装基础领型分为平驳领、戗驳领和青果领（也叫丝瓜领）（图2-3），此外还有各种演变领型（图2-4）。驳头在服装术语中也称为驳头川或翻领，英文名为“lapel”。最常见的西装领一般是平驳领，平驳领较适应性格平和稳重的男士，而戗驳领比较适合性格张扬较具个性化的男士，青果领和其他领型多用于礼服。

1. 平驳领

平驳领作为西装领中的“老贵族”，适合穿着的场合比较多，平驳领其实是非常传统正式的一种领型（图2-5）。因为领子和驳头连接处通常都有一个夹角，平驳领隶属钝领。

如果准备穿着西装，但对西装没什么研究的新人，那可以大胆地放心选择平驳领型的西装，因为其在商务、婚礼、休闲场合都可以穿，包括在日常生活中使用的场合也很多。平驳领西装的颜色通常比较沉稳，适合婚礼等重要场合，以及工作场合。

当需要出席正式的商务场合，可以选择色系较深的平驳领西服；在日常生活或是休闲场合可以选择颜色活泼的平驳领西服，颜色的选择完全看个人所好，没有过多的拘束。依据西装的不同风格，平驳领的驳头也有宽窄与高低的不同，平驳领的驳头宽一

平驳领　戗驳领　青果领　礼服包边领

V型领

立翻领

立领

↑ 图2-3　常见西装领型

← 图2-4　其他领型

↑ 图2-5　平驳领
← 图2-6　戗驳领
↓ 图2-7　青果领

般在7.5~8cm。有些韩版风格的西装驳头宽度比较窄，偏年轻时尚，适合体型比较瘦的人穿着；有些意式风格的西服驳头宽比较夸张，属于经典款型。旧式的西装驳头位置比较低，驳头高的西装相对比较时尚新潮，有些款式甚至驳头高度达到肩部的位置。

2. 戗驳领

戗驳领是比较特别的一种领型（图2-6），杂糅了平驳领的正式、传统，又具有礼服款的精致、优雅，适合在年会、酒会、婚礼等重要场合穿着。同时戗驳领也开拓出了自己的新气质——优雅、精致，特别是包绢的戗驳领会给人感觉越发高贵。与平驳领一样，戗驳领驳头也有宽窄之分，一般窄驳头更适合年轻人，而身材宽大的中老年人则适合稍宽的驳头。

戗驳领一般不适合日常生活穿着，除非是特别有时尚感的人，否则很难在休闲与正式之间做一个权衡。大多男士会将戗驳领西服穿进酒会或者婚庆现场，显得较为重视该场合。

当然，戗驳领还有一个小要求，就是比较挑脸型，娃娃脸或者圆脸较为适合；相反，成熟的脸就会有些反差。如果是天生的时尚范，任何时候都可以穿。

3. 青果领

青果领又名大刀领或丝瓜领，也是礼服领中的一款（图2-7），适合在隆重场合穿，但是经过改良的小驳领不但适合在正式婚礼中穿着，也可以通过混搭在平时休闲的时候穿。无论是在正式场合还是私底下与朋友的聚会，穿着者都可以用青果领西装去搭配一切好看的裤子，它会带来不一样的惊喜！

虽然青果领不像老贵族平驳领有着较为悠久的历史，但青果领却一点儿不减复古风，有着20世纪80年代浓郁的复古情怀，流线型的剪裁也常被称为“大刀领”，适合任何年龄的男士穿着。

年轻人是青果领的忠实拥趸，很多年轻白领十分喜欢穿着青果领的西服。它让人显得很特别，却丝毫不浮夸，看起来既优雅又睿智。

驳领的宽度和高低都会对款式的风格有影响。一般来说，时尚西装的驳领宽度较窄，商务型的西装驳领稍宽。驳领的宽度设计也会考虑穿着者的体型和脸型，一般身材较瘦的人适合驳领宽度，身材宽大的人适合宽的驳领宽度。

驳领所构成的三角区是西装视觉的中心，与衬衫和领带一起构成了男士西装的聚焦区域，对于整体着装效果有着至关重要的作用。三角区的大小与身材比例有一定的关系，过低过高都会影响整体的视觉效果。

三、西装的开衩

西装后背一般有开衩（图2-8），当初开衩的设计是为了穿着

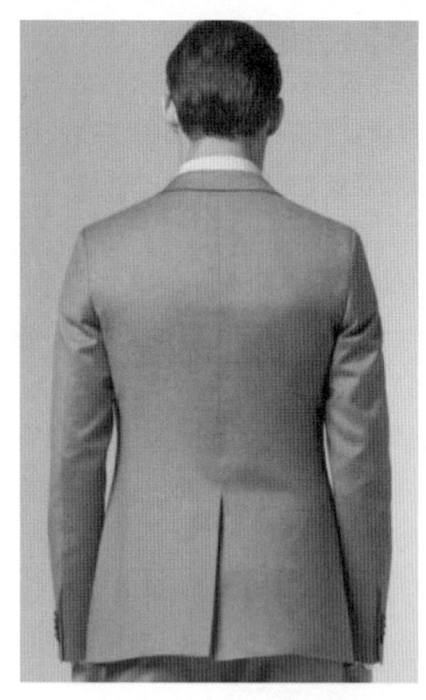
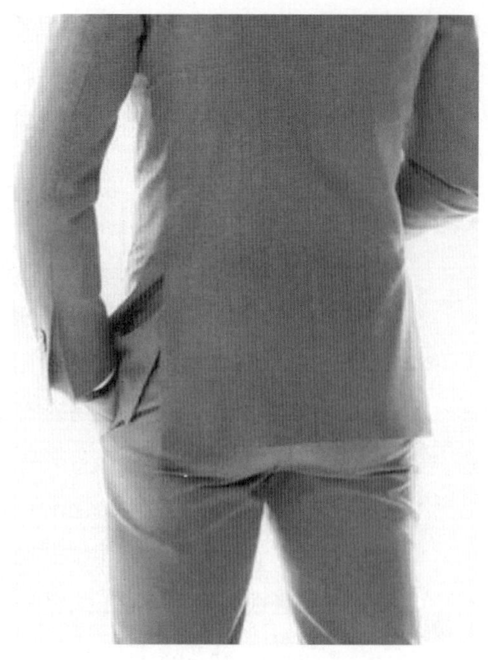

↑ 图 2-8　从左至右为单开衩、双开衩、无开衩

者骑马方便。开衩分为单衩和双衩，单开衩属于轻松活泼的风格，多用在开襟低的设计。身材不高的男士最好选择单开衩，在视觉上会显高。双开衩方便男士手插于口袋，不会影响西服外形，适合身材高大的男士。现在穿着西服已不像从前因为骑马，必须下摆开衩以便活动，所以也可以选择不开衩。另外有一点需要注意，双开衩的西服无法修改衣服的松量，如果客户涉及日后随着体型的改变需要修改衣服，不建议用双开衩。

四、西装的口袋

西装的口袋分为前袋、胸袋、票袋、内袋等。

前袋（图2-9）一般包括有袋盖、无袋盖和贴袋三类，有袋

↓ 图 2-9　西装的前袋

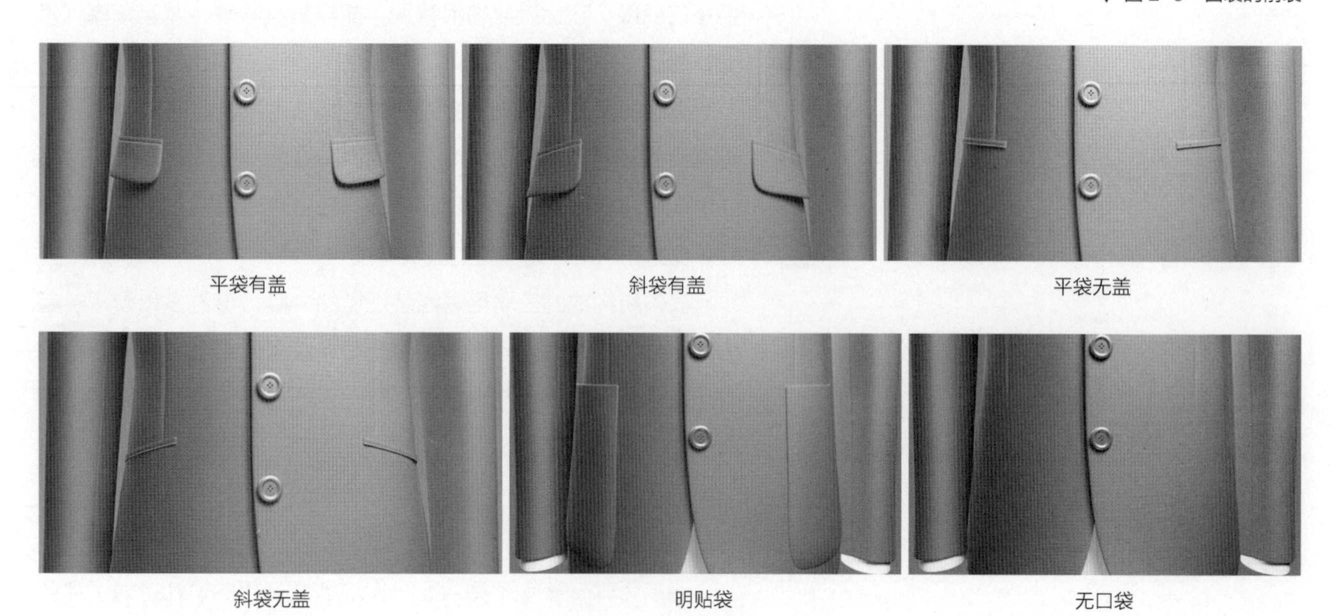

盖与无袋盖常见的有平袋与斜袋两种。

在各种口袋中，有袋盖的口袋是最常见的，适合多数人；如果穿着者肚子特别大，则不建议采用。斜袋盖的口袋比较有特色，适合时尚的人士。无盖的口袋推荐给肚子比较明显的人，它会让肚子看起来不那么凸出。明贴袋的口袋属于休闲风格，适合用在比较宽松的西装上。

胸袋（图2-10）一般包括直袋、明贴袋和船型袋等。

票袋又称钱袋，一般有无袋盖和有袋盖两类，票袋只是装饰作用，国内多数西装并没有做票袋设计。

西装的内袋（图2-11）一般是左右两个平袋，用于装钱包、名片等，有的也增加有立体造型的笔袋。

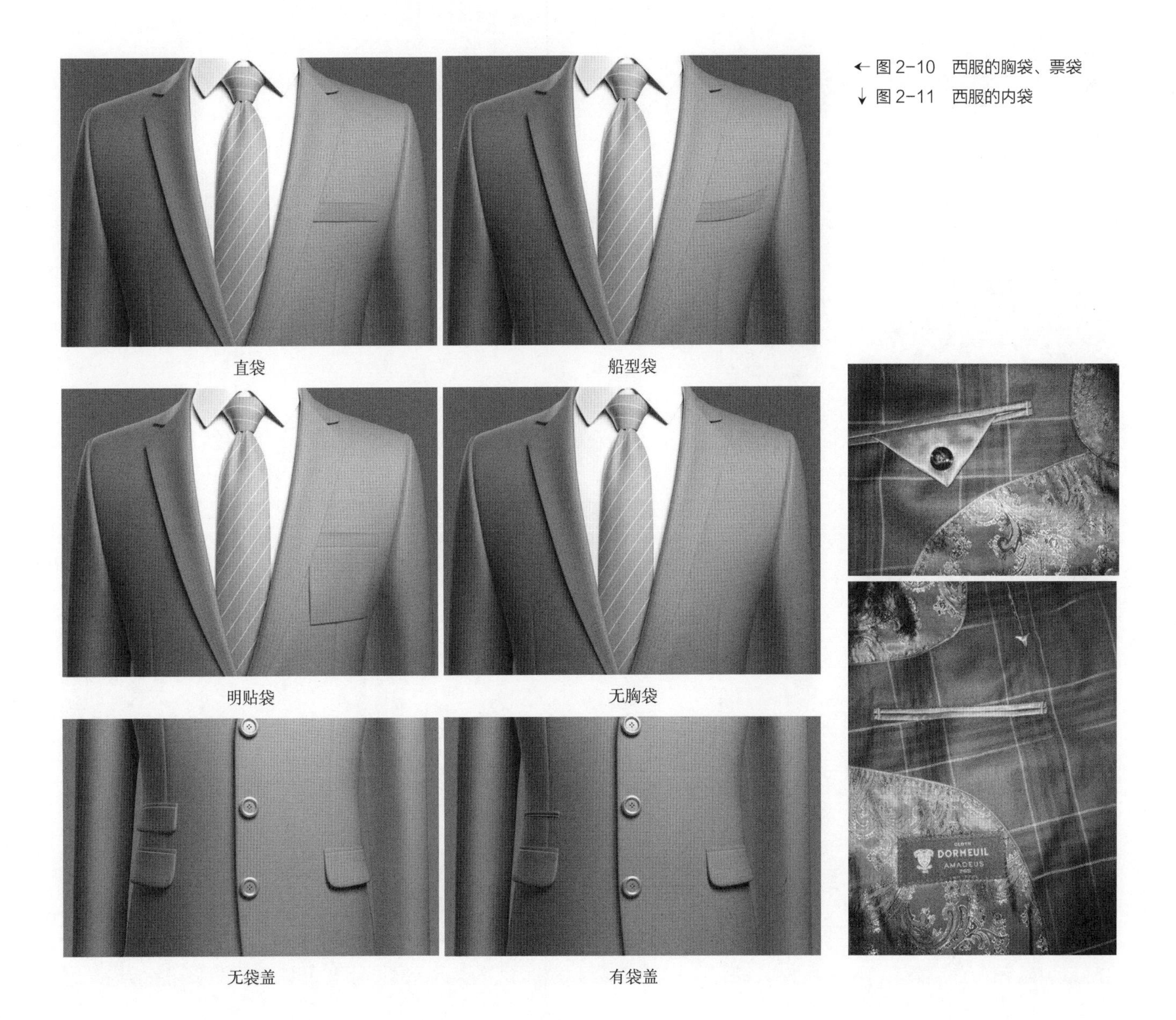

← 图2-10　西服的胸袋、票袋

↓ 图2-11　西服的内袋

第二节
西装类别

一、礼服与便服

按照穿着的场合，西装分为礼服和便服。其中礼服又分为常礼服（又称晨礼服，白天、日常穿）、小礼服（又称晚礼服，晚间穿）和燕尾服（图2-12～图2-14）。礼服要求面料必须是毛料，纯黑色，需配黑皮鞋、黑袜子、黑领结、白衬衫。礼服一般在庄重的场合穿着，如作家莫言参加诺贝尔颁奖典礼时就穿着燕尾服。便服又分为便装和正装，便装为非正式服装，可以上下不同颜色面料，穿着时可以不系领带；此外，不一定配衬衫，还可以配毛衫、T恤等。正装一般是上下装同色同料，要求面料含毛70%以上，做工要精良，穿着时需要系领带配衬衫。

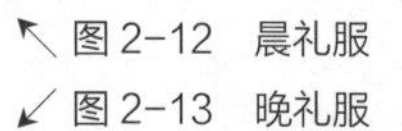
↖ 图2-12　晨礼服
↙ 图2-13　晚礼服
↓ 图2-14　燕尾服

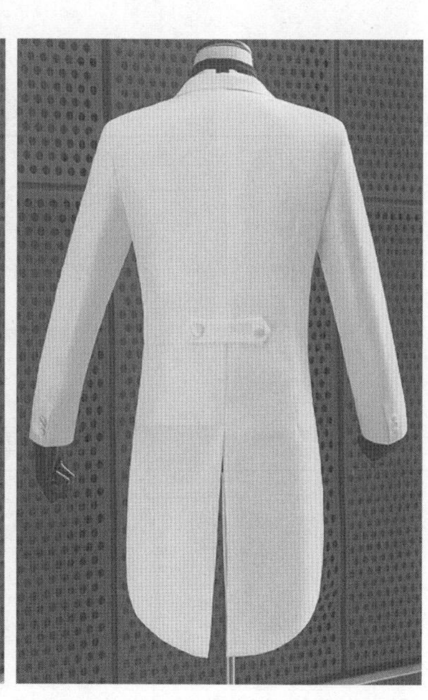

二、西装的四种基本类型

西装的四种基本类型（图2-15），包括套装（Suit）、便西（Sports Jacket）、大衣外套（Sports Coat）和布雷泽（Blazer）。

1. 套装（Suit）

顾名思义，套装是上下统一颜色面料、比较正式的西装，也称正装，有两件套与三件套，一般在比较隆重或者正式的场合穿着（图2-16）。套装多采用精纺毛料制作，基本款型包括单排扣和双排扣两类，领型包括平驳领和戗驳领。正式场合中穿着套装需要内着衬衫，并且打领带，衬衫以素色为宜，白色是最常见的选择。领带的颜色与风格需要与整体着装风格相配。另外穿着套装也需要搭配比较正式的皮鞋，包括牛津鞋或者雕花的布洛克等。所带的手包或手袋也以真皮简洁风格为宜。

2. 便西（Sports Jacket）

西装上衣，也就是单件西装，非正式西装，也称单西（图2-17）。常在日常穿着，既可以是工作场合，也可以是休闲场合，里面可以搭配衬衫，也可以搭配T恤或者毛衣等，下身可以搭配西裤，也可以搭配休闲裤或者牛仔裤等。便西的面料品类较多，既可以是毛料，也可以是棉麻面料，或者是合成纤维面料。

↓ 图2-15 从左至右为套装、便西、大衣外套、布雷泽

← 图 2-16　西服套装
→ 图 2-17　非正式西装（便西）

款式一般以单排扣为主。口袋有贴袋与有盖开袋或者无盖开袋等。一般贴袋的款式更加休闲随意。便西的花色比较丰富，净色的相对正式一些，格子的比较休闲时尚，小格的比较凸显穿着者的严谨缜密，大格子的则比较容易凸显穿着者的率性奔放。

3. 大衣外套（Sports Coat）

西装款的短大衣，一般多为厚毛呢面料制作，穿着场合多为室外（图2-18）。款式有双排扣和单排扣，也有长短不同，领型一般是翻领，也有立领或者其他领型。搭配原则与便西类似，既可以搭配衬衫，也可以搭配毛衣，如果正式场合可以打领带，也可以不打领带。根据款式与面料花色的不同，可以分为较为正式的和运动休闲等不同风格，一般偏正式的大衣外套多用纯色，款式也比较简洁，没有太夸张的造型和装饰，而休闲或者时尚的大衣外套则往往用带有图案的面料，款式风格也多种多样。

4. 布雷泽（Blazer）

布雷泽演变于海军礼服，上衣用海军蓝（Navy）面料，一般来说哔叽比较合适，早期的款式多为双排扣，目前单排扣偏多。一般来说，双排扣要配戗驳领，单排扣多配平驳领，也可以配戗驳领。双排4扣戗驳头或单排3扣平驳头都是较为传统的搭配。口袋多用贴袋，也有用有盖开袋，一般配金属纽扣，金色或银色金属扣，铜扣为佳。裤子配灰色西裤（英式）或者卡其色长裤（美式），相对来说，英式的搭配更加正式一些，美式的搭配则比较休闲。布雷泽西装既可以作正式服装也可以作休闲服装，在西式礼仪中，可谓是一招打天下（图2-19）。布雷泽相对于便西来说，能更加随意地进行搭配，适合商务休闲和其他比较不那么正式的场合。衣服表面用料不需要像便西那样高级，搭配要求也不需要像套装那样讲究，打领带或者不打领带都可以；鞋子以皮鞋为佳，也可以穿便鞋。

↑ 图 2-18　大衣外套

↓ 图 2-19　布雷泽

第三章

西装的板型与工艺

PATTERNS AND
CRAFTSMANSHIP OF SUITS

第一节 西装板型

西装又称西服，是一种舶来品。所谓板型，是指西装的外观轮廓和造型结构。严格地讲，西装有四大基本板型：英式板型、意式板型、美式板型和日式板型。

一、西装基本板型

1. 英式板型

传统的英式西装一般是三粒扣的居多，现代的英式西装则多为两粒扣，其基本轮廓是倒梯型（图3-1），两侧开衩叫骑马衩，这实际上和英国人的马术运动有关，骑马的时候比较方便；还有一种衩是后中缝开衩。英式西装优雅的造型，自然肩线，高领嘴，窄驳头，较宽的胸部，衣身较长，肩膀轮廓较明显，下摆较开，适合身高至少175cm以上的男性穿着。代表品牌包括克龙比（Crombie）、博柏利（Burberry）等。英式的西装适合气质严

→ 图3-1　英式西装

谨的男士，穿着英式西装需要打领带配皮鞋，以彰显英式的严谨精致。

2. 意式板型

意式板型也称欧式板型，基本轮廓是倒梯型，强调腰身、曲线优雅，适合胸部厚实、身材高大的男性，意板西装分为以下四大流派。

（1）米兰风格。自然肩，是米兰风格的典范，垫肩中厚，尽量贴近人体的肩线斜度，线条自然，不夸张，是当今西装肩部线条最理想的样式之一，正装的本格派（图3-2），代表品牌包括康纳利（Canali）、杰尼亚（Zegna）等。米兰风格的西装适合身材高大、气质优雅的男士穿着，穿着者需要注意领带、皮鞋及手包等配饰与米兰风格的艺术气息相匹配，做到自然优雅。

（2）罗马风格。肩部宽大，充满威严，胸衬硬挺，给着装者以存在感，显得非常出众，总体有庄严感（图3-3），代表品牌包括伯爵莱利（Pal Zileri）、布莱奥尼（Brioni）等。罗马风格的西装适合"大块头"的男士穿着，充满了复古气息，尤其适合男高音家、画家等艺术人士。服装的色彩不妨夸张一些，红、黑、藏青等都可以选择。

（3）拿坡里风格（NAPOLI）。轻薄内衬，无垫肩，柔软棉条，手工缩缝绱袖工艺使袖山处呈现出明显的拿坡里褶皱，穿着舒适自如，线条流畅（图3-4），代表品牌包括齐敦（Kiton）、ISAIA、CANTARELLY等。对于不喜欢约束的人士来说，拿坡里风格的西装是最好的选择，这种西装穿在身上没有压迫感，几

↓ 图3-2　米兰风格的西装

→ 图3-3　罗马风格的西装

乎与便装一样舒适。这种风格的西装与严谨规整的英式西装形成了鲜明对比，穿着搭配也可以更加随意。

（4）佛罗伦萨风格。律动的线条，圆润优雅的气质，略短的尺寸，十分贴身的裁剪使衣服像长在身上一样不被察觉（图3-5），代表品牌包括比兰乔尼（Bilancioni）、SUITSUPPLY等。曲线条型的男士不妨试试佛罗伦萨风格的西装，既能体现优雅的气质，也不乏年轻的活力。

↑ 图3-4　拿坡里风格的西装
↓ 图3-5　佛罗伦萨风格的西装

3. 美式板型

衣身极长，较宽大，轮廓线条不明显（图3-6），适合体型高大（身高至少180cm、体重至少75kg）或体态偏“圆润”的男性。美式风格适应了美国人随意个性的风格，并不适合中国人的体型和风格。代表品牌包括诺帝卡（Nautca）、汤姆·福特（Tom Ford）、卡尔文·克莱恩（Calvin Klein）等。如果你有高大宽阔的身材，也不妨试试美式的西装，虽然并不优美，但穿着的舒适性还是相当好的。

4. 日式板型

衣长较短，整体轮廓充满立体感，适合身高175cm以下、肩宽较窄的男性（图3-7）。日本的西装源自欧洲，明治维新时期，日本派了大量工匠去欧洲学习，他们在欧洲板型的基础上做了调整，使之更加适合亚洲人的体型。日本的西装定制比例较高，代表品牌包括青山（**あおやま**）和F-one等。在中国国内很难看到日本的成衣西装品牌，对于身材不高的男士来说，日式风格的西装是个不错的选择。相对欧式板型，日式的西装虽然没有那种优雅气息，但是对于商业精英人士来说，倒也很能凸显他们特有的精干气质和精进精神。

↑ 图3-6　美式风格的西装
→ 图3-7　日式风格的西装

二、西装板型审美四要素

西装板型至关重要，板型的好坏决定了西装的美观与品质（图3-8）。如何判断西装的板型优劣，一般参考以下四个方面的审美。

1. 平衡度

西装板型的平衡度既影响美观，也影响穿着的舒适性。平衡度高的西装各部位的受力点均匀，既美观又舒适，相反，如果一件西装的板型平衡度很差，就会影响美观，而且由于受力点不均匀，穿着时有压迫感，穿着舒适度也会受影响。一件西装的平衡度可以从前面、侧面和后面三个方向进行观察（图3-9）。

（1）前面的平衡度。当西装穿在身上时，解开纽扣，西装的两个前片位置不变，既不会往后侧张开，也不会往前中交叉，那么这件西装板型前面的平衡度就是好的。相反，如果解开纽扣后，西装的两个前片往后侧张开，或者往前中交叉，这件西装的平衡度就有问题。一般来说，这类问题往往是肩斜角度过大或过小，造成了受力点不均匀所造成的。

↖ 图3-8　西装板型决定了西装的美观与品质
↙ 图3-9　平衡度高的西装前后没有皱褶，穿着舒适

（2）侧面的平衡度。主要是看在穿着者自然下垂手臂时，袖子的袖山位置是否有斜绺，要么往前、要么往后（图3-10）。这主要是由于袖山顶点的位置偏前或偏后造成的。一般而言，人体的手臂会略微往前弯曲，袖子的板型需要与手臂的弯曲度相适应，袖子才会比较自然，否则袖子就会形成一些明显的褶皱。

（3）后背的平衡度。主要看后背是否出现正八字或者倒八字的肩褶，以及后领底是否出现横褶，如果出现对应的肩褶，一般是由于肩斜量过大或过小造成的，轻微地出现肩褶可以通过增加或减小垫肩厚度来解决。

总体来说，板型平衡度高的西装产生的褶皱较少，更加符合人体工学，穿着时没有局部压迫感，较为舒适。

2. 立体感

好的西服富有立体感，领口服帖，驳头下部呈现自然的卷曲。胸部饱满，自然挺拔（图3-11）。肩部呈现自然圆润的状态，既不会出现过厚的垫肩，也不会呈现松垮的状态，后背腰身自然贴体，没有多余的皱褶。

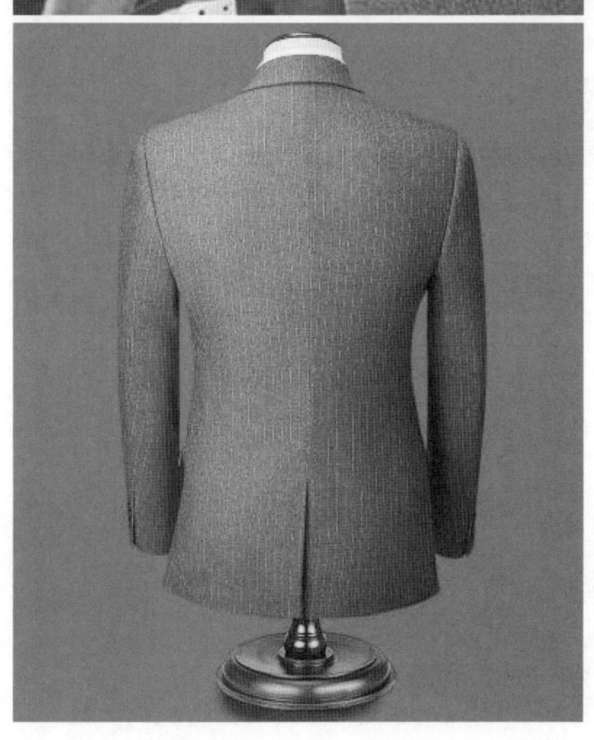

← 图3-10　袖山部位的平衡

↓ 图3-11　西装的立体感

富有弹性的马尾衬或者黑炭衬通过纳驳头工艺，将面料与衬布缝合在一起，而又保持一定的活动量，让衣服富有弹性和立体感，避免黏合衬所造成的板结状态。

西装的立体感既与样板有关，也与工艺和材料有关（图3-12），没有优质的工艺材料，再好的样板都无法体现出来理想的立体效果。

3. 比例

优质的西装各个部位的尺寸大小呈现完美的比例（图3-13）。定制西装，不仅仅使尺寸符合人体，同时也要通过一定的比例大小达到修饰形体的目的。

传统的英式西装衣长较长，呈现优雅的风格，适合身材高大的男士。身材矮小的人可以使衣长适当减小，以突显精干的状态。肩部较小的男士，西装肩宽可以适当加大，以增加力量感；而肩部较宽的男士，则不适宜更宽的肩部，可以在不影响舒适度的情况下，将肩宽尽量减小。为了使整体和谐，手臂较长的人，袖子长度可以比测量尺寸适当减小；而胳膊较短的人，袖子长度可以比实测尺寸适当加长。为了视觉和谐，腰细的人，腰部的放松量可适当加大（胸腰差最大不超过15cm）；而凸肚明显的人，需要

↑ 图3-12　各种西装面料

↓ 图3-13　定制西装需要测量部位尺寸和比例

较小放松量，甚至完全不加松量。

比例决定了西装板型的整体美（图3-14）。西装板型不仅要适应人体，还需在一定程度上修饰美化人体。

4. 协调

一套好的西装，板型需要与款式、面料材质及色彩等因素协调一致，同时也要与穿着者的身材、体型及身份相一致（图3-15）。一般来说，较正式的西装需要裁剪合体或修身，款式经典，无明贴袋等零件，面料一般采用精纺毛料，色彩多为灰色、蓝色或黑色，可以有一些不太明显的条纹，但不要装饰过于夸张的格子或印花图案。休闲时穿着的西装板型可以适当宽松，款式上可以选择明贴袋或者无袋盖口袋，面料也可以选择粗纺毛料，色彩可以有多种选择。

身材高大挺拔的男士可以选择英式或意式的板型，身材高大、发福的男士适合美式的板型，身材矮小的男士适合日式或韩式板型。五官立体感强、棱角分明的男士适合戗驳头西装，而五官立体感不强的适合平驳头西装。身材高大的可以选择双排扣，后背开双衩；身材矮小的适合单排扣，后背开单衩。

协调之美，使人体与服装达到高度的统一，是着装美的最高境界。

← 图3-14　各种体型的西装比例

↓ 图3-15　西装设计的协调

第二节 西装工艺

按照制作方法的不同，西装分为黏合衬、半毛衬、全毛衬、全手工等不同类型的工艺（图3-16），工艺的不同决定了西装的品质与档次。

一、黏合衬工艺（大众化）

黏合衬是现代西服工艺，西服前身与驳头都需要粘合一层无纺衬布，胸衬采用黏合衬以保持西服的挺括（图3-17）。95%以上的国内品牌西服和80%以上的国外西服品牌也使用这种工艺。

优点

制作相对简单，适合大规模流水线制作，生产效率高，价格低。

缺点

（1）西服前身平整，但是略显生硬。

（2）耐穿性不如半毛衬和全毛衬西服，洗水或者压放后容易产生变形。

（3）有纺衬会破坏高纱支羊毛面料轻柔飘逸的感觉，因此高支纱毛面料不太适合。

↓ 图3-16 从左至右为黏合衬、半毛衬、全毛衬

二、半毛衬工艺（中高档）

相比黏合衬，半毛衬工艺是更高级别的工艺。毛质胸衬从上而下到达西服前身的腰部，由此得名半毛衬（图3-18）。由于半毛衬西服的前身驳头处不粘衬，因此毛衬与面料要直接纳缝上，也就是纳驳头工艺（图3-19），这就需要在毛衬与面料的纳合上，纳力均匀适宜，松紧适当。

优质的半毛衬西服使用更高级别的马尾衬填充，采用世界上顶级的纳驳头工艺和设备。

优点

挺括自然，立体感强，保型性好。改变了黏合衬西服驳头处扁平而生硬的感觉，即使客户胸肌不够发达，驳头与前胸也可更加饱满和自然挺括。

缺点

增加了纳驳头等工序，极大增加了工艺难度与工时，导致成本与售价的提高。

↑ 图3-17　黏合衬工艺

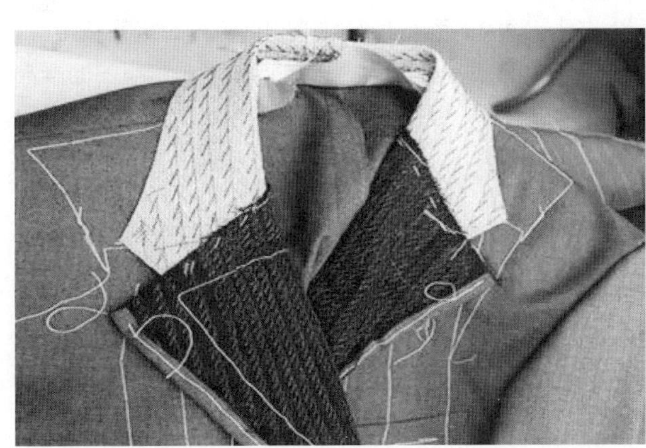

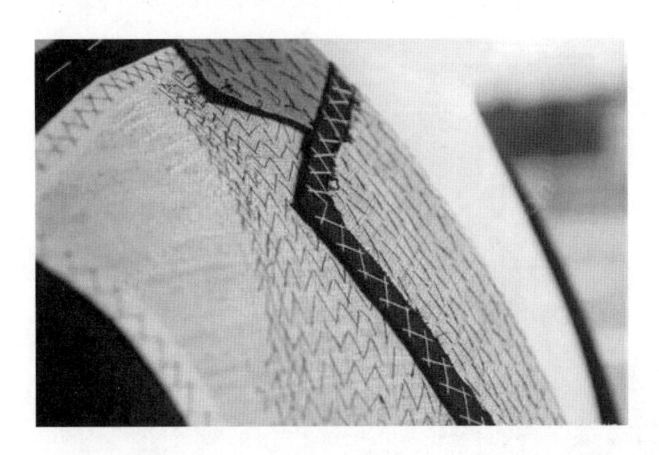

↑ 图3-18　半毛衬工艺

← 图3-19　纳驳头工艺

三、全毛衬工艺（高档）

经典高级西服工艺，不使用黏合剂粘合，完全依靠毛衬来衬托西服的造型，胸衬从上而下到达西服前身的底部所以得名全毛衬（图3-20）。国产西服极少有全毛衬工艺，进口西服中也是只有顶级产品使用这种工艺。

优点

（1）完全依靠毛衬来衬托西服的造型，外观感觉柔软有力、舒适、自然而挺括。

（2）前身不需要任何衬布，所以在西服表层面料与中间毛衬可以在人体活动的时候滑动，从而减少西服正面的褶皱，整体感觉更加平整与挺括。

缺点

（1）工艺难度极大，国内只有极少数工厂可以制作。

（2）制作对环境要求高，工序多，大幅增加西服成本。

↑ 图3-20 全毛衬工艺
← 图3-21 全手工工艺
↓ 图3-22 手工缝制细节

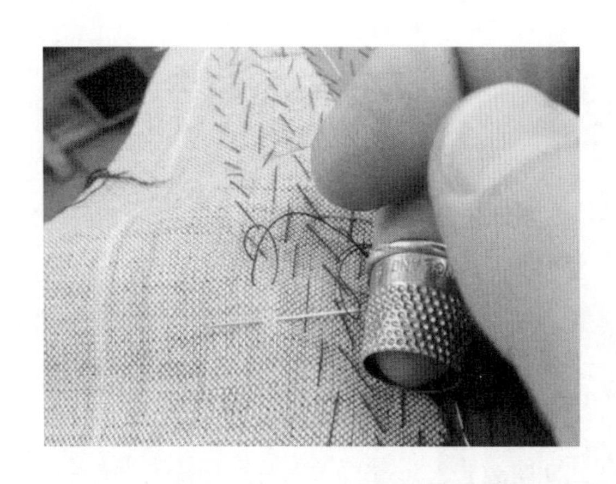

四、全手工工艺（顶级）

全手工定制西装在英文中称为“Bespoke”，可谓大师级工艺，西服世界王冠上的钻石（图3-21）。裁剪、挖兜、扣眼、绱袖、缝内里、纳驳头等都由手工完成。全手工西服对技术水平要求极高，通常必须是顶尖的西服师傅才能制作。同时极耗费工时，价格昂贵。例如，单是一件西服上衣的扣眼就需要一名资深师傅8小时以上才可完成。

优点

（1）手工绱肩：在人活动的时候，垫肩可以在层次间滑动，从而给出余量，不让肩部有束缚的感觉。

（2）手工缝纫（图3-22）：在每块里布的拼接处留有余量，在人体活动的时候减少衣服对人体的束缚。

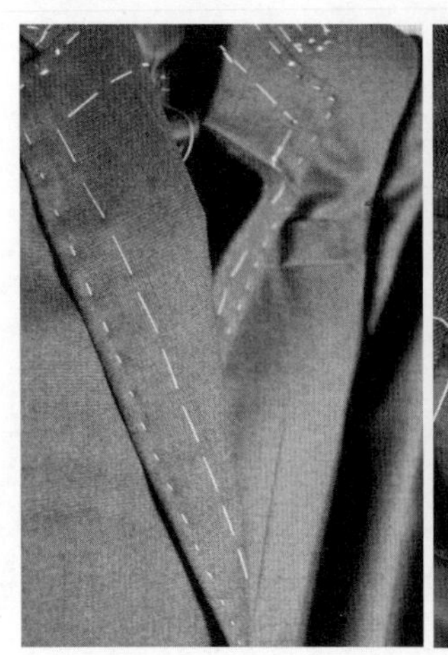

（3）手工扣眼（图3-23）：机器锁扣眼是先锁眼后划开，容易形成扣眼内参差不齐的毛边，手工扣眼是先在衣服上划开扣缝，然后手工锁边，不再有扣眼内毛边，同时扣眼更加立体而精致。

一句话来概括一件上品手工西服：一件可以随人体活动的第二层肌肤。

缺点

（1）对技术水平要求极高，通常必须是顶尖的西服师傅才能制作，国内能完成所有工序的师傅目前非常罕有。

（2）极耗费工时，通常是普通西服的5~8倍。

（3）价格昂贵。

在领驳头上手工钉上八字缝，使领驳头自然地翻折，这个工艺叫作纳驳头。买西装的时候翻开领驳头看看，如果看到若隐若现、并非很整齐的针眼，那就是手工纳的；如果看到非常整齐的针眼那应该是机器纳的。

手工缝制的表袋（也称手巾袋）在表面上看不见明显的线迹，都是用手缝来固定的。表袋的袋唇里面也有两片用糨糊粘起来的马毛衬，而普通的西装可以看到两边有一行0.1厘米的压线。

交叠在一起的纽扣是其中的一种样式，叫作贝壳扣，也叫叠扣。

纽扣一个接一个的叫接吻扣，也叫平扣。

↓ 图3-23　手工钉纽扣

第三节 西装生产

西服的品质主要取决于生产，按照生产的顺序，西服的生产可以分为制板、裁剪、缝制、整烫四个步骤，其中的缝制又分为280多道工序。

一、制板

制板也叫打板，就是按照客户的数据设计衣服的裁剪图，分为手工制板和电脑CAD制板。从本质上来说，手工制板和电脑CAD制板的结果是一样的，只是使用的工具不同，所以不存在哪个更好的问题。不过电脑CAD制板的效率更高，数据也可以比较方便地控制。

1. 手工制板

传统的西装定制为手工制板，分为套板（半定制）和一人一板（全定制）两种。套板也就是根据客户的量体数据，套用已有的样板，然后根据客户的数据对样板做简单的修改（主要是加长改短）。一人一板就是根据客户的量体尺寸，重新做样板。相对来说，套板的速度快，成本也更低，一人一板的打板时间较长，成本高。目前意大利、英国等传统的西装定制还保留着这两种方式（图3-24、图3-25）。

↑ 图3-24 意大利的一个定制店的师傅根据客户数据修改样板

↓ 图3-25 萨维尔街一家定制店的工作现场

2. 电脑 CAD 制板

服装企业一般采用电脑CAD制板，目前主流的服装CAD制板分为两种技术：一种是定数化设计，另一种是参数化设计。定数化设计的系统基于点放码方式进行规格的缩放，只能实现套板模式，需要提前对样板做大量规格的缩放。行业所说的MTM其本意是半定制的概念（萨维尔街把套板模式的半定制称为“Made to Measure”，而把全定制称为“Bespoke”），只是我们多数人把它理解为定制生产。另外一种参数化设计（目前最主流的参数化CAD系统是博克系统）不需要提前做规格的缩放，只要输入相关部位的样板数据，系统就可以自动调整样板，使之符合客户的体型数据。相对而言，定数化设计的CAD系统打板时比较自由，容易掌握，而参数化设计对板师的要求较高，需要板师对人体和样板有深入的理解，打板时逻辑性比较强，每个部位的数据来源都不能含糊，而一旦有了基础样板，后面再修改不同数据的样板就变得异常容易，一般只要几分钟就可以调好一套复杂的西装样板。

博克CAD有专门针对定制而开发的定制版本，系统内集成了大量的常规服装样板，用户可以直接选择样式库（当然，用户可以通过工具建立自己的样板库），就可以调用各类样板，然后输入各部位的样板数据，即可以快速生产需要的样板（图3-26）。

↓ 图 3-26　博克定制系统中的样板生成

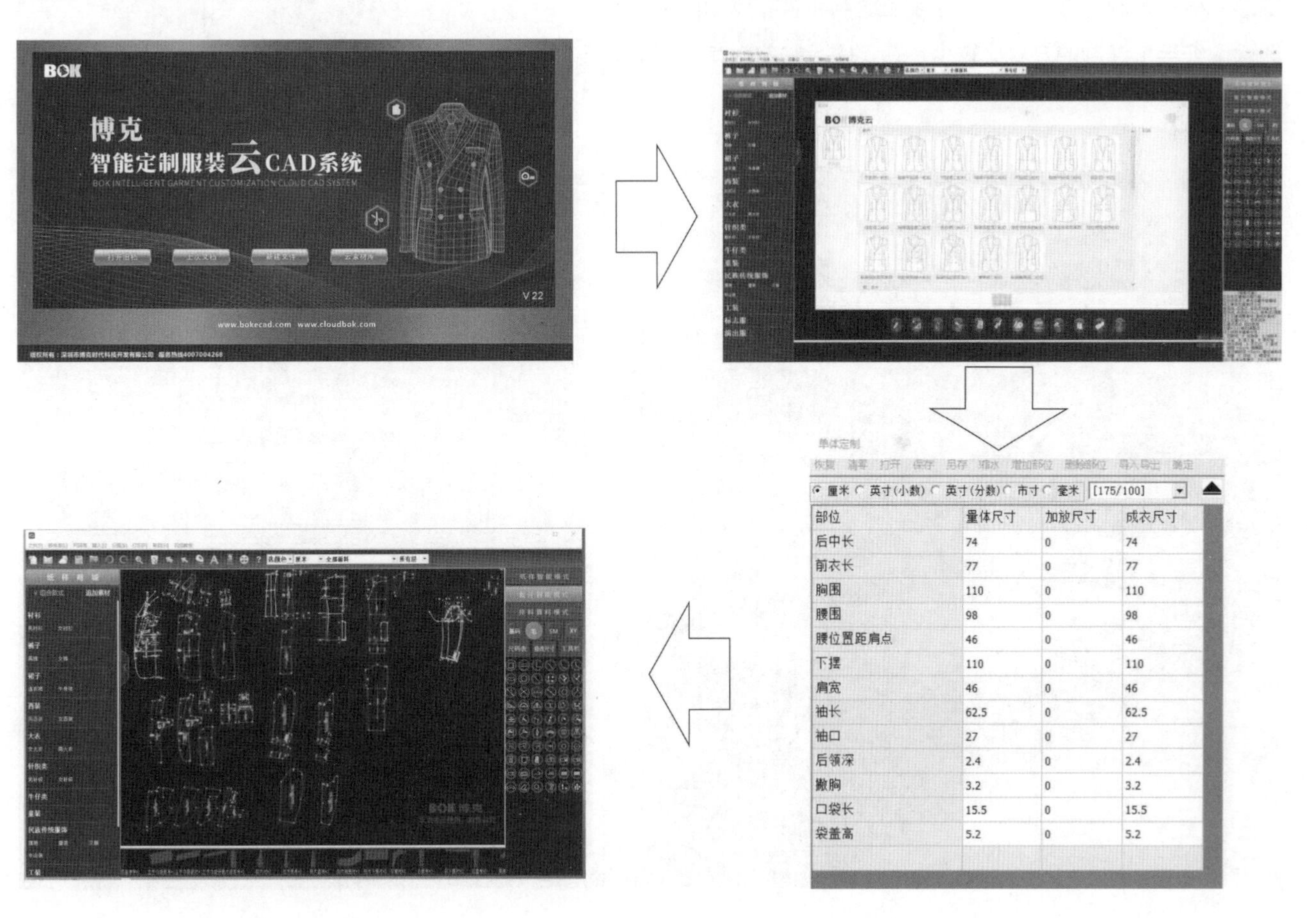

部位	量体尺寸	加放尺寸	成衣尺寸
后中长	74	0	74
前衣长	77	0	77
胸围	110	0	110
腰围	98	0	98
腰位置距肩点	46	0	46
下摆	110	0	110
肩宽	46	0	46
袖长	62.5	0	62.5
袖口	27	0	27
后领深	2.4	0	2.4
撇胸	3.2	0	3.2
口袋长	15.5	0	15.5
袋盖高	5.2	0	5.2

博克定制CAD系统有三种不同的数据输入模式，第一种是在系统的尺码表内人工输入各部位的样板数据，其中包括量体数据、加放数据和成衣数据，这三种数据只要输入前两种就可以自动生成最终的成衣数据。第二种是通过EXCEL表格导入数据，更快、更精准。第三种是与互联网数据库对接，从网上直接读取数据，这种比较适合在全国各地有多个定制门店业务的定制企业。

博克云官网上有在线的博克定制CAD系统可以免费下载，具体下载方法请参考“服装科技与互联网应用”相关章节。

↑ 图3-27　直接在布料上画图裁剪

→ 图3-28　意大利一个定制店的裁剪师傅根据已有的纸样进行裁剪

↓ 图3-29　大型工厂所使用的自动裁床（目前国内的自动裁床在个性化定制方面已经超越国外的同类产品，该裁床可进行个性化定制和小批量生产，裁剪效率是人工的8~10倍）

二、裁剪

传统的服装裁剪是人工方式，分为直接在布料上画图裁剪（图3-27）和依照纸质的样板裁剪（图3-28）两种。在布料上画图裁剪的方式为打板和裁剪合二为一，由一个人完成，对裁剪师傅的要求比较高。依照纸质样板裁剪，打板和裁剪可以分为两个不同的人完成，对裁剪师傅的要求相对较低。

目前大型服装企业一般使用电脑自动裁床进行裁剪（图3-29），裁剪的精度和速度比人工更高。

三、缝制

西装定制的缝制工艺比较复杂，分为全毛衬、半毛衬和黏合衬。根据不同的工艺类型，缝制工艺可以从一百多道到两三百道工序。根据缝制的方法，又分为手工缝制和机器缝制两种。目前还保留纯手工缝制的方式比较少，在英国萨维尔街有的裁缝店还

保留着传统的纯手工方式（图3-30、图3-31），也有的是手工工艺占整个工时的70%左右。优质的手工缝制的衣服的确比较好，并具有一定的艺术价值，号称有灵魂的服装；只是耗时长久，成本昂贵，另外能够提供这种技术的人非常少，所以在中国并不具备大规模推广的价值。相对来说，机器缝制的一致性比较好，对于多数消费者来说，其品质和价格都是比较容易接受的，所以是现在定制的主流方式。

纯手工缝制的工时非常长，一般多达40~80个小时。

目前很多大型服装企业对于服装定制生产线都做了基于数字化和自动化的改造，通过自动流水线，将定制的效率大幅提升（图3-32~图3-34）。

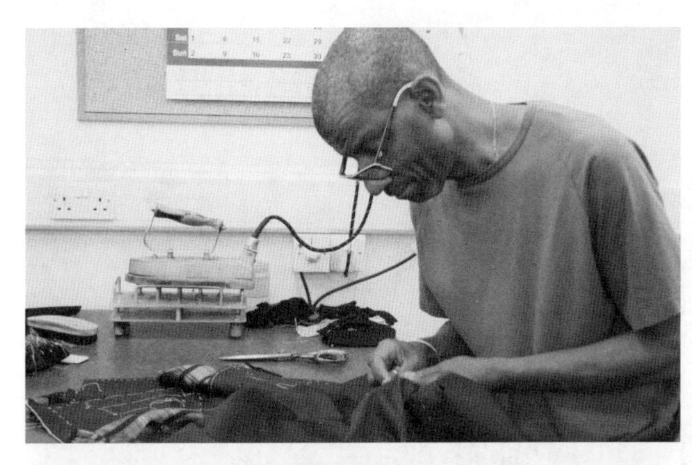

↖ 图3-30 萨维尔街君皇仕（Gieves & Hawkes）定制店内的手工缝制现场

← 图3-31 纯手工缝制

→ 图3-32 吊挂流水线

↙ 图3-33 自动化程度非常高的开袋机

↘ 图3-34 德国杜克普专业缝制设备

四、整烫

西装缝制完成后需要经过整烫包装才能交给客户。整烫的效果对衣服的外观至关重要。手工方式的西装定制整烫使用电熨斗，对技术要求较高，往往需要有几十年经验的老师傅才能做出好的效果（图3-35）。而现代化的服装工厂一般有专业的整烫定型机（图3-36~图3-38），可以整烫出更好的效果。

↖ 图3-35　手工熨烫服装
↙ 图3-36　大型整烫定型机，可以快速压烫出较好的效果
↗ 图3-37　大型整烫设备，可以非常准准地控制压烫的温度、湿度和压力
↘ 图3-38　整烫流水线上等待包装出货的成衣

第四节 西装细节

一套好的定制西装需要在每个细节处做到尽善尽美，大致包括以下八个方面。

一、肩线合宜自然

西装肩膀线条需要平顺自然（图3-39），顺着颈、肩交接处，延伸至肩骨最外侧，超过1～2厘米。肩宽大小对于衣服的美观性和舒适性至关重要。肩宽太大，衣服穿着看起来不精神；肩宽太小，人会活动不方便，缺乏舒适性。

二、衣长要盖住臀部

判断衣长的标准一般是从后面看，衣长能够盖住臀部（图3-40），如果从前面看，则是手自然垂直放下衣长落在手掌虎口与大拇指尖之间是标准长度。如果衣长超过拇指尖，则衣服过长。身材矮小的男士，其衣长可以略短，到臀部中间位置。

三、袖长落在手掌与手腕交界处

双手自然下垂，标准袖长应落在手掌与手腕交界处，让衬衫的袖口露出1.5～2厘米（图3-41）。如果着装者的手臂较长，为了比例美观，袖子可以比标准长度略短；相反，如果着装者的手臂较短，袖子可以略长。

四、宽松度以没有绷紧为宜

传统西装外套的宽松度以纽扣扣起来之后，能放进一个拳头为宜。最新的时尚款较为修身，扣上纽扣一般没有多余的松量，同时没有绷紧的感觉，能够活动方便。

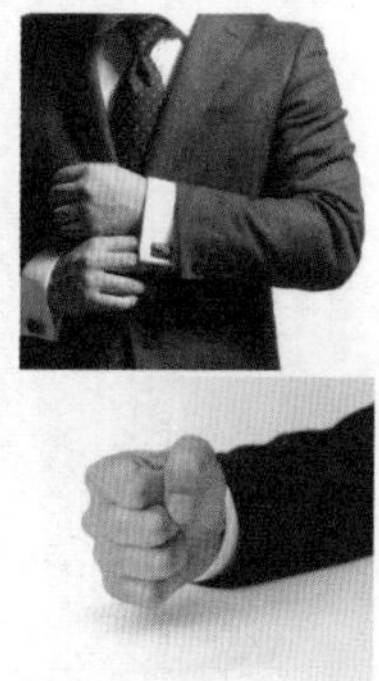

↙ 图3-39　肩线平顺自然
↓ 图3-40　衣长盖住臀部
↘ 图3-41　衬衫袖口露出1.5～2厘米

五、西装领应平服贴在胸前

好的西装驳领富有立体感，驳领的下半部会有自然的卷曲，胸前部位应平顺服帖、不应有撑开的情况（图3-42）。有挺胸或者平胸的顾客都需要提醒板师对样板做必要的修正。

六、领子后面应低于衬衫领1.5～2厘米

西装领子应该低于衬衫领高1.5～2厘米（图3-43），让衬衫的颜色充分体现出来，与袖子漏出的长度保持一致。

七、后背尽量少的皱褶

将纽扣扣好后，西装外套背后的中心线应该保持笔直（图3-44），且无多余皱褶。为了活动方便，一般后背腋下有一定的余量，属于正常。活动量过大则影响美观。

八、腰线必须维持上下身平衡

西装外套腰线（腰部最窄处）应落在腰部以上2厘米，至腰部以下1厘米的范围（图3-45）。

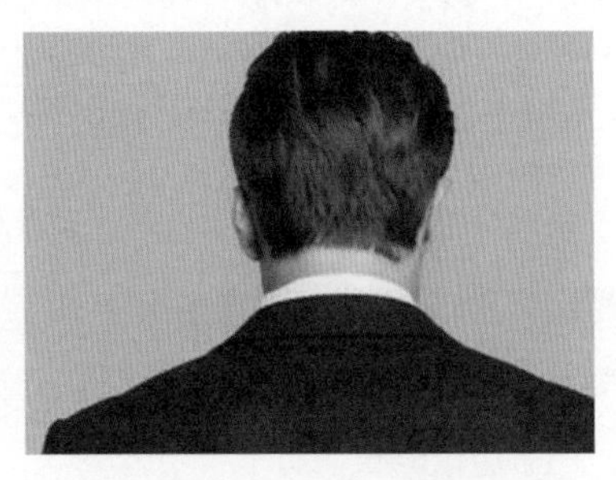

↖ 图3-42　西装领平贴于胸前
↑ 图3-43　衬衫领高于西装领 1.5 ~ 2 厘米
↗ 图3-44　西装后背中心线保持笔直
← 图3-45　西装上衣腰线须平衡上下身

第四章

西装的面料

FABRIC OF SUITS

第一节 面料材质

如图4-1所示，面料的纤维分为天然纤维（图4-2~图4-5）和化学纤维两种，天然包括植物纤维（主要是棉和麻）、动物毛发（主要是羊毛、羊绒、羊驼毛等）、昆虫分泌物（主要是桑蚕丝），以及矿物纤维（主要是石棉）。化学纤维包括再生纤维、合成纤维及无机纤维。一般西装建议选用天然纤维面料或者混纺面料，不建议选用纯化纤的面料。

↑ 图4-1 纤维分类
↙ 图4-2 羊毛纤维
↘ 图4-3 棉纤维

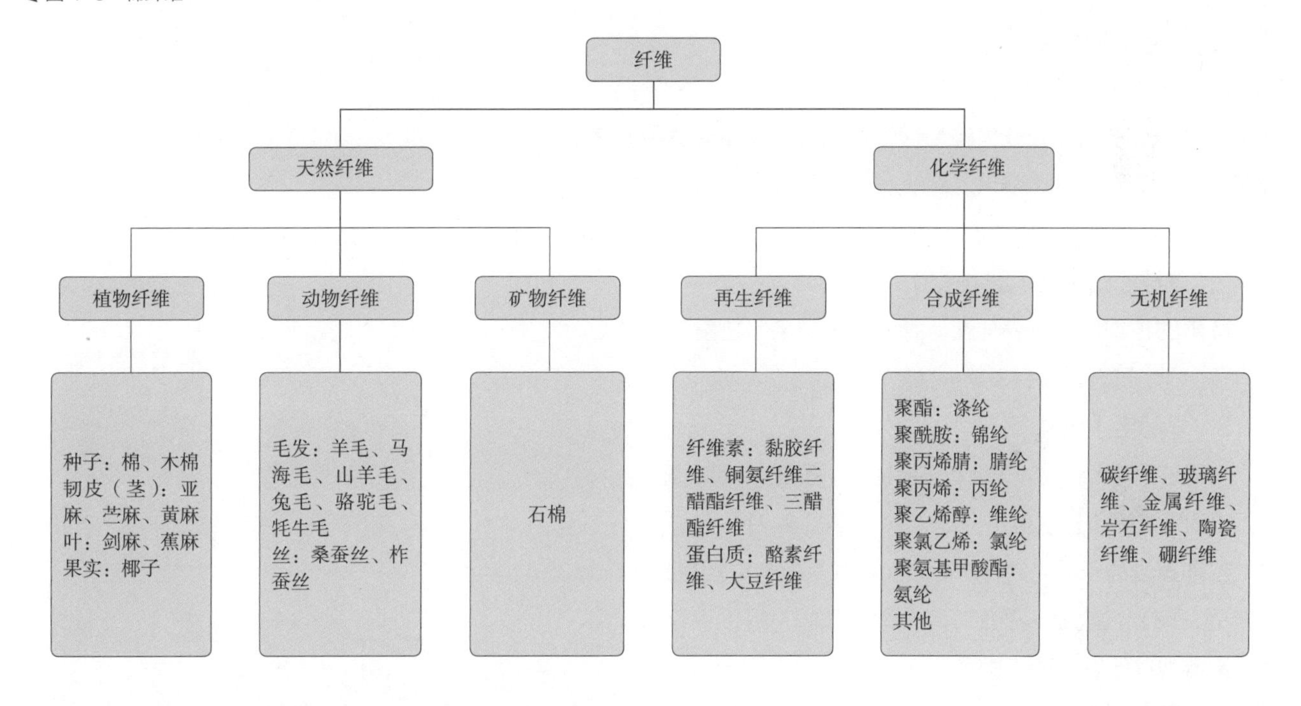

← 图 4-4　麻纤维
→ 图 4-5　蚕丝纤维

一、常见纤维介绍

1. 羊毛或绵羊毛（图 4-6）

具有缩绒性，制成的织物丰厚柔软，保暖性好；拉伸强度在天然纤维中最低；伸长能力和弹性恢复能力在天然纤维中最好；吸湿能力在天然纤维中最强；耐光性、耐热性、耐低温性较好；耐霉菌，不耐虫蛀。

2. 羊绒或山羊绒（图 4-7）

珍贵的纺织原料，强伸性、弹性优于羊毛，密度低于羊毛，具有轻、柔、细、滑、保暖等优良性能。

3. 马海毛（图 4-8）

安哥拉山羊毛，丝般光泽、不易毡缩、强度大、弹性好。

4. 细绒棉和长绒棉（海岛棉种）（图 4-9）

拉伸强度高于羊毛；伸长能力和弹性恢复能力较差；吸湿能力较强；耐光性较差，强度下降；耐热性好，保暖性仅次于毛、丝；潮湿情况下易发霉、变色。

5. 麻（图 4-10）

拉伸强度在天然纤维中最高；伸长能力和弹性恢复能力在天然纤维中最差；吸湿能力强于棉，吸湿、散湿速度快，制成的织物凉爽舒适；刚性在天然织物中最强，手感粗硬、不易捻合，制成的织物吸汗不粘身。

6. 桑蚕丝（图 4-11）

在天然纤维中长度、细度最佳，制成的织物细、滑、柔、亮；在天然纤维中密度最小；拉伸强度高于羊毛接近棉；伸长能力和弹性恢复能力小于羊毛大于棉；吸湿能力较大，散湿速度快，吸湿后易膨胀；揉搓或摩擦时发出特有的丝鸣；耐光性较差，易变黄；无捻情况下靠丝胶黏着，易分裂、起毛、断头。

↖ 图 4-6　羊毛或绵羊毛
↗ 图 4-7　羊绒或山羊绒
← 图 4-8　马海毛
→ 图 4-9　棉
↙ 图 4-10　麻
↘ 图 4-11　桑蚕丝

7. 涤纶（P）

强度高，耐热、耐腐、耐蛀，耐光性好，吸湿性差，染色性差。制成的织物具有挺括不皱的特点。

8. 锦纶（N）

耐磨性极佳，密度小，弹性好；耐光性差，易变黄，强度下降；吸湿性差但强于腈纶、涤纶。制成的织物具有结实耐磨的特点。

9. 黏胶（V）

吸湿性极强，染色性好；弹性、耐磨性、尺寸稳定性差；密度大。制成的织物具有吸湿易染的特点。

10. 腈纶（人造羊毛）

热弹性好，密度小且低于羊毛；保暖性好，耐光、耐气候性最佳；吸湿性差，染色性差。制成的织物具有蓬松耐晒的特点。

11. 维纶（人造棉花）

吸湿性好，耐光性、耐气候性好；强度较锦、涤差，弹性极差，易皱；染色性差。制成的织物具有水溶吸湿的特点。

12. 丙纶

密度最小，强度高，耐磨弹性好；吸湿性最差，热稳定性差，耐光性差，易老化脆损。制成的织物具有质轻保暖的特点。

13. 氨纶（弹性纤维）

弹性最好，耐光、耐磨性好；强度最差，吸湿性差。

14. 莱卡

杜邦公司独家发明生产的人造弹力氨纶纤维的商品名称。具有优异的延伸性和弹性回复性能，可拉伸到原长的4~7倍，回复率100%。不可单独使用，能与任何其他人造或天然纤维交织使用。它不改变织物的外观，是一种看不见的纤维，能极大改善织物的性能。应用于服装方面，可使服装极富弹性且不易变形，活动自如，舒适合身。

二、常见纤维缩写

羊毛：W/WO/WOOL

羊绒：WS/CASHMERE

丝：S/SE/SILK

马海毛：WM/MOHAIR

棉：CO/COTTON

麻/亚麻：LI/LINEN

弹力纤维：EA/ELASTANE

莱卡：LY/LYCRA

第二节 毛料品类

一、精纺与粗纺

羊毛面料分为精纺与粗纺两类

精纺呢绒又称精梳毛织品（图4-12），是用较高支数精梳毛纱织造而成，羊毛质量好，织品精洁紧密、平正柔软，织物清晰、色泽艳丽而富有弹性，其品种有华达呢、哔叽、直贡呢、凡立丁、派力司、马裤呢、薄花呢、驼丝锦、维耶勒等。

粗纺呢绒又称粗梳呢毛织品（图4-13），是用粗梳纱或部分精梳毛纱织成的。呢身较厚实，织物表面有一层毛绒遮着组织的纹数。但也有表面无毛绒而有粗壮的毛纱形成各色各型花纹，这类产品手感柔和松软而富保暖性。主要品种有平厚大衣呢、拷花大衣呢、马海毛大衣呢和麦而登、粗花呢、制服呢等。

→ 图4-12　各类精纺毛料

↓ 图4-13　各类粗纺呢绒

二、各类常见毛料

1. 哔叽（单面哔叽）（图 4–14）

哔叽面料斜纹角度左下向右上斜约 45°，是精纺毛织物；柔软、光泽自然、悬垂性好。

2. 华达呢（缎背华达呢、单面华达呢）（图 4–15）

华达呢面料斜纹角度约 63°，有一定防水性能的紧密斜纹毛织物；结实、挺括、经向强力较高，坚牢耐穿。

3. 凡立丁（平纹）（图 4–16）

凡立丁面料是轻薄平纹毛织物；柔软、滑爽、轻薄、有弹性、透气性好、色泽鲜艳。

4. 马裤呢（图 4–17）

马裤呢面料是一种斜纹角度为 63°~67° 的急斜纹厚型毛织物；厚实、有弹性、坚牢耐磨。

↑ 图 4–14　哔叽
↙ 图 4–15　华达呢
→ 图 4–16　凡立丁
↓ 图 4–17　马裤呢

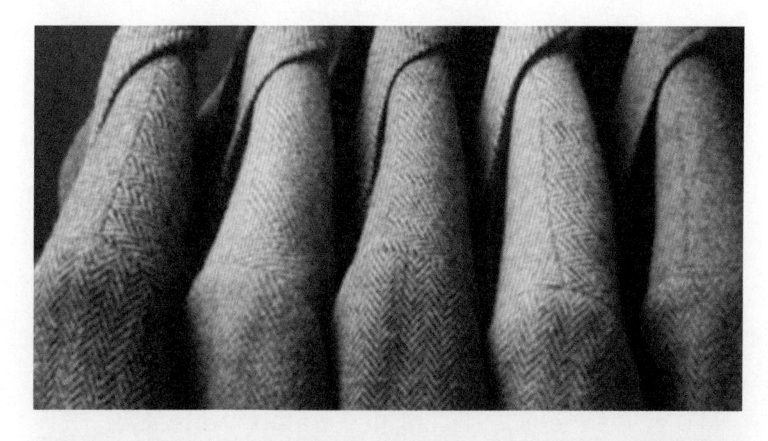

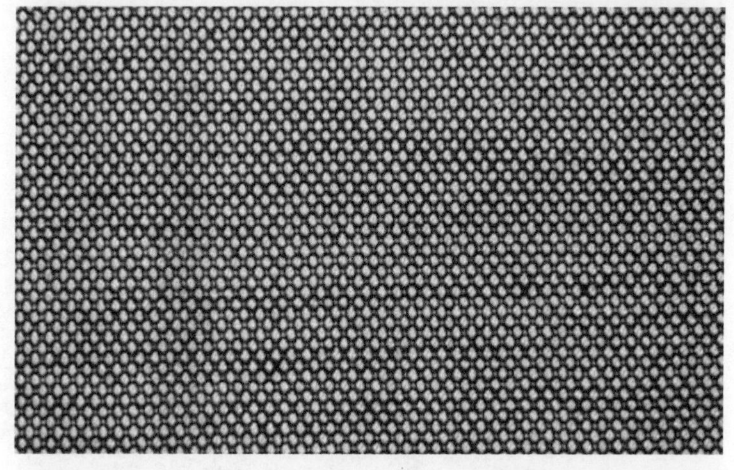

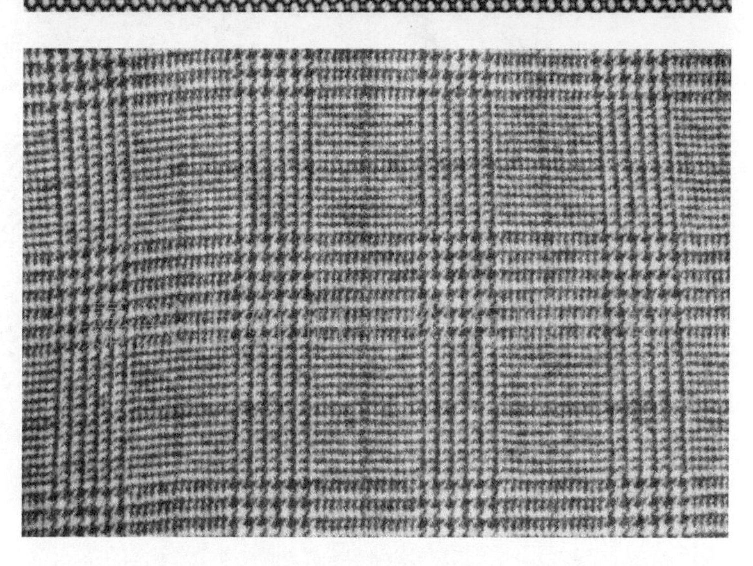

↑ 图 4-18　哈味呢
→ 图 4-19　鸟眼花呢
↓ 图 4-20　格子花呢

5. 哈味呢（法兰绒）（图 4-18）

哈味呢面料的隐约斜纹约 45°，是有绒面的中厚型斜纹织物；丰满柔软、有弹性、光泽柔和、颜色鲜艳。

6. 鸟眼花呢（图 4-19）

鸟眼花呢面料是有点状花型的中厚型花式毛织物；手感丰富、挺而柔、外观细洁、有弹性、花纹典雅。

7. 格子花呢（图 4-20）

格子花呢面料有明显格子纹的中厚型花式毛织物；光泽柔和、弹性好、典雅大方、稳健庄重。

8. 条花呢（图4-21）

条花呢面料是有较明显条子纹的中厚型花式毛织物；光泽柔和、弹性好。

9. 板思呢（图4-22）

板思呢面料斜纹角度右下向左上斜约45°，是经纬纱成组交织的花式毛织物；有浮雕感、手感丰富、柔软、有弹性、花样细巧。

10. 驼丝锦（图4-23）

驼丝锦面料是细洁而紧密的中厚型毛织物；织纹细致、光泽滋润、手感柔滑紧密、弹性好。

↑ 图4-21　条花呢

← 图4-22　板思呢

↓ 图4-23　驼丝锦

11. 贡丝锦（图4-24）

贡丝锦面料是细洁而紧密的细斜纹中厚型毛织物，斜纹角度为63°~76°的称直贡呢，斜纹角度约14°的称横贡呢；手感挺括滑柔，缎纹织物通常光泽较好。

12. 丝毛（图4-25）

丝毛面料是丝和羊毛为原料织制的织物；分交织、捻合、混纺三种织制方法；手感细腻柔滑，舒适宜人，光泽较好，色彩艳丽。

13. 丝毛麻（图4-26）

丝毛麻面料是以丝、麻和羊毛为原料织制的织物；弹性好、手感细腻柔滑，吸湿性强，光泽柔和，散热性较好，抗菌卫生。

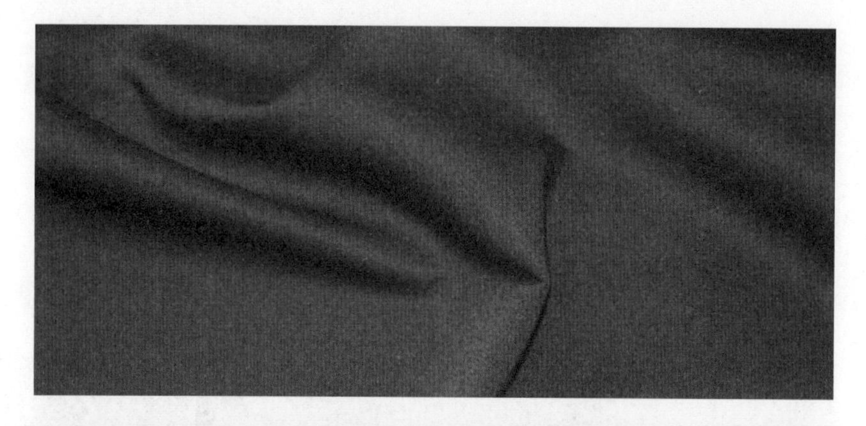

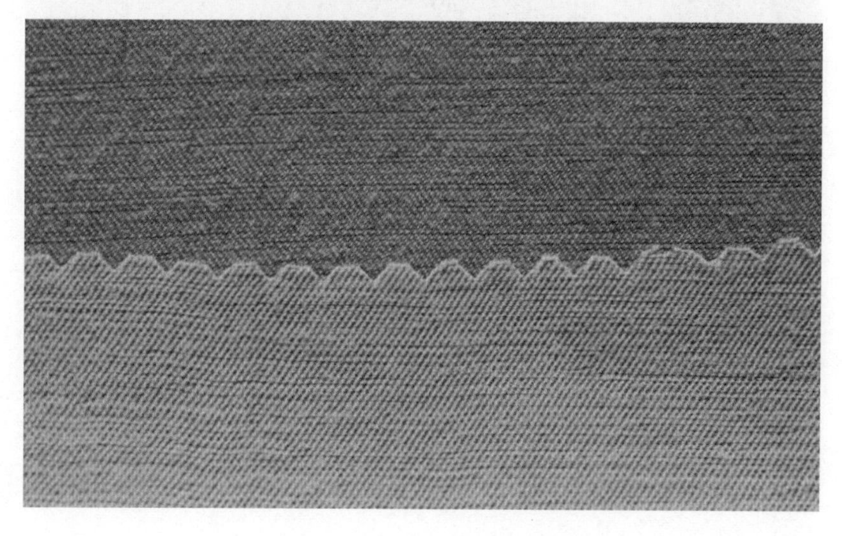

↑ 图4-24　贡丝锦
→ 图4-25　丝毛
↓ 图4-26　丝毛麻

第三节 鉴别毛料

一、羊毛面料的鉴别

纯毛面料色泽自然柔和、保暖效果好，是制作高档西服和大衣的首选面料（图4-27）。现在仿毛织物越来越多，随着纺织工艺的提高，已达到了大多数顾客难以鉴别的水平，但色泽、保暖性、手感等还是远远不及纯毛面料。下面介绍几种鉴别纯毛面料的方法。

↓ 图4-27 纯羊毛面料

1. 手摸感

纯毛面料通常手感柔滑，长毛的面料顺毛摸手感柔滑，逆毛摸有刺痛感。而混纺或纯化纤面料，有的欠柔软，有的过于柔软松散，并有发黏感。

2. 看色泽

纯毛面料的色泽自然柔和，鲜艳而无陈旧感。相比之下，混纺或纯化纤面料，或光泽较暗，或有闪色感。

3. 看弹性

用手将面料攥紧，然后马上松开，观察织物弹性。纯毛面料回弹率高，能迅速恢复原状，而混纺或化纤面料，则抗皱性较差，大多留有较明显的褶皱痕迹，或是复原缓慢。

4. 燃烧法鉴别

取一束纱线，用火烧，纯毛纤维气味像烧头发，化学纤维的气味像烧塑料。燃烧后的颗粒越硬说明化学纤维成分越多。

5. 单根鉴别

所有动物的毛在显微镜下看都是有鳞片的（图4-28），如果是长毛面料，只要取一根毛在手掌内搓几下就会向上或向下移动（为了掌握这一技巧可先拿一根头发做试验）。如果是普通织物，可以抽取一根纱线，剪2厘米的两段拆成一根一根的纤维放在手心里搓四五下，看它们是否会移动。

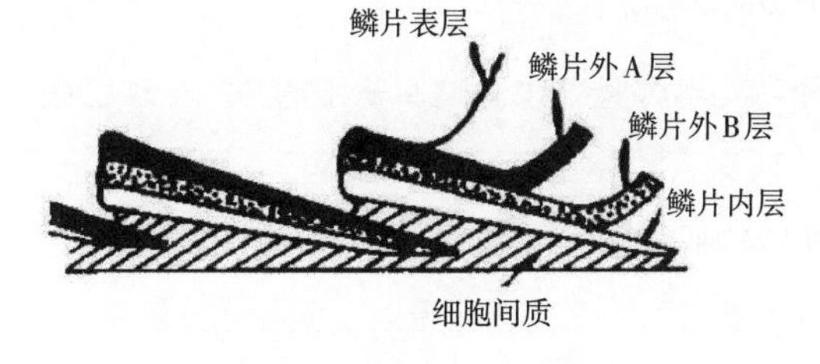

↑ 图4-28　动物纤维组织

二、羊毛面料的分类和品质

一般西装使用的面料包括有纯羊毛面料、涤纶与黏胶混纺面料、羊毛与涤纶混纺面料、羊毛与黏胶或绵混纺面料、纯化纤仿毛面料、纯羊毛粗纺面料。

1. 两种羊毛含量100%的上等西装面料

（1）纯羊毛精纺面料。羊毛含量100%的精纺面料大多质地较薄，呢面光滑，纹路清晰；光泽自然柔和，有漂光；身骨挺括，手感柔软且弹性丰富。紧握呢料后松开，基本无褶皱，即使有轻微折痕，也可在很短时间内消失，属于上等面料，通常用于春夏季西服。容易起球，不耐磨损，易虫蛀，发霉。

（2）纯羊毛粗纺面料。羊毛含量100%的粗纺面料大多质地厚实，呢面丰满，色光柔和且瞟光足。呢面和绒面类不露纹底。绒面类织纹清晰而丰富。手感温和，挺括且富有弹性。属于上等面料，通常用于秋冬季西服，但容易起球，不耐磨损，易虫蛀，发霉。

2. 三种比较常见的中档西装面料

（1）羊毛与涤纶混纺面料。毛涤混纺面料在阳光下表面有闪光点，缺乏纯羊毛面料柔和的柔润感。毛涤（涤毛）面料挺括但有板硬感，并随涤纶含量的增加而明显突出。弹性较纯毛面料要好，但手感不及纯毛和毛腈混纺面料。紧握呢料后松开，几乎无折痕。

（2）羊毛与黏胶或棉混纺面料。这种面料光泽较暗淡。精纺类手感较疲软，粗纺类则手感松散。这类面料的弹性和挺括感不及纯羊毛和毛涤、毛腈混纺面料。但是价格比较低廉，维护简单，穿着也比较舒适。

（3）涤纶与黏胶混纺面料。这种面料属于近年出现的西服面料，质地较薄，表面光滑有质感，易成形不易皱，轻便潇洒，维护简单。缺点是保暖性差，属于纯化纤面料，适用于春夏季西服。在一些时尚品牌定位年轻人的西服设计上常见。

3. 西装面料中常见的低档产品——纯化纤仿毛面料

纯化纤仿毛面料传统以黏胶、人造毛纤维为原料，光泽暗淡，手感疲软，缺乏挺括感。由于弹性较差，极易出现褶皱，且不易消退。从面料中抽出的纱线湿水后的强度比干态时有明显下降，这是鉴别黏胶类面料的有效方法。此外，这类仿毛面料浸湿后会发硬变厚。属于西服面料中的低档产品。

西装材质不仅影响穿着体验，也影响保养和清洗。一件西服不宜连续穿得太久，久穿后西装会因局部受力变形。西装穿过一段时间后应先把兜中的物品取出，再用木质或西服专用衣架挂起，套上防尘套，放在衣柜的通风、干燥和低温处，使面料恢复原状。西装不能经常洗涤，最好约3到4个月清洗一次，而且最好是高水位干洗。

第四节 面料的主要技术参数和标准

克重：织物重量（克）/延长米。

克重越高代表越厚，但不完全代表越好，也要看毛的含量是多少，有些是混纺的，有些是纯毛的。面料的克重一般为平方米面料重量的克数，克重是针织面料的一个重要的技术指标，粗纺毛呢通常也把克重作为重要的技术指标。牛仔面料的克重一般用“盎司（OZ）”来表达，即每平方码面料重量的盎司数，如7盎司、12盎司牛仔布等，克重是评价纺织品常用单位。丝绸面料常用“姆米（m/m）=2.5/0.58064=4.3056克/平方米”表示重量/单位。

成分（纤维含量）：织物组成纤维的含量比例（%）。

织边（边道）：面料边线上的装饰性织物。

纱支

羊毛品质支数：指羊毛平均直径对应的纱支标准数（支）。

纱线支数：指纱线平均直径对应的纱支标准数（支）。

国内外差别：进口面料标注羊毛支数；国产面料标注纱线支数。

羊毛品质支数是国际范围内应用较广泛的羊毛工艺性细度指标，其含义是一磅精梳毛能纺成560码（约512米）长度的毛纱数；常用“s”表示品质支数。如纺成60段560码长的毛纱，即为60纱支（60s）。在公制中是以1千克精梳毛能纺成1000米长度的毛纱数是多少，就叫多少支。羊毛越细，单位重量内羊毛根数越多，能纺成的毛纱越长。因此，越细的羊毛，品质支数越高。

纱线支数只是反映了羊毛纤维的纤细程度，支数越高，面料越柔软顺滑。但支数并不是评价面料好坏的唯一指标，支数之外，还有其他很重要的参数指标，包括毛纤维的长度（纤维越长越好）、曲度（曲度越大越有弹力）及毛纤维上油污染程度等。

经纱和纬纱

经纱：面料经向（长）纱线；

纬纱：面料纬向（宽）纱线。

双经单纬和双经双纬

双经单纬：经向双纱和纬向单纱交织的面料；

双经双纬：经向双纱和纬向双纱交织的面料。

毛细度：羊毛平均直径（微米）。

纱线捻度：纱丝加捻角扭转一圈为一个捻回，纱线单位长度内的捻回数称捻度。

条染和匹染

条染：对毛条进行染色的方式；

匹染：对成品织物进行染色的方式。

幅宽（门幅）：面料纬向宽度（厘米）。

包号或匹号：每包面料的包装编号。

毛长和净长：成品面料长度为毛长；毛长减去残损让出的长度总和为净长。

量度（码）：1米 = 0.914码。

国毛和外毛：国毛指国产羊毛；外毛指进口羊毛。

超细美利奴毛：最好的种羊羊毛。

色差和缸差：色差指面料颜色差别；缸差指因缸染造成的色差。

甲醛含量：织物甲醛的含量（毫克/千克，mg/kg）。

色牢度：在不同化学、物理条件下，织物变色、沾色的程度（级）。

起毛起球：由于机械作用将纤维拉伸至织物表面，并形成绒毛的现象称作起毛；绒毛缠结成球，通过固着纤维和织物表面相连的现象称作起球。

脱缝程度：按规定对不同克/平方米（g/m^2）的织物外加不同千克的负荷，使织物接缝收力脱开，产生缝隙的宽度（毫米）称脱缝程度。

汽蒸收缩：汽蒸测试中，织物尺寸的变化率（%）。

撕破强力：撕破测试中，使织物上初始切口扩展所需要的力（牛顿，N）。

光面织物与绒面织物：光面织物呢面光洁，织纹清晰，挺括而有弹性；绒面织物呢面有绒毛，手感柔软丰厚，富有弹性。

断裂强力：拉伸试验中，织物抵抗至断时所能承受的最大的力，单位牛顿（N）。

疵点（小辫或结辫）：织物上出现的有瑕疵的部分。

粗纱和漏纱：疵点的一种，纱线条干粗于正常的一倍或细于一半的情况。

毛粒：疵点的一种，织物上出现小毛球的情况。

纬斜：疵点的一种，纬纱歪斜使经纬纱未能垂直的情况。

条干不匀：疵点的一种，纱线条干不匀造成局部出现花纹的情况。

水印：疵点的一种，煮呢加工不良造成局部出现花纹的情况。

第五节 常见的西装面料品牌

一、定制服装面料的购买

在定制行业中，常见的面料品牌分进口品牌与国产品牌。一般来说，进口品牌品质优良、价格较高，而国产品牌性价比较高。

常见的国际面料品牌有杰尼亚（Ermenegildo Zegna）、维达莱（Vitale Barberis Canonico，VBC）、切瑞蒂 1881（Cerruti 1881）、菲拉特（Dino Filarte）、世家宝（Scable）、多美（Dormeuil）、玛佐尼（Marzoni）、贺兰德 & 谢瑞（Holland & Sherry）等。

在欧洲地区由于定制西装非常普遍，所以很多地方都容易买到这些面料，图4-29是意大利的一个面料商店。

→ 图4-29 意大利的面料商店

这个面料商店位于佛罗伦萨的一个街道上，面料的品类非常丰富（图4-30），有几千种，品牌包括杰尼亚、维达莱、切瑞蒂1881等。

这里的面料和国内进口面料相比价格优惠很多，而且品类非常齐全，除了常规的西装精纺毛料，还有大衣呢、衬衫料、皮料等。

欧洲的面料多数都提供面料商标，图4-31所示为购买杰尼亚面料提供的对应商标。

国内购买进口西装面料比较难，一般通过专门的面料代理商购买，由于数量少，一般价格较高。国内的云衣定制平台，其上有常见的各类面料品牌，包括国际品牌（图4-32~图4-34）和国内品牌，均是原厂正品，方便用户在线选购（图4-35）。另外，国内外都有一些专业的面料展会，展会上会有很多面料厂商的信息。

↖ 图4-30　店员为客户剪面料

← 图4-31　杰尼亚的面料标

↓ 图4-32　伦敦世家宝品牌店

↑ 图 4-33　世家宝店内装饰

↓ 图 4-34　世家宝店内各种面料样册

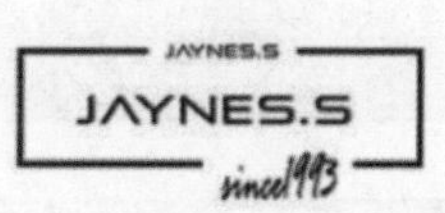

↑ 图4-35 云衣定制平台网页

↓ 图4-36 维达莱面料样品与样册

二、常见男装定制面料品牌介绍

1. 维达莱

维达莱始创于1663年，诞生在意大利比埃拉（Biella）山区的一个家族中。尤其擅长精纺（Super 110's至Super 140's）[1]的高级成衣面料，用于制作高端职业装和商务套装，以经典庄重的设计风格闻名世界（图4-36）。国际上许多著名的政治家在重要场合都选择穿着维达莱面料制作的服装。维达莱年产高级精纺面料超过700万米，为目前意大利高档毛类面料品牌产销量之最。

在面料特点方面，维达莱定位高端，主做羊毛、羊绒面料，是赫马克斯（HerlMax）、阿玛尼（Armani）、瓦伦蒂诺（Valentino）、路易威登（Louis Vuitton）、古弛（Gucci）、普拉达（Prada）、雨果博斯（Hugo Boss）等世界众多顶级成衣品牌的长期合作伙伴。

2. 杰尼亚

杰尼亚是世界一流的男装品牌和男装面料品牌（图4-37～图4-40），公司始创于1910年，创始人是埃麦尼吉尔多·杰尼亚（Ermenegildo Zegna）。他在18岁时开办了杰尼亚毛纺厂，这家工厂后来成为意大利久负盛名且有活力的家族企业之一。他有一个梦想，用他的话来说，就是制作“全世界精美无比的面料”。

埃麦尼吉尔多·杰尼亚还有更远大的愿景，那就是改变周围人

[1] 按照国际毛纺织（IWTO）组织的规定，“Super”仅用于由纯新羊毛制品，而“S”值取决于所用羊毛的平均纤维直径。——出版者注

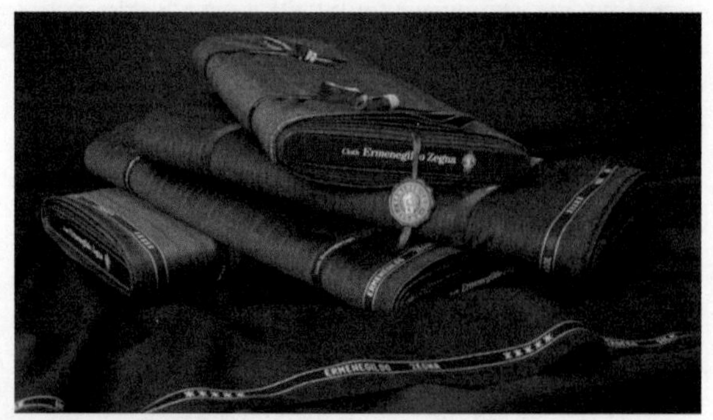

↖ 图4-37　杰尼亚面料商标
↗ 图4-38　杰尼亚面料
↙ 图4-39　杰尼亚面料样册
↘ 图4-40　杰尼亚新品发布会

的环境和生活。截至1932年，他已经在特里韦罗建成了一个会议大厅、一座图书馆、一座体育馆、一间剧院和一个公共泳池。而短短几年时间，他又在这里建造了一所医疗中心和一个托儿所。与此同时，他还一直致力于美化当地环境与自然景观，种植树木数千棵并修建了长达14公里的“杰尼亚”（Panoramica Zegna）公路，将海拔1500米的度假胜地皮埃蒙特与特里韦罗连接了起来。

随着公司实行全面垂直一体化，这一愿景到20世纪80年代初期成了现实。杰尼亚对其供应链的每一个环节都严加把控：从澳大利亚的农场、意大利的工坊、瑞士的面料切割车间乃至遍布全球的面料精品店，所有的一切尽在掌握之中。

杰尼亚面料特点：

（1）面料选用澳大利亚美利奴精纺羊毛，质感顶极；

（2）西服面料弹性好且抗皱（穿后不用熨烫，使用沙驰专用西服衣架，挂一晚即可恢复）；

（3）杰尼亚全球限量版西服面料据说是用12～13微米的羊毛精纺而成，用肉眼看甚至比丝绸还要薄，由意大利设计，并根据面料对气候的要求在瑞士制作。澳大利亚的美利奴羊毛、南非的马海毛、中国内蒙古的羊绒和江浙的蚕丝等全是最好的原料。

（4）杰尼亚对完美的追求是将精致的风格织入面料。纯棉、加入弹性纤维的棉及混纺的棉麻等面料被自然完美地结合。羊毛与真丝的混纺、High Performance 面料（杰尼亚的注册面料之一）、Trofeo面料、羊绒与棉的混纺以及新推出的羊毛与竹纤维所制成的面料都让人耳目一新。另外，需要指出的是这些面料十分轻便。让所有人感到意外的是，牛仔布也如同羽毛般的轻盈。

3. 贺兰德＆谢瑞

贺兰德＆谢瑞创立于1836年，自创立之初，便一直面向高端西装定制和奢侈品牌供应高档面料（图4-41、图4-42）。作为世界上最昂贵的面料之一，贺兰德＆谢瑞、多美、世家宝并称英国面料三剑客。贺兰德＆谢瑞总部位于苏格兰皮布尔斯（Peebles），通过19世纪晚期的多次兼并，目前其拥有顶级品牌中最全的产品线（图4-43）。

贺兰德＆谢瑞长期以来，致力于研发品质优良、质量上乘的纤维和面料。以顶级天然纤维作为原料，产品涵盖了从超200纱支羊绒（Super 200's With Cashmere）到高纯度精纺骆马绒（Vicuña，西班牙语）在内的多个品种，其以梭织技术生产出了世界上第一个100%精纺织物，大约170年前就开始仅供巴黎的高级时装制造商使用。因其品位高端、品质优良，故而长久以来，一代又一代的工匠们习惯选择贺兰德＆谢瑞的产品作为其服装面料。

↑ 图4-41　贺兰德＆谢瑞面料商标

↓ 图4-42　位于英国的贺兰德＆谢瑞

→ 图4-43　贺兰德＆谢瑞的面料与成衣

4. 马佐尼

马佐尼西装面料是男装定制最常见的面料之一，诞生在意大利著名羊毛产地瓦达尼奥，每年推出200多种面料（图4-44、图4-45）。马佐尼属意大利马卓托（Marzotto）时尚王国旗下的西服面料品牌，前身只是个生产面料的工厂，现已收购了意大利瓦伦蒂诺·加纳尼（Valentino Ganarani）、德国雨果博斯、万宝路休闲男装；与古驰集团、LVMH集团并称为世界三大时尚集团。

在面料特点方面，马佐尼是定制店广泛使用的意大利面料品牌，亚麻系列包括100%亚麻、棉和莱卡混纺、竹纤维等成分，其中一些条纹面料非常优雅，很适合江南晚春到仲夏的气候。

而马佐尼西装面料精选顶级原料，由名贵的绢丝、马海毛、羊驼毛、山羊绒等精制而成。其中高支纱的特别贵，需要花费几万块钱才能制成一套。

马佐尼作为面料中的智慧之神，其羊毛拥有感受皮肤温度的变化等神奇功能，这让其不仅只适用于制作秋冬服装。每年，马佐尼都会将营收的10%投入创新研发。其面料之中也不乏一些有趣的“发明”，如以F命名的面料就带有淡淡的薰衣草花香，可以水洗15次之后仍能保持浓郁的花香。

5. 菲拉特

菲拉特品牌是意大利著名的男装高级定制面料品牌。菲拉特品牌创始人马尔·扎尼（Marl Zaine）是意大利著名纺织面料设计师，尤其擅长精纺面料花型设计，在当地具有“纺织艺术家”之称。马尔·扎尼创建了菲拉特高级精纺面料品牌，通过多年的经验积累，并利用其过人的天赋在很短的时间内就获得了巨

← 图4-44　马佐尼面料商标

↓ 图4-45　马佐尼的面料样册与成衣

大成功，其产品被诸多顶级男装品牌所采用。菲拉特一直致力于制造高级精纺面料，原料全部采用目前世界公认的最优秀的欧标澳大利亚超细美利奴羊毛，产品在Super 110's、Super 130's、Super 150's、有较大的优势和竞争力，也是品牌的主力品种（图4-46、图4-47）。

1980年，马尔·扎尼其子贾科莫（Giacomo）顺利考入意大利知名纺织高校I.T.I.S. QUINTINO SELLA深造，并以优异的成绩被意大利著名纺织企业兰迪蕾（Lanifcio Fila）录用，成为其公司的设计中坚。对颜色、时尚和趋势的过人见地使贾科莫早早确立了在意大利纺织设计师领域独特的个人地位。此后，贾科莫又相继在意大利最知名的纺织品品牌维莱达和杰尼亚公司担任首席设计师。1996年，亚平宁半岛最具发展前途的设计师贾科莫子承父业，接手菲拉特品牌。在继承其父产品开发理念的同时，更融入天然、生态、功能理念，完美诠释了经典和时尚内涵。历经50年发展历程的菲拉特品牌，现已成为一家集设计、生产、营销于一体的现代化国际品牌公司，并成为普拉达、雨果博斯、杰尼亚等知名服装品牌的重要供应商。品牌追溯到20世纪60年代，

→ 图4-46　菲拉特面料的商标与原料

↓ 图4-47　菲拉特面料的样册

意大利比埃拉（Biella）地区的精纺产业基本形成地区规模，并在国际市场上取得成功。

在面料特点方面，产品由公司团队设计开发，从源头上确保了面料的潮流性、时尚性。菲拉特的紧密纺技术是目前最先进的纺纱工艺。公司所有产品的经纬纱线均由紧密纺技术纺制而成。面料条干均匀，纱线外观光洁、强力高，面料外观光泽自然、纹理清晰，给人耳目一新的感觉。此外，拥有自然弹的特征，利用优质羊毛自身的自然恢复属性，通过特殊工艺而实现，是纯天然的弹性产品，极大满足了客户对高端面料弹性属性的需求，可适应时尚服装款式的特殊要求。同时菲拉特产品全部采用无色差工艺，保证了不同时间生产的各批次产品色差达到国际标准。

6. 世家宝

世家宝于1938年创立在比利时的布鲁塞尔，现在工厂设在英国。世家宝被很多顶级裁缝誉为“金钱能买到的最好面料”（图4-48）。近几十年来，面料上的重大技术突破几乎都由世家宝发起。世家宝的总部设在比利时布鲁塞尔，作为其国际贸易、市场营销、物流、会计和人力资源的基地。该基地处理所有收到的全球订单，拥有自己的印刷设备和仓库，所有面料都是同步在全球范围内使用。世家宝的面料大多产于英国哈德斯菲尔德，该地区以悠久的织布传统而闻名。在其他国家，代理商和分销商与他们的商业组织处理日常业务。

自工业革命以来，英国纺织业一直执全世界纺织业之牛耳，世家宝则是其中最优秀的厂商。世家宝被公认为是全球最好的布料，“我们从不考虑降低原料成本”，采购最好的原料——超细羊毛的舒适、羊绒的柔软、真丝的优雅，精纺细织，加上最后一道独有的“paper press”后整理技术，确保其推出的任何布料都对得起世家宝“面料之王”的美誉。

世家宝的六百多位员工像金匠一样精心工作，每季推出数百个花色的布料，积年累计已有5000种布料，足以满足世界范围内客户对奢侈布料的需求（图4-49）。世家宝从未停止精益求精为客户提供顶级布料的追求。选择最长的羊绒，确保布料保暖性的

← 图4-48 世家宝面料商标

同时足够轻盈。其中“私人定制条纹”（Private Line）系列，可在指定宽度内织出客户的名字，让布料只属于穿着者本人。

只有最好的原料，才能纺织出最佳的面料。世家宝，不仅是伦敦萨维尔街诸多裁缝的共同选择，也是穿戴者一生中唯一值得念念不忘的布料。作为一家拥有自己工厂的领先者，世家宝更加关注正装款式，其将条纹的美丽发挥到了极致，其色谱之完整，令人吃惊。

只有最好的原料对世家宝来说是不够的。世家宝的信条是：“在原料上，我们从不削减成本。”这就是为什么世家宝一直被视为最奢侈男装的面料供应商。从超细羊毛Super 100's到最高贵的世家宝Super 200's的羊毛、羊绒、真丝和马海毛，世家宝始终以舒适著称。通过研究和设计不断完善自身的产品，用最好的原料，世家宝实现了产品的精致品质和独特性。

↑ 图4-49　世家宝的面料样品与样册
← 图4-50　切瑞蒂 1881 面料商标
↓ 图4-51　切瑞蒂 1881 面料样册

7. 切瑞蒂 1881

切瑞蒂 1881是意大利著名的男装品牌和男装面料品牌（图4-50）。世界闻名的高级精纺羊毛面料，专业生产西服面料及衬衫面料。在高级男装领域与杰尼亚、康奈利（Canali）齐名 。

切瑞蒂 1881意大利高级西服面料品牌，由尼诺 · 切瑞蒂（Nino Cerruti）创立于1881年。以生产高级布料起家的切瑞蒂，至今已创立140年，其精致手工及纱料备受世界知名品牌的肯定，其高支纱毛料更是制作高级西装的常选面料之一（图4-51）。自1950年由第三代尼诺先生接手后，便开始发展全系列服饰及精品。切瑞蒂注重生活品质及精神哲学的理念，使所创作出来的产品充分表现出静谧、优雅、简洁流畅的风格。许多名人也都是切瑞蒂 1881男装品牌的常客，如亚兰·德伦、迈克尔·道格·拉斯、莎朗 · 斯通，亚洲巨星周润发亦曾穿着切瑞蒂 1881的服饰出席奥斯卡颁奖典礼。

切瑞蒂 1881最初以生产羊毛织品出名，后来才推出男装系列，在很多的男士成衣西装内侧，左边是西装本身的品牌标识，右边是面料出品企业的标记，而切瑞蒂 1881是常见的厂牌之一。

CERRUTI 1881
SWISS WATCHES

尼诺 · 切瑞蒂有句名言：“当男人穿上西装时，他应该看起来像那些重要的头面人物”，这是有“意大利时装之父”称誉的尼诺 · 切瑞蒂对他的“切瑞蒂 1881”品牌男装的诠释。

尼诺 · 切瑞蒂对服装的定位亦是如此：“我们应该创造一种适合气候、又配合当代世界精神的服饰，而只有具有独特风格品位的服饰，才能得以发展并不被淘汰。”因此在切瑞蒂 1881的服装中，我们可以发现其简洁的款式中，流露出一种无拘束但又不失优雅的悠闲品位，以及一种冷静的性感和浪漫的气质。

切瑞蒂 1881西服面料的特点就是后整理出色，手感柔软轻薄，悬垂性佳，穿着舒适，保型性好，光泽柔和细腻。

第五章

西装的配服与配饰

SUITS MATCHING AND ORNAMENTS

第一节 衬衫类型及搭配

西装搭配不同的衬衫，主要考虑衬衫的颜色、领型、图案以及款式、风格等。

一、衬衫的颜色

在色彩搭配方面，白色衬衫可以搭配任何颜色的西装，也是国际上礼仪等级最高的衬衫，建议职业男士要多备几件（图5-1）。西装与衬衫同一颜色不同深浅的搭配比较协调，如果对比色搭配，最好不要过于强烈，可以通过减少色彩的纯度达到协调的效果（具体见色彩与服装章节）。

格子衬衫代表学院风格。在欧洲，格子衬衫一般是周末休闲时穿着，但在牛津大学、剑桥大学等常青藤学术圈的人喜欢穿着，好莱坞电影里的教授也这么穿。无时间搭配的男生们选择格子衬衫准没错。

二、衬衫的领型及选择

衬衫有多种领型（图5-2），衬衫领型的选择主要考虑着装者的脸型与西装驳领形状。脸型较尖的人不适合尖领衬衫（以免强化脸型过尖的感觉），可以选择方领或者一字领等。圆脸与方脸的人不适合较宽的领型，比较适合尖领衬衫（具体参考脸型与领型小节）。西装驳头宽的，建议衬衫领型也适当宽些；驳头窄的，领型不要太大。正装衬衫的领尖内通常有可拆卸的领撑，一般用金属或塑料做成，一头尖一头圆，插进领尖内，让领口保持坚挺顺直，不让领尖上翻起翘。要打领带时，领撑尤其重要。

↓ 图5-1 不同类型白衬衫及搭配

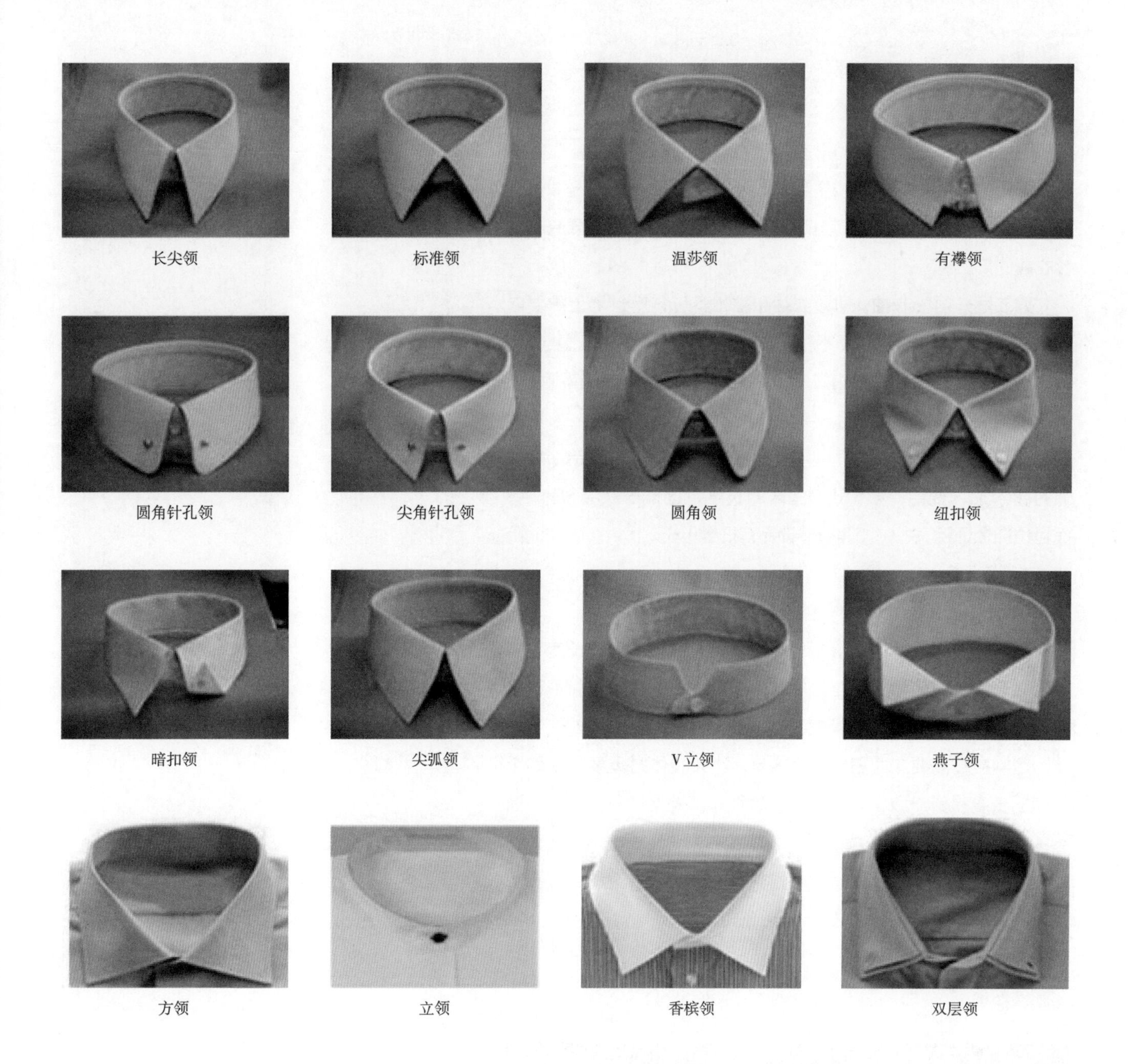

↑ 图 5-2　不同的衬衫领型

另外，不同风格的西装也需要选择对应风格的衬衫。比较正规的套装，衬衫宜选择经典领型的正装衬衫；比较休闲的单西，可以选择相对休闲的衬衫，如格子、条纹或者印花图案面料的衬衫；比较时尚的西装，相对衬衫也需要时尚一些；如果礼服西装，衬衫就需要选择配套礼服的燕尾领型衬衫（需要系领结）。

三、衬衫的袖子

袖子的长度要盖住手腕，西装穿在衬衫外面，衬衫的袖口通常露出2厘米左右，这主要是防止西装袖口被弄脏，同时也是一种常规的礼仪要求。衬衫袖口的尺寸也比较重要，穿在身上应该不要太松，同时有一定的活动量，只有定制的衬衫才能达到这种要求。

西装袖口的三层原理所涉及的单品依次为：腕表、衬衫衣袖、西装衣袖（图5-3）。

第一层：腕表。腕表的形态相比衬衫和西装更立体，在体现职场男士的特征外，还增加了手腕的活动空间。腕表的尺寸一定要适合自己手腕的粗细，而且表盘厚度不宜太大，这样会造成衬衫衣袖的挤压。

第二层：衬衫衣袖。衬衫衣袖和袖扣不可分离，男士需要自己挑选精致设计的袖扣，而不是仅依赖于衬衫原本缝制的塑料扣。时尚袖扣将衬衫袖扣向两边拉伸，给予腕表足够的进出空间，还起到了整个袖扣的定型作用。

第三层：西装衣袖。西装衣袖有一个基本标准，一定不能盖过衬衫衣袖，要给衬衫留出2厘米的长度，这样层次会很鲜明，而且也能保证腕表、袖扣等细节饰品有机会见光。

四、衬衫的长度

正装衬衫在穿着时要求扎进裤腰里面，所以衬衫的长度不能太短，一般从后面看要完全盖住臀部，这样扎进裤腰里面不容易滑出来，同时在穿着者弯腰时也比较舒适。

定制衬衫需要全面考虑各个细节，比如量体时需要观察两个胳膊的长度是否一致，如果有明显的差别，需要分开测量两个袖长的尺寸。后背比较丰满的人，为了穿着舒适，后背可以加褶，如果后腰比较凹的，需要后腰收省。有驼背的，衣服的后片要加长；相反，如果客户胸肌发达，衣服的前面要加长。

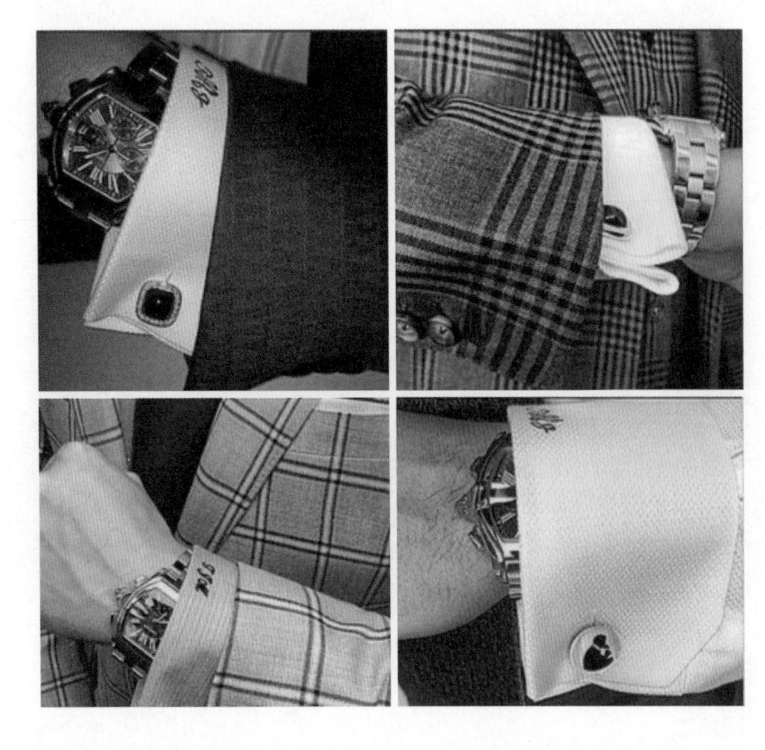

← 图5-3　衬衫袖口与西装袖口相配

↑ 图5-4　衬衫的协调搭配

衬衫的纽扣、领带等配饰，需要考虑整体色彩与风格，比如蓝色细条纹衬衫，与金属袖扣及斜条纹领带就搭配得非常协调（图5-4）。

五、衬衫面料及缝制要求

优质的衬衫，面料一定是天然的，如纯棉或者麻面料，也有的用丝绸和羊毛面料。天然面料的衬衫容易皱，穿着前需要熨烫。DP免烫的衬衫保型性比较好，一般可以保持洗水几十次不变形，但是经过免烫处理的衬衫，在舒适性方面会有所减弱。

衬衫的制作工艺也是一个重要的指标，一般优质的衬衫，其缝线针距不少于每英寸（2.54厘米）18针，定制的有些可以做到22针。衣服的袖子和侧缝是需要包边的，而且包边需要宽度一致，没有皱褶。衣服的下摆也是需要卷边宽度一致，没有皱褶。

第二节 领带、袋巾、纽扣搭配

一、领带

1. 领带起源

领带起源于欧洲，关于领带的起源，有不同的说法，有人认为最早的领带源于英国人吃饭擦嘴巴的布，也有人说领带源于日耳曼的渔民，还有人认为领带源于罗马帝国的军人。当前领带已经成为正装西服不可或缺的配饰物，既是着装美的体现，也是服装礼仪的需要。

2. 领带的使用

商务男士最常用到的穿着就是衬衫领带搭配的套装，无论在哪里都不失风度，深受各个领域的人士喜爱。衬衫的种类花样繁多，领带是衬衫的至亲密友，只有懂得在不同的场合利用不同的衬衫领带搭配的方法，利用色彩、线条之间的组合才能搭配出能体现出个人的整体风格，成就品质男人（图5-5）。

领带一般宽度有7英寸（17.78厘米）、5英寸（12.70厘米）、3英寸（7.62厘米）等规格，目前正常两粒扣平驳头西装适合选择5英寸（12.70厘米）的，7英寸（17.78厘米）领带比较适合宽驳头的商务型西装，3英寸（7.62厘米）则适合窄驳头的时尚型西装。在颜色方面，与西装或衬衫同色系的比较容易搭配，也可以选择一些对比色，如藏蓝色的西装配深红色的领带也很经典。值得推荐的是斜纹图案领带，斜纹领带不仅让人更显瘦，还有增高的作用。领带有多种打法（图5-6），但要注意一点，领带的长度不要过长或者过短，刚刚到皮带扣中间位置比较合适。

↑ 图 5-5　领带的花色

→ 图 5-6　常见的领带打法

3. 领带的面料

领带的面料一般是缎面丝绸，包括印花丝绸和色织丝绸等，也有一些领带材质是涤纶丝。另外，除了常见的机织丝质领带，还有针织领带，材质包括羊毛或者羊毛+真丝，以及羊毛+涤丝等。

很多人会认为针织领带与较为正式的服装格格不入，其实针织领带和传统领带一样大有可为，并且比传统领带更加新颖时尚（图5-7）。通常来说，针织领带大多为纯色或条纹图案，因为针织织物织法独特，想要在此间演绎个性化图案实属不易。而通过撞色，除了延续海军蓝和橄榄绿等经典色调之外，灰黑交叠、红黑拼接等都让针织领带呈现出更为多样的变化。同时，纺线与针织精密度的不同也让针织领带能够适应不同场合，如果你的工作环境比较保守，可以选择细密型针织领带，反之，棉质针织领带则会是点睛之笔。

4. 领带的搭配

领带与衬衫的搭配大有学问，需要从色彩、风格、材质、领型等各个角度综合考虑。

在选择领带色彩时需要考虑领带与衬衫以及西装的整体协调性。一般来说，整体色彩搭配效果有协调与对比两种不同的效果，协调色搭配应采用同色系或者临近色系，这样会给人整体统一的感觉（图5-8）；而通过色彩对比的领带，也可以营造一种富有活力的人物形象（图5-9）。

青年人可以选用花型活泼、色彩强烈的领带，以增加使用者的青春活力；年长的男人，宜选用庄重大方的花型。

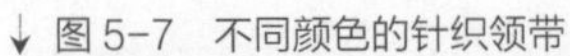

↓ 图 5-7　不同颜色的针织领带

穿银灰色、乳白色西服，适合佩戴大红色、朱红色、墨绿色、海蓝色、褐黑色的领带，给人以文静、秀丽、潇洒的感觉。

穿红色、紫红色西服，适合佩戴乳白色、乳黄色、银灰色、湖蓝色、翠绿色的领带，以显示出一种典雅华贵的效果。

穿深蓝色、墨绿色西服，适合佩戴橙黄色、乳白色、浅蓝色、玫瑰色的领带，如此穿戴会给人一种深沉、含蓄的美感。

穿褐色、深绿色西服，适合佩戴天蓝色、乳黄色、橙黄色的领带，会显示出一种秀气飘逸的风度。

穿黑色、棕色的西服，适合佩戴银灰色、乳白色、蓝色、白红条纹或蓝黑条纹的领带，这样会显得更加庄重大方。

衬衫和领带的搭配是一门学问，若搭配不妥，有可能破坏整体的感觉，但是如果搭配得巧妙，则能抓住众人的眼光，而且显得自己别出心裁。领带永远是起主导作用的，因为它是服装中最抢眼的部分（图5-10）。一般说，应该首先把注意力集中在领带与西服上衣的搭配上。以比较讲究的观点来看，上衣的颜色应该成为领带的基础色。

白色衬衫穿在每个男人身上都非常出色，适用于各场合，且不会过时，它和各种活泼的颜色或花样大胆的领带搭配都不错。永恒的时尚搭配是白色或浅蓝色衬衫配单色或有明亮图案的领带，这是永不过时的搭配。

选择细条纹衬衫时，领带图案就应该要选择宽条纹，或是波卡圆点。同样的原则，选择间距较大的条纹衬衫时，领带就可以是密集小圆点或是细条纹图案，这样不同大小的图案让人在视觉上看起来比较有层次感。

在服装搭配之道中，简单永远讨好。如果对自己选择领带的品位不那么自信，就不要企图标新立异。要知道，多数男人对于图案的感觉都不怎么样。不仅如此，而且永远不知道自己“与众不同”的品位可能会引起他人的反感。衬衫与领带的搭配在某种程度上反映着穿戴者为人处世的老练程度（图5-11、图5-12）。

每位男士都应该至少有一件白色或浅蓝色的领部扣衬衫。在领带方面，至少有一条纯藏蓝色或葡萄酒红色的领带供白天使用，还应该有一条丝织提花领带或纯黑色领带以备在参加正式晚宴时代替领花使用。

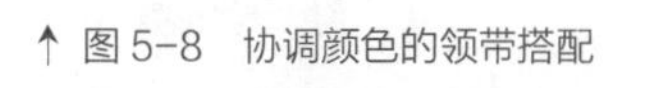

↑ 图5-8　协调颜色的领带搭配
→ 图5-9　对比颜色的领带搭配
↓ 图5-10　不同类型的领带搭配

↑ 图 5-11　经典的商务型领带
→ 图 5-12　时尚型领带

二、领结

1. 领结的起源

领结起源于17世纪欧洲战争时期的克罗地亚雇佣兵，他们使用丝巾围绕颈部以固定T恤衫的领口。这种方法逐渐被法国上流社会所采用，法国当时的服装业领先于全球，领结在18世纪及19世纪更为盛行。

2. 领结的使用

领结主要用作礼服的配饰，传统上，领结仍被用来搭配燕尾礼服，它被认为是唯一正统的领口服饰（图5-13）。虽然领带在今日社会使用较为普遍，但在商业会议、隆重场合甚至在家中，领结正在重新被注意。一些人穿戴领结出席较轻松的晚宴、鸡尾酒会或晚上的活动。

除了正式场合，领结也可以在任何场合代替领带，就像著名绅士礼仪专家雷·库珀说过的那样：“领结不是老派，而是经典，只要你习惯接受了它，你会发现它比领带更实用好戴。”

↑ 图 5-13　传统的领结用于礼服
↓ 图 5-14　常见的领结

3. 领结的尺寸

由于正装本身的庄重与严谨，领结的尺寸不宜太过夸张（图5-14）。其宽度不应超过领宽，高度不应超过领高。同样，尺寸过于窄小的领结也是不宜的，男士日常选择宽度不小于3.8厘

米（1.5英寸）的经典结最为合适。

4. 领结的面料与颜色

正装的领结只能以黑色丝绸作为面料，其织纹也只能为平纹、斜纹或巴拉西厄绸纹三种。而作为便装配饰的领结，可以呈现各种新奇的面料以及织纹（图5-15）。

三、袋巾配饰

口袋巾，英文名称“Pocket Square”，中文又称袋巾，胸带巾，是一小块正方形的织物，折叠之后插入西装上衣胸部的衣袋（图5-16）。搭配合适的口袋巾可以为西服增色很多。袋巾的选择也可以很好地体现个人的魅力和个性。袋巾的颜色可以与领带同一色系，但不要完全相同，袋巾的折叠方法有多种，图5-17所示为常见的折叠方法。

四、纽扣的选择

正式西装一般搭配与面料颜色比较接近或者协调的颜色的树脂纽扣；如果需要更有个性化，也可以选择比较富有个性材质和图案的纽扣，如果壳扣、牛角扣、金属扣等。精致的纽扣可以为西装增色不少（图5-18），尤其是面料纯色的西装，更适合配别致的纽扣加以点缀。

↓ 图5-15　不同花色的领结

→ 图5-16　袋巾的使用图例

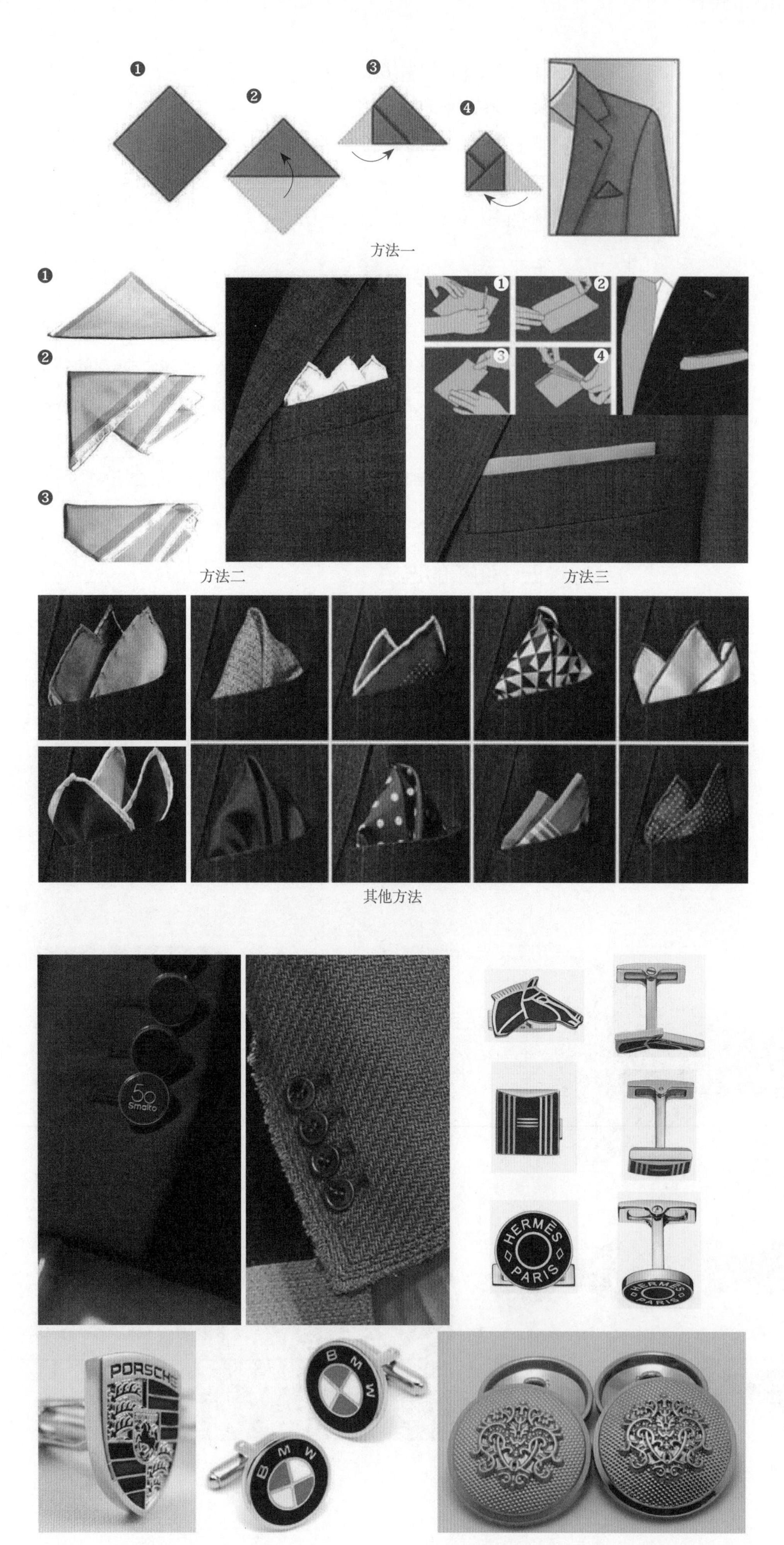

↑ 图 5-17　袋巾的折叠方法

← 图 5-18　纽扣图例

第三节 马甲类型与搭配

一、西装马甲的由来

西装马甲要追溯到16世纪，前往英国访问的伊朗宫廷使者将其引入欧洲。1666年，英国国王查理二世正式将马甲背心确定为皇室服装之一，并由此掀起了第一场穿着马甲背心的盛行之风，而当时的马甲多采用绸缎面料，并装饰有彩绣花边。传统的三件套西装包含马甲，马甲起到修饰身材和固定领带的作用，使衣着效果更显正式。在不穿西装外套时，衬衫外面穿一件马甲，也能够体现出男士的雅致，所以不妨建议穿戴者在选择套装时增加一件马甲（图5-19）。

二、马甲的款式分类

马甲的款式很丰富（图5-20）。按照基本款型，马甲分为单排扣与双排扣，其中单排扣分为三粒扣、四粒扣、五粒扣、六粒扣等（图5-21～图5-24），双排扣有四粒扣、六粒扣、八粒扣等

→ 图5-19 马甲是男士时尚的重要部分

↓ 图5-20 各种款式的马甲

青果翻领马甲

翻领马甲

三粒扣不对称马甲

六粒扣不对称马甲

双排四粒扣马甲

双排六粒扣马甲

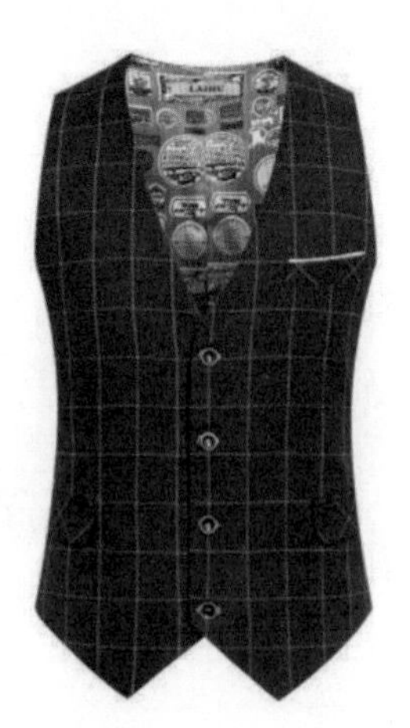

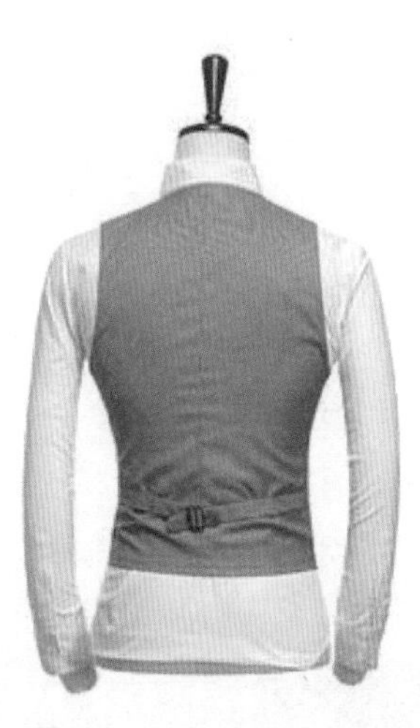

↖ 图 5-21　单排三粒扣马甲
↗ 图 5-22　单排四粒扣马甲
↙ 图 5-23　单排五粒扣马甲（最常见的款式）
↘ 图 5-24　单排六粒扣马甲
↓ 图 5-25　双排八粒扣马甲

（图5-25）。不同的款型加上领型、口袋、纽扣等，可以变化出众多的款式。其中单排五粒扣马甲是最常见的款式。

马甲的领口有普通V型领和西装翻领（包括平驳领和戗驳领）（图5-26）；下摆多是尖下摆，也有平下摆（图5-27）；前口袋一般没有袋盖，也有的有袋盖；后背有系带和不系带两种；后背面料可以选择外套面料（图5-28），也可以选择西装里布面料（图5-29）。

↑ 图5-26　不同的马甲领型
← 图5-27　不同的马甲下摆
↙ 图5-28　前后同种面料
↘ 图5-29　后背面料用西装里布

三、马甲的穿着与搭配

现在的西装马甲款式更加多样，面料更优良、剪裁更加精致，能搭配出超多种风格。比较正式的穿着是相同面料的正装三件套西装，也可以不同面料的马甲搭配不同颜色的西装，既可以与西装一起穿，也可以单独穿在衬衫外面；既可以与西装西裤搭配，也可在T恤衫或是短袖牛仔裤的混搭中觅得其踪（图5-30）。不管怎样，一件西装马甲的搭入，都能让日常装扮多添几分优雅的绅士风采。

↑ 图 5-30　不同的马甲搭配方式

第四节 西裤类型与搭配

一、西裤类型

西裤是与西装上衣相配的最正式裤子，款式分类不如上衣那么复杂，相对简单，主要分为有褶和无褶两种类型。有褶裤子宽松度较高，穿着比较舒适，适合体型稍胖的人（图5-31）。无褶裤子属于比较流行的裤型，适合正常体型或者稍瘦体型的人穿着（图5-32）。

← 图 5-31　有褶裤
↓ 图 5-32　无褶裤

正式的西裤一般有侧袋和后袋，侧袋有斜插袋与直袋，斜插袋比较时尚，手插比较方便（图5-33），所以为多数穿着者选择。后袋一般是双嵌线口袋，中间钉纽扣。

西裤的裤脚口有不卷边和卷边两种（图5-34、图5-35），不卷边实质上是往里卷边，卷边裤口就是往外卷边。

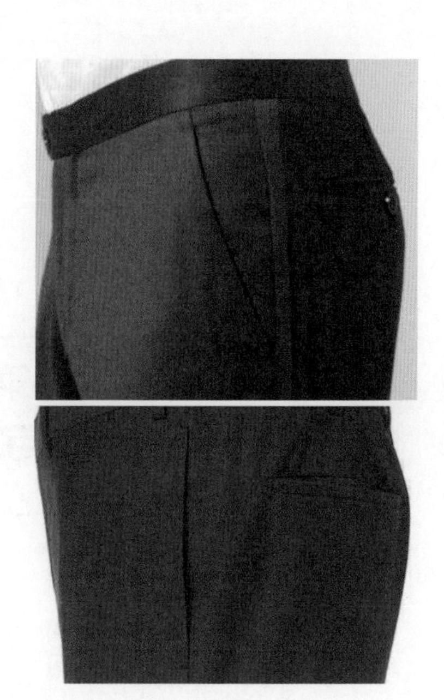

↑ 图5-33 常见的西裤口袋

二、西裤与西装搭配

与西装相配的西裤如果颜色和面料不同，需要考虑色彩的搭配和风格的一致性；如果西装上衣比较正式，西裤也建议用比较正式的；如果西装属于休闲款式，裤子也可以是休闲类的。比较正式的西裤一般用毛料，休闲类的多数用纯棉卡其斜纹布。有一些带有弹力的纯棉面料非常适合做成修身的裤子，既可以保持体型美观，也可以有一定的舒适度。

西裤的搭配可以有套装搭配、单西搭配，以及与其他上衣混搭等不同类型（图5-36）。套装穿着比较正式，西装与西裤需要同一种面料，而与其他单西、马甲衬衫、T恤等搭配则比较灵活。

↑ 图5-34 裤脚口不卷边

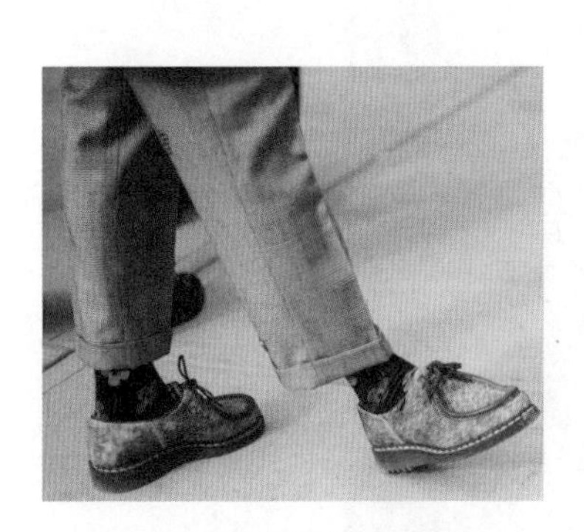

↑ 图5-35 裤脚口卷边

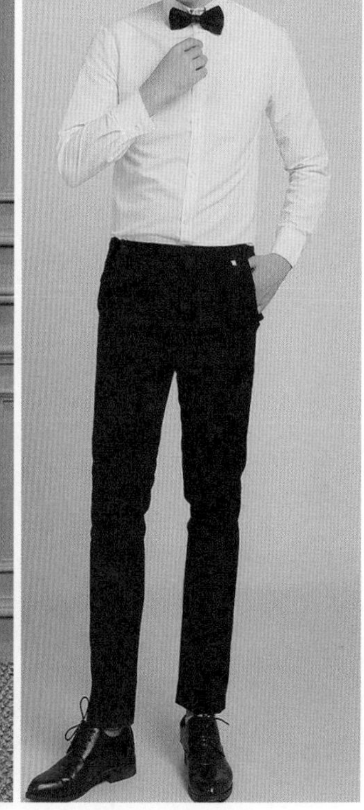

↑ 图5-36 西裤的不同搭配

第五节 皮鞋与皮带

一、皮鞋

源于欧洲绅士文化的正装皮鞋，曾经有过严苛的规定：白天穿着三接头皮鞋，晚间穿着两接头皮鞋，晚礼服鞋和乡村休闲运动鞋则另有范式。时至今日，此礼仪习惯略有宽松，首先是两接头皮鞋也被接纳为日间穿着，曾经作为乡村休闲鞋或高尔夫运动鞋的燕尾雕花样式（图5-37）也被纳入了正装鞋范畴，为今日的绅士们增加了些许随意。即便有这些宽松度上的变化，时至今日，其他款式的皮鞋仍未被纳入严苛的绅士正装规范。

虽然皮鞋在脚下并不明显，但一双优质的皮鞋却能散发出品质的光彩，皮鞋是西装的点睛之笔，影响着西装的风格。一般来说，搭配正装的皮鞋按系带与否大致分为系带牛津鞋与不系带便鞋。系带的牛津鞋是最基础的款式，没有其他装饰鞋面的系带平头鞋和牛津鞋中，又分为最经典的两边有翅膀形式设计的翼梢和前面有镂空皮衬装饰的直梢款式。个头不高的穿着者通常适合牛津鞋，和不系带的便鞋相比，牛津鞋显得腿更长、个子更高，并且不会产生下半身被切割开的感觉，以及有将皮鞋和地板连接起来的错觉。此外，皮鞋的颜色不一定都用黑色的，浅色皮鞋会使人显得更高。如果有浅色的裤子，也可以选择同色系的浅色皮鞋来搭配。

→ 图5-37　精美的雕花皮鞋

二、常见适合搭配西装的皮鞋

1. 牛津鞋（Oxford）

牛津鞋是从17世纪英国赫赫有名的牛津大学开始流行的男生制服鞋（图5-38）。牛津鞋在鞋子楦头以及鞋身两侧，往往会做出如雕花般的翼纹设计，通常鞋面打三个以上的孔眼，再以系带绑绳固定，不仅为皮鞋带来装饰性的变化，也显出低调古典的雅致风味。

搭配要点：作为最经典的正装皮鞋，牛津鞋适合一切商务场合，男人都应该至少有一双黑色牛津鞋。

↑ 图5-38　牛津鞋

2. 德比鞋（Derbies）

德比鞋的鞋舌与整个鞋面采用一张皮革（图5-39）。德比鞋与牛津鞋最大的不同点在于，德比鞋露出鞋舌，而牛津鞋的系鞋带处紧紧相对，遮住了鞋舌。

搭配要点：德比鞋比较适合出席诸如商务休闲或商务旅行之类的活动，在不是非常正式的场合中使用。德比鞋比传统黑色牛津鞋与正装的搭配更具有灵活性，显得比较休闲。

3. 布洛克鞋（Brogue）

布洛克鞋又名巴洛克鞋，是16世纪时苏格兰人和爱尔兰人在高地工作时穿的鞋，几百年后慢慢演变成欧美男士们经典的尖头内耳式平底粗皮鞋（图5-40）。传统的布洛克鞋头有着精致的花卉钉孔图案，并将原本生硬的三接头转变成线条优美的侧翼，是绅士身份的象征。

搭配要点：同牛津鞋一样，布洛克鞋也是正式场合搭配西装的不二选择。但同时，布洛克鞋比牛津鞋更适合休闲场合、更加百搭，T恤、Polo衫也可以很好地与之搭配。

4. 乐福鞋（Loafer ）

乐福鞋，多数指的是无鞋带的平底或低帮皮鞋，特点是易穿易脱，是男性休闲鞋款中的经典款式（图5-41）。在美国，乐福鞋的经典品牌Bass Weejuns，因被总统肯尼迪穿着而闻名于世。这些曝光率极高的名人效应使男人们相信，乐福鞋与彰显个人身份之间拥有着极为紧密的关系。

搭配要点：乐福鞋较为休闲舒适，是开车出门的不二选择。

5. 莫卡辛鞋（Moccasin）

一种通过手工缝线将鞋面和鞋底（鞋帮）连合在一起的鞋子的通称，以平底、舒适为特色（图5-42）。莫卡辛鞋是乐福鞋的前身，相比之下，莫卡辛鞋的鞋面装饰更加华丽，有刺绣或卷边。

搭配要点：莫卡辛鞋比乐福鞋更时尚，适合比较时尚的穿搭方式。

↑ 图5-39　德比鞋
→ 图5-40　布洛克鞋
↓ 图5-41　乐福鞋

6. 僧侣鞋（Monk）

僧侣鞋也被叫作“孟克鞋”，是商务场所正式度第二高的正装皮鞋（图5-43）。它标志性的特征是横跨脚面、有金属扣环的横向搭带。僧侣鞋最早出现于系带鞋发明之前的时代，因此是西方最古老的鞋种类之一。

搭配要点：僧侣鞋比较正式，最好搭配西装。

三、腰带

腰带千万不要选择那种带扣很突出的，特别是那种硕大的金属字母，因为这种比较显眼的皮带扣会让穿着者整个身材比例看起来十分明显，从而使整个人看起来更矮。通常，设计最简约的皮带扣是最佳方案（图5-44）。

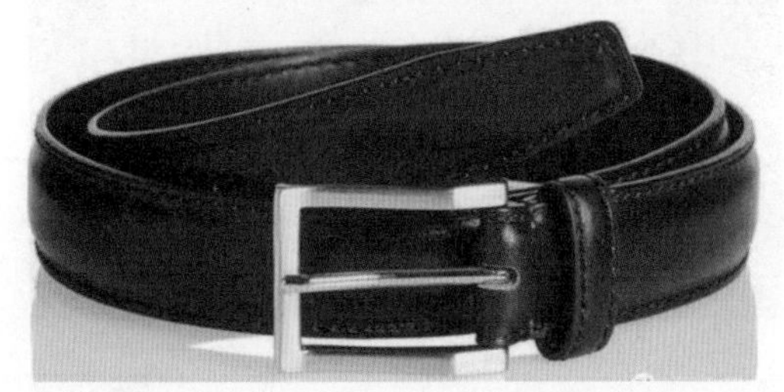

← 图5-42　莫卡辛鞋
→ 图5-43　僧侣鞋
↓ 图5-44　皮带

第六章

西装的礼仪与保养

ETIQUETTE AND
MAINTENANCE OF SUITS

第一节 西装穿着的礼仪

西装是举世公认的国际服装，美观大方、适应性广，因其具有系统、简洁、富有文化内涵等特点，所以发展成为当今国际上最标准、最通用的礼服，在各种礼仪场合被广泛穿着。人们常说，西装七分在做、三分在穿，西装穿着合乎礼仪要求非常重要，下面是常见的西装穿着礼仪的基本要求。

1. 西装穿着应合身、合地、合景

根据场合的不同选穿合适的西装，正式场合如宴会、典礼等，选择素颜的套装为宜，由深色精纺毛料制成，以深灰、黑色、深蓝色为主，不能有过多装饰（图6-1）。特别隆重的国际场合会要求穿燕尾礼服。一般场合、一般性访问可着便西或套装。

2. 正式场合西装要配领带

领带的花色（图6-2）可以根据西装的色彩配置，既可以同色系，也可以对比色，一般深色的西装用亮色的领带来搭配，可以起到画龙点睛的效果，领带的长度以到皮带扣中间或者上面为宜，不要超过皮带下部。

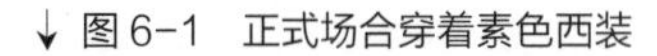
↓ 图6-1 正式场合穿着素色西装

3. 衬衫要合理内搭

关于衬衫，最好在每次穿着之前要经过熨烫，以保证衬衫挺括、整洁、无皱褶。正式场合，衬衣的下摆需塞进西裤里，袖口扣上，长袖衬衫的衣袖要比西装上衣的衣袖略长。不系领带时，衬衫领口不可扣上（图6-3）（目前有个别比较另类的穿法是不系领带，只系领口纽扣，非常少见）。一般素色的衬衫建议打领带，印花或格子的衬衫可以不打领带，算是半正式的穿着。

若穿西装背心或羊毛衫，则领带需配置于背心或羊毛衫之内。

4. 西装口袋需平整

西装上衣两侧的口袋只做装饰用，不可放东西。上衣胸部的衣袋专装手帕，不可他用。上衣内袋和西裤侧袋可以装诸如名片夹等小件物品，不可以装比较鼓囊的物品。

5. 西装宜配深色鞋袜

穿西服套装一定配皮鞋，而不能穿布鞋、旅游鞋等，皮鞋要保持清洁。袜子以深灰为好，切记不可穿白色袜子，更不可不穿袜子。穿着休闲的西装没有这些搭配要求，可以配休闲裤或者牛仔裤，也可以搭配运动鞋。

6. 正式场合要扣好纽扣

西装在穿着时可以敞开，袖口和裤脚口不要卷起（刻意裤脚口卷边的裤子除外）。穿单排纽扣的西装时，如果两粒扣，只扣上面一粒；如果三粒扣，只扣上面两粒。坐定后可以解开。穿双排纽扣西装时，在正规场合里要把扣子都扣好，坐定后也不能解开扣子（图6-4）。

在重要的场合，穿着规范的西服套装，既是自身形象的需要，也是尊重他人的表现。

↑ 图6-2 穿着正式套装需要打领带
← 图6-3 休闲式的西装穿着
↓ 图6-4 着双排扣西装坐着时需要扣好扣子

第二节 西装的保养

西装是职业男士的重要行头，往往价值不菲，良好的保养方法不仅能够延长西装的寿命，也可以让西装的穿着效果更佳，所以每个人都需要学会西装保养的方法。

1. 穿着后悬挂

毛料西装属于天然纤维，由蛋白质组成，长时间穿着容易变形，所以不要频繁穿着同一套西服，以延长衣服的寿命，最好是穿一天休息两天，让面料纤维得以恢复。不穿时一定用专用衣架（最好是木质的）挂好，衣架必须宽到足以碰到西装的肩端点，并且衣架的两端要足够宽，以支撑西装的肩部。悬挂时保持适当距离让空气流通，也可避免衣服变形（图6–5）。

2. 防止西装受潮

毛料纤维吸湿性强，西装长时间在潮湿的环境中很容易发皱变形，定期以除湿机或者空调去除衣柜湿气。沿海地区的天气比较潮湿，西装放置久了，领口、驳头、口袋盖等容易发皱，可以使用蒸汽熨斗局部压烫，在熨烫前需要将熨斗清洁好，另外需要在加热后、正式熨烫前使用毛巾或其他布料进行试烫，以免温度过高把衣服烫坏，也可以在熨烫的部位盖上一层布，再进行压烫。羊毛面料的主要成分是蛋白质，长时间不穿时，需要防止生虫。

3. 穿着后及时清除局部污垢

毛料的西装洗后容易变形，每一次干洗都会缩短西装的寿命，所以尽量少洗，每次穿后用毛刷将表面的灰尘刷掉（图6–6）。西装多为羊毛织物，灰尘、头屑等小颗粒物很容易在衣服表面累积，如果它们没有被及时清理，这些颗粒会对织物造成破坏并影响织物的性能。通常只需要用一把小小的西装刷顺着衣物的方向，从上至下清除这些即可，如果有些毛发或者纤毛等刷不掉，可以使用胶带来粘掉。另外个别地方有污垢，可以使用清洁剂做局部清洁。

4. 贴身穿着后及时清除汗渍

沾过汗液后，西装久放很容易发霉，所以穿过的西装在换季前需要干洗后存放。一般西装上衣在穿着时里面都会搭配衬衫，所以如果穿的时间不长，上衣可以不用洗。而裤子不同，由于裤子是贴身穿，很容易沾上汗液，所以哪怕只穿过一次，裤子也要干洗。纯毛面料的西装务必干洗，千万不能水洗，否则衣服会严重皱缩，导致衣服报废。干洗后塑料套要拆掉，使用无纺布衣套以达到透气、防尘的效果（图6–7）。

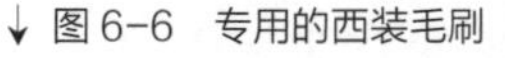

↑ 图6–5 西装挂放时不宜过挤
↓ 图6–6 专用的西装毛刷

5. 熨烫时不能压实驳头

如果需要熨烫衣服，需要注意不可以将西装领的驳头压死（图6-8）。尤其是定制的西装一般都是半毛衬或者全毛衬工艺，驳领形状有一定自然卷曲和立体感，若用熨斗压烫后会丧失原有的活性。

6. 可不拆口袋缝线防止变形

西服上衣两个下袋最好不要放置物品，如果一定要放，可以用来盛放松、软、薄的东西，诸如纸巾之类，切记不可装得鼓鼓的，否则外套容易变形，也可选择不拆缝线，它可保持西装的形状，使之不易变形（图6-9）。西装的上内袋可以放置手机、名片夹等轻薄的物品，以不影响外观为准。

7. 避免久穿日晒变色

强光照射会造成面料变色，避免将西装长时间放置在太阳光下。久穿的西装（尤其是光面面料），在肘部和膝部易产生亮光，可准备半盆清水，并往水中滴上几滴醋，把毛巾蘸湿后，用毛巾按一个方向擦几下，便可除去亮光。

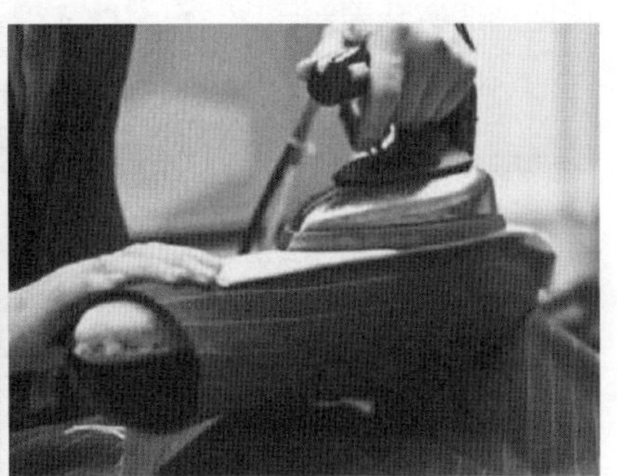

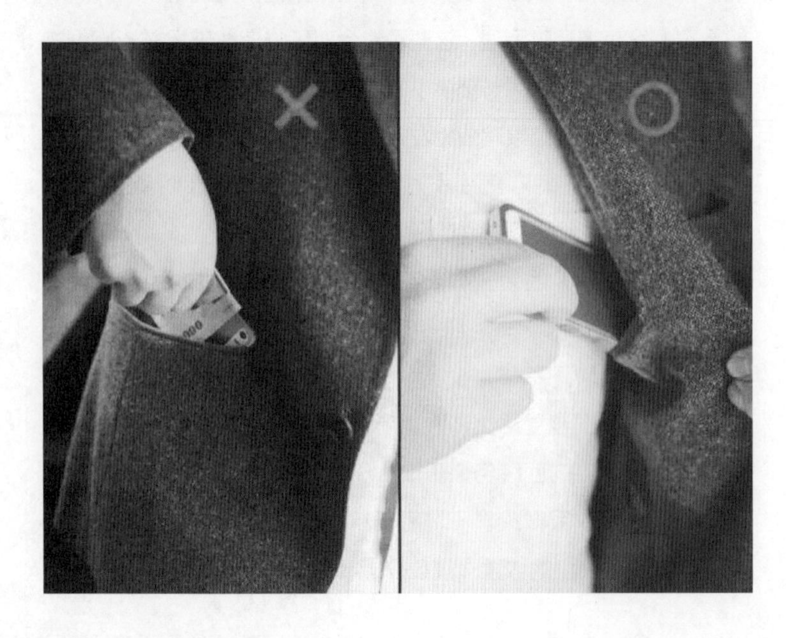

↑ 图6-7　西装防尘罩
← 图6-8　西装熨烫
↓ 图6-9　西装口袋不宜放重物

8. 商务出行时需妥善保管携带

对于商务人士来说，出差携带西装是经常的事情，出差时西装尽量避免在箱子内遭到挤压，最好将上衣拿在手上，裤子可以对齐挺缝线折叠后放置到行李箱内。如果西装一定要装箱，最好选择那种可以分层包装的箱子，让放置的西服避免遭到长时间挤压。可以参考图6-10的折叠方法，将西装从背缝折叠，里面朝外，叠好后放到箱子内，尽量避免过大的挤压。到达目的地后，第一件事就是将西装取出，用衣架挂起来。

西裤在不穿时，需要悬挂保存，悬挂的方法如图6-11所示。

衬衫的折叠方法如图6-12所示。

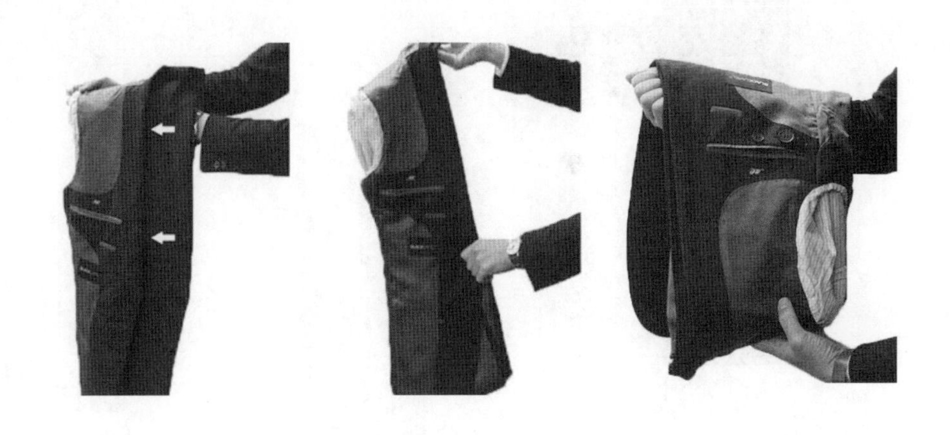

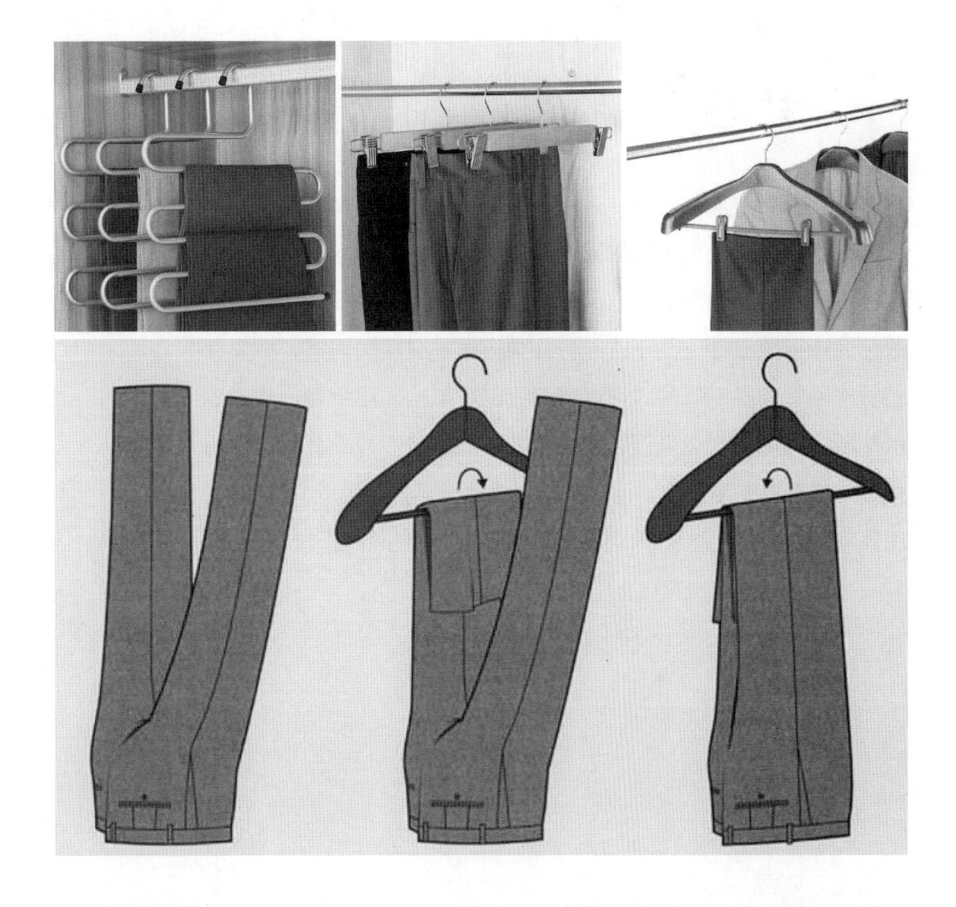

↑ 图6-10　西装折叠方法

↓ 图6-11　西裤悬挂方法

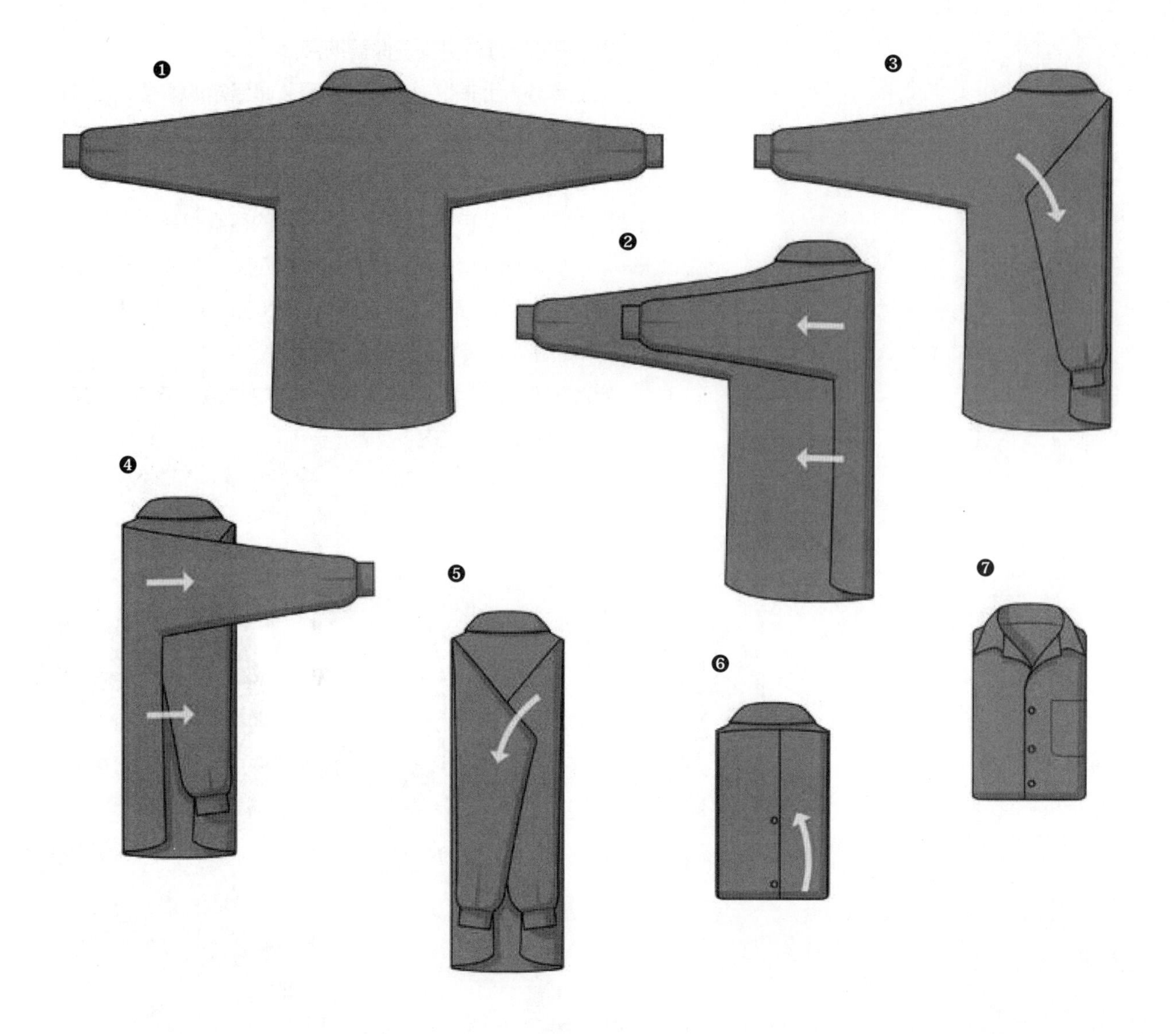

↑ 图6-12　衬衫折叠方法

↓ 图6-13　挂烫西装

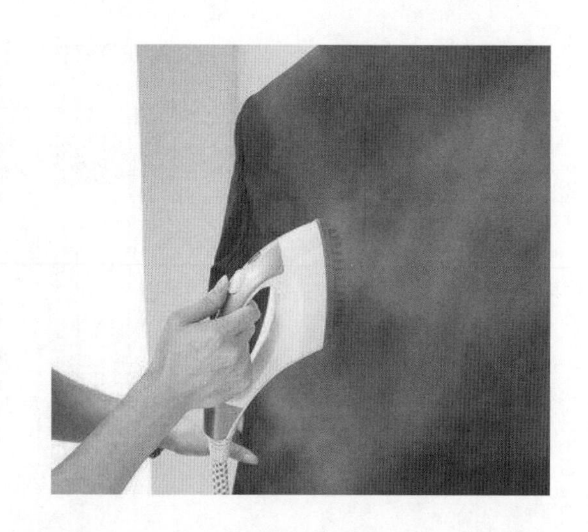

9. 去除褶皱

职业西装出现不雅的褶皱，很大程度影响了个人形象。消除褶皱不一定要送到洗衣店做保养，在家里使用挂烫熨斗加以熨烫即可保持平整挺括（图6-13）。如果家里没有挂烫设备，或是在出差时没有熨烫的条件，可以将西服自然悬挂，用手撒上少量的水花后，再用电吹风低温轻吹，也能获得除皱的效果。也可以将西服挂在潮湿的浴室内，让洗澡的热气蒸一蒸，便可以消除皱褶。注意蒸的时间不要过长，以防止西装吸水过多变形。

第三节
西装为何需要定制

西装是男人的战袍，其好坏直接影响到一个人的职业形象。所以，西装一定要高品质，尺码和板型真正合适穿着者的体型。

成衣只是按照标准的身材而设计，很多细节部位其实往往不一定能符合每位穿着者的要求。量体定制对每个部位都能按照穿着者的实际尺寸而设计，更加合体，也能够有针对性地突出优点、掩盖缺陷（图6–14）。世界上不存在两个完全一样的人体，只有通过量体定制和一人一板才能打造完美的西装（图6–15）。尤其是，通过互联网的数据管理，穿着者的衣服可以持续优化，一次比一次更好。

市场上雷同的款式和花色通常不能凸显出穿着者的品位，只有定制西装才可以按照个人的身份、职业、爱好、所穿着的场合等有针对性地设计，让穿着者的形象更加鲜明，独一无二。

市场上的成衣一般都是采用流水线生产的黏合衬工艺，没有纳驳头处理，经过水洗以后，衣服容易变形，失去原有的挺括。而定制的西装一般采用半毛衬工艺或者全毛衬工艺，衬布采用富有弹性的马尾衬或者黑炭衬，经过纳驳头工艺将衬布与面料缝合在一起，衣服不容易变形。同时优质的毛纺面料保持了其原有的活性，西服不会像标准成衣那样死板。

量体定制，杜绝成衣的工业化批量生产，使衣服富有灵性与艺术气息，无须标明牌子，只要穿在身上，就能体现出身价。

这种精益求精的定制精神可以帮助男人在事业上无往而不利（图6–16）。

↖ 图 6–14　定制西装注重每个细节
↙ 图 6–15　定制的西装更加合身
↓ 图 6–16　精益求精的定制精神

第七章

男士衬衫

MEN’S SHIRT

第一节 认识衬衫

一、衬衫的历史

伴随西装的发展，男士的衬衫也是同步发展，而且不断演化成为今天的衬衫。早期的衬衫并没有像今天的衬衫这样，前面由纽扣固定，而是套头式的穿脱方式，直到1871年，位于阿尔德曼布里的一家名字为布朗＆戴维斯的公司最早登记了首款全纽扣衬衫。直到18世纪，衬衫一直是穿在外衣的里面，只有领子露出来，所以衬衫一直被认为源自于内衣。虽然今天衬衫作为外衣已经非常普遍，但是在重大的场合，如果脱掉外衣只穿衬衫，还是有失礼的嫌疑。

二、衬衫的种类

1. 白色衬衫

在各种类型的衬衫中，白色的衬衫具有最高的国际礼仪等级，一般重大的活动中，如果要穿礼服，一定是配白衬衫（图7-1）。在19世纪，只有那些有足够经济实力的人才能穿白衬衫，因为要经常洗涤，还要有足够的衬衫用来定期更换，所以在欧洲只有绅士才会经常穿白衬衫。

2. 礼服衬衫

配礼服所用的衬衫为礼服衬衫（图7-2），礼服衬衫一般有两个显著的特征：一是领型为燕子领，适合打领结；二是前胸部位多有细褶。另外多数礼服衬衫是法式袖扣。

3. 条纹衬衫

条纹衬衫直到19世纪末才流行起来（图7-3），与任何时尚一样，开始时总是极少数人接受。在传统的社会里，穿着花的衣服被认为有些不正经，也会让人怀疑衣服不干净。后来，有些教士会在条纹衬衫上配上白色的领子和袖口（香槟领的由来），尽管没有纯白的衬衫那样庄重，可是也不失新颖别致，一直到今天依然很常见。

除了穿着条格衬衫时搭配白色的领子、袖口以外，相反的做法也非常好看，比如图7-4所示的这件来自荷兰设计品牌R2 Amsterdam的衬衫，白色衬衫配上花色领，显得格外别致。

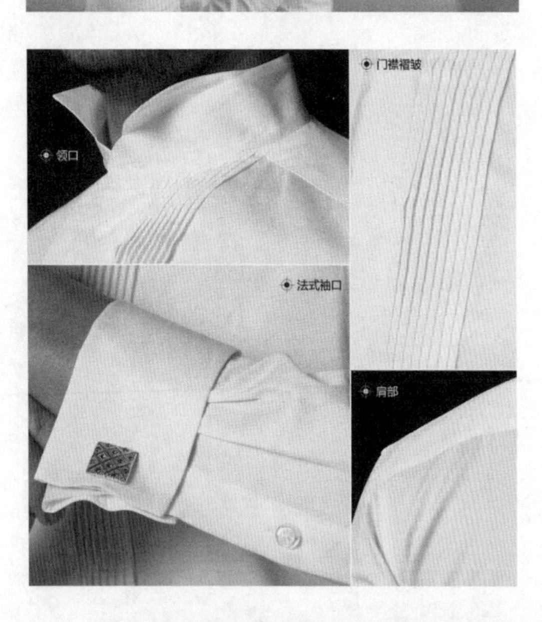

↖ 图7-1　白衬衫的礼仪等级最高
← 图7-2　礼服衬衫
↙ 图7-3　条纹衬衫

4. 格子衬衫

格子衬衫是学院风格的代表（图7-5）。格子衬衫在欧洲早期是只能在周末休闲时穿着的，后来牛津大学、剑桥大学等高等学府渐渐盛行。在当今的中国，互联网人士除了T恤，最适合的服装恐怕就是格子衬衫了。

其实，格子衬衫的种类繁多，其风格也不同，比如图7-5所示的衬衫就是典型的美国休闲风格，与欧洲的典雅风格完全不同。这种休闲风格的衬衫穿出来的感觉是舒适随意，而英国风格的格子衬衫则是休闲中透着精致典雅的味道。

5. 印花图案衬衫

印花图案的衬衫也同样是风格多样（图7-6），比如大花型图案的奔放、小花型图案的精致。

6. 长袖、短袖衬衫

衬衫的基本款型包括长袖和短袖，一般情况下，短袖被认为非常不正式（图7-7），在正式场合务必穿长袖的衬衫。有人习惯穿着短袖衬衫，外面套上西装外套，其实这样穿着非常不合适，一是不正式；另外，由于短袖不能有效隔离皮肤和西装，很容易让身上的汗液弄脏西装的内里。

↖图7-4　R2 Amsterdam 白色衬衫
↗图7-5　格子衬衫
↙图7-6　R2 Amsterdam 印花衬衫
↘图7-7　短袖衬衫

第二节 衬衫的领型和款式

一、衬衫的领型

衬衫的常见领型如图7-8~图7-24所示。

↑ 图7-8　标准领（最常见的衬衫领型）

↑ 图7-9　大八领（也叫温莎领，领口开得较大）

↑ 图7-10　中八领（领口呈八字形，常见领型之一）

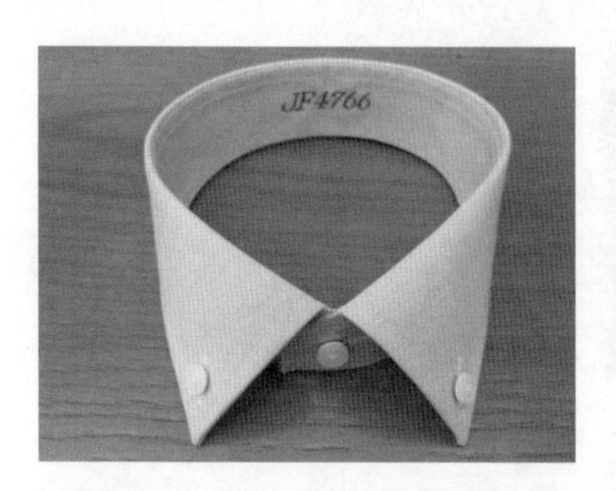

↑ 图7-11　有扣中八领（领尖有纽扣，固定领尖不翘起）

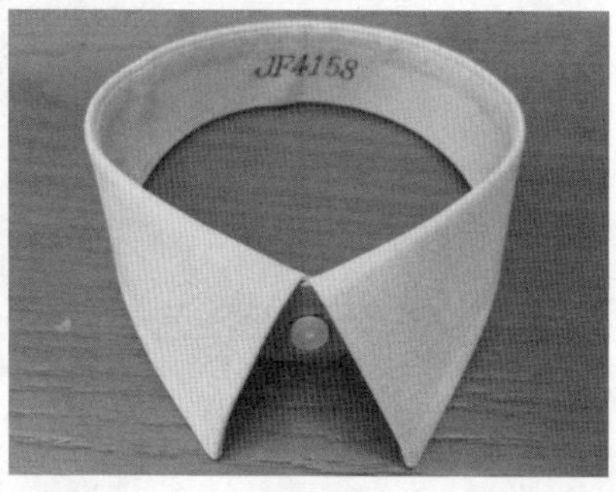

↑ 图7-12　小八领（领口开得较小，比较少见）

↑ 图7-13　大方领（领角呈方形，领角大）

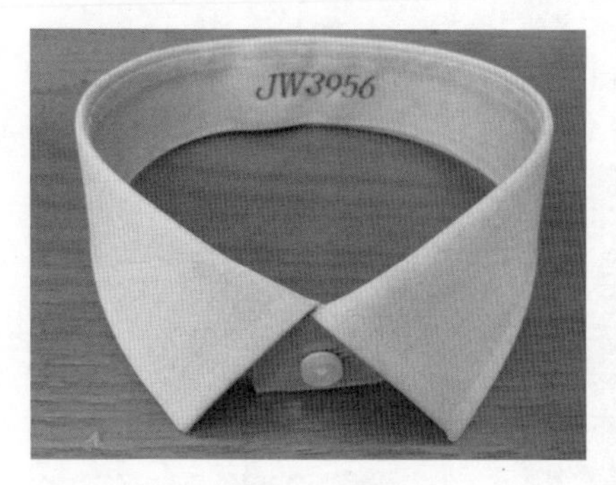

↑ 图7-14　中方领

↑ 图7-15　小方领

↑ 图7-16　尖角领

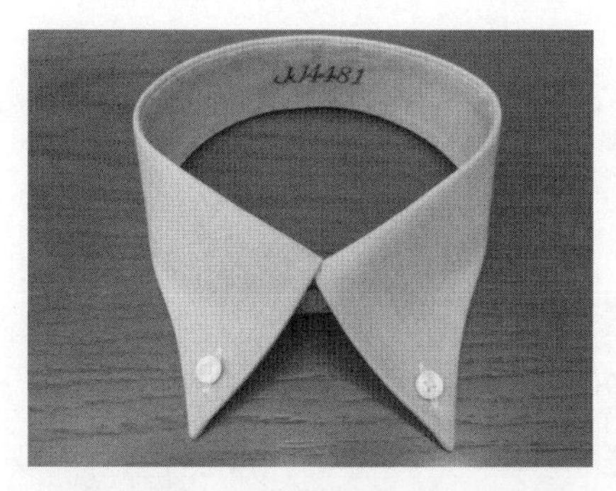

↑ 图7-17　有扣尖角领（一）

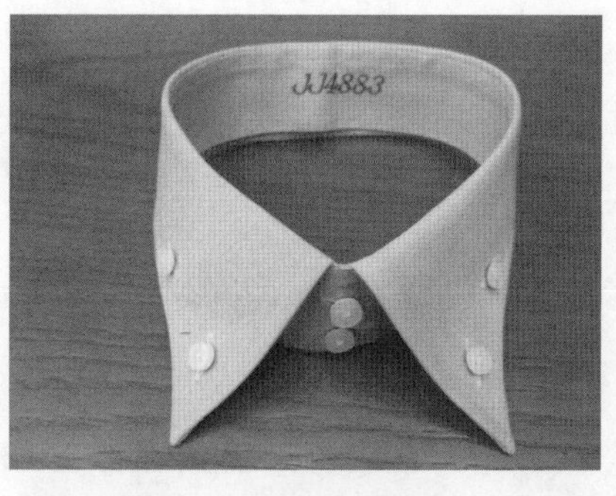

↑ 图7-18　有扣尖角领（二）

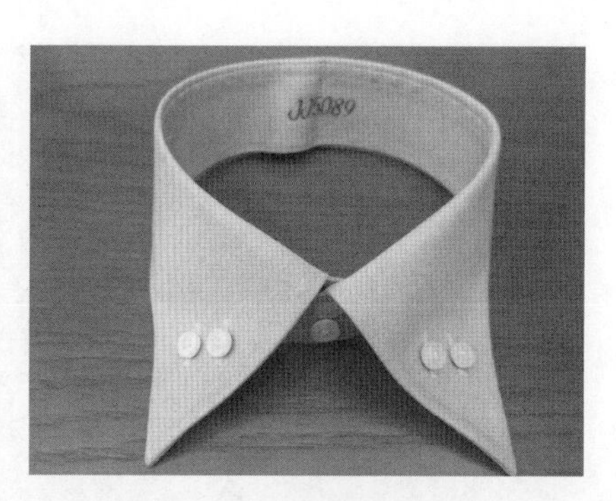

↑ 图7-19　有扣尖角领（三）

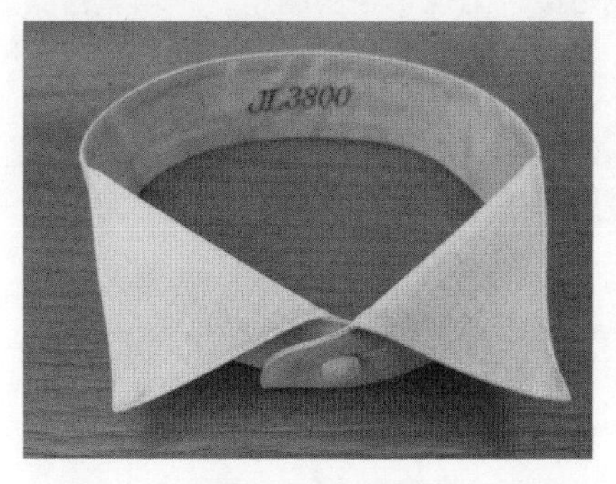

↑ 图7-20　燕子领（适合配礼服，打领结）

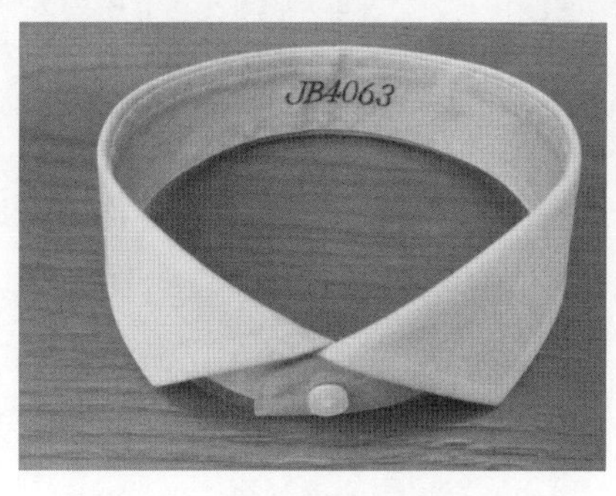

↑ 图7-21　一字领（领口开得较大）

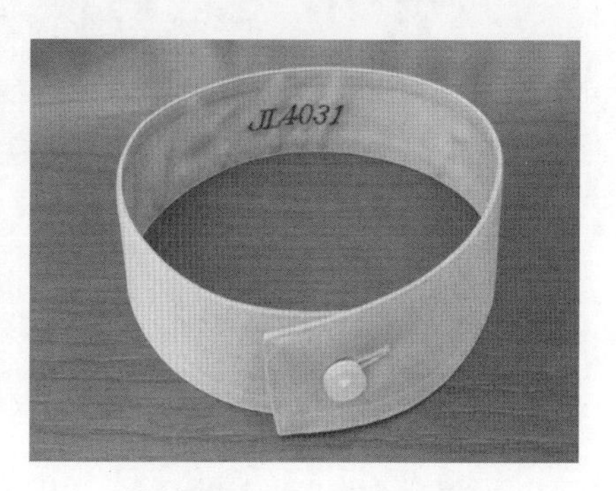

↑ 图7-22　直角立领

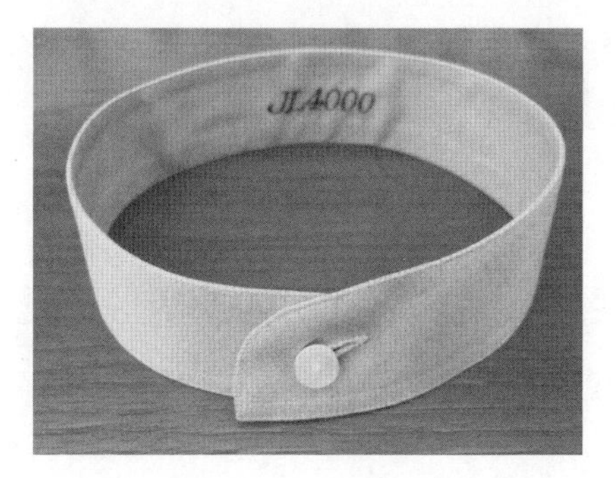

↑ 图7-23　圆角立领

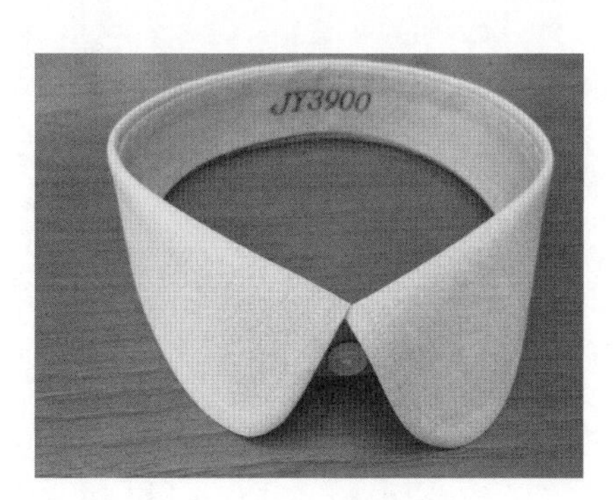

↑ 图7-24　圆角领

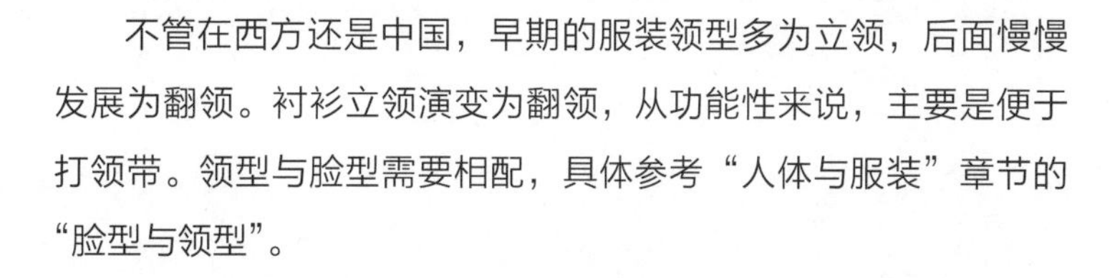

不管在西方还是中国，早期的服装领型多为立领，后面慢慢发展为翻领。衬衫立领演变为翻领，从功能性来说，主要是便于打领带。领型与脸型需要相配，具体参考“人体与服装”章节的“脸型与领型”。

二、衬衫的袖口（袖克夫）

袖口的基本造型包括直角、圆角与切角等，有一粒扣、两粒扣等基本类型，常见的造型如图7-25所示。

其中左上角的两种属于法式袖口，也叫叠袖，纽扣需要用活动的法式纽。

三、门襟

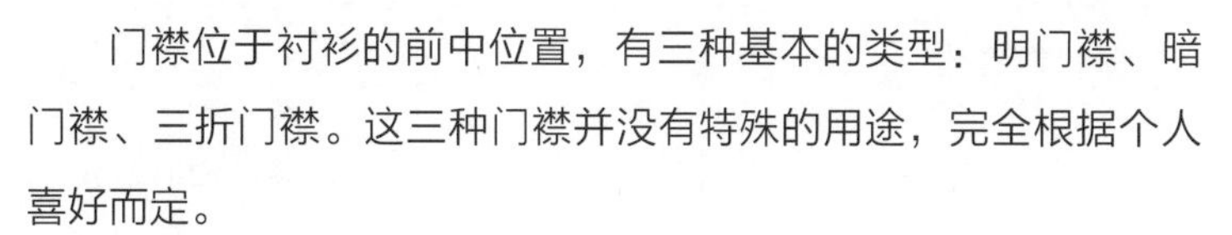

门襟位于衬衫的前中位置，有三种基本的类型：明门襟、暗门襟、三折门襟。这三种门襟并没有特殊的用途，完全根据个人喜好而定。

1. 明门襟

纽扣露出来，门襟的部位较厚，方便扣纽扣，是最常见的门襟类型（图7-26）。

2. 暗门襟

纽扣隐藏起来，看起来比较简洁，属于比较少见的类型，也正因为比较少见，才会有点特色（图7-27）。

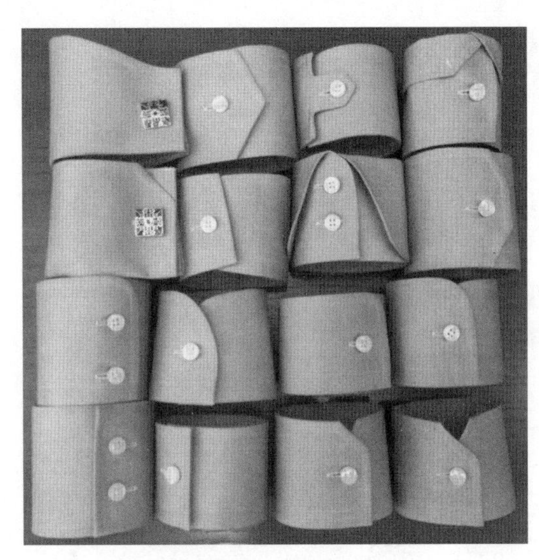

↑ 图 7-25　常见衬衫袖口

↑ 图 7-26　明门襟

↑ 图 7-27　暗门襟

3. 三折门襟

门襟折向里面，门襟部位面料较厚，方便扣纽扣，同时比明门襟看起来更简洁一些（图7-28）。

四、口袋

衬衫口袋主要是起装饰作用，分为六角口袋、圆角口袋、三角口袋、三角带盖口袋、无口袋等几种类型。

1. 六角口袋

口袋的两个下角分别被切掉，出现了更多的角，比较适合脸型有棱角的人（图7-29）。

2. 圆角口袋

口袋的两个下角呈圆弧形，属于比较简洁的造型，给人以较成熟稳重的印象（图7-30）。

3. 三角口袋

口袋的下部呈三角形，有点中规中矩，选用的人并不多（图7-31）。

4. 三角带盖口袋

口袋上装有袋盖，主要是给需要装东西的人准备的，有些抽烟的人会习惯性地装香烟（图7-32）。

5. 无口袋

其实口袋对于多数人来说并没有什么用途，衬衫口袋能够装下的物品非常有限，而且装上东西会影响衬衫的美观，所以一般情况不建议加口袋（图7-33）。

↑ 图 7-28　三折门襟

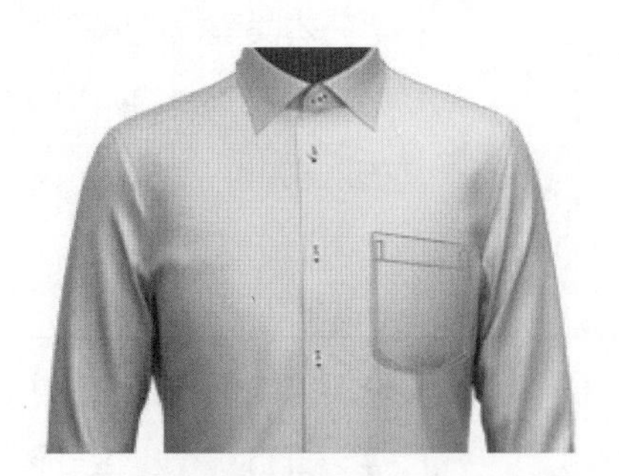

↑ 图 7-29　六角口袋

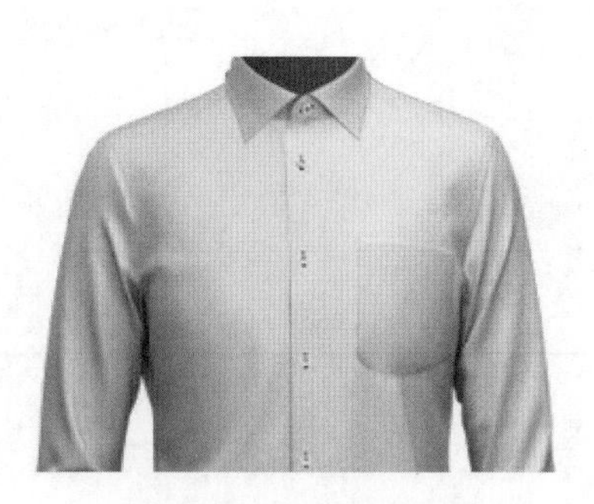

↑ 图 7-30　圆角口袋

↑ 图 7-31　三角口袋

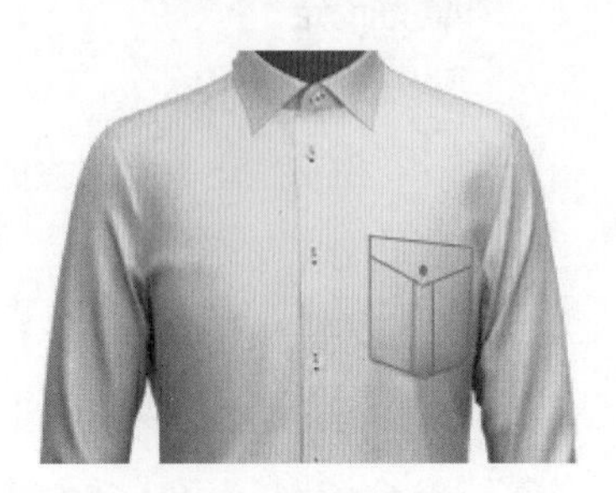

↑ 图 7-32　三角带盖口袋

↑ 图 7-33　无口袋

五、下摆

衬衫下摆有平摆和圆摆两类。

1. 平摆

正装衬衫一般是平摆，穿着时扎在裤腰里面（图7-34）。

2. 圆摆

下摆呈圆弧形，休闲款衬衫多是圆摆，穿着时可以扎在裤腰里，也可以在外面（图7-35）。

六、后背褶

衬衫的后背褶分为无褶、双肩褶、后中褶、腰褶几种类型。

1. 无褶

属于常规的造型，比较简洁，一般合体款的衬衫多采用这种造型，松量大小适中，适合多数穿着者（图7-36）。

2. 双肩褶

后衣片左右肩胛骨部位有褶，松量大，适合后背比较丰满的穿着者或者要求比较宽松的穿着者（图7-37）。

3. 后中褶

后中线部位有工字褶，可以增加衬衫的活动量，提高舒适度。适合对舒适度要求较高的穿着者（图7-38）。

4. 腰褶

后衣片腰部收褶，使衬衫更加符合人体，达到修身的效果。适合要求衣服修身的穿着者（图7-39）。

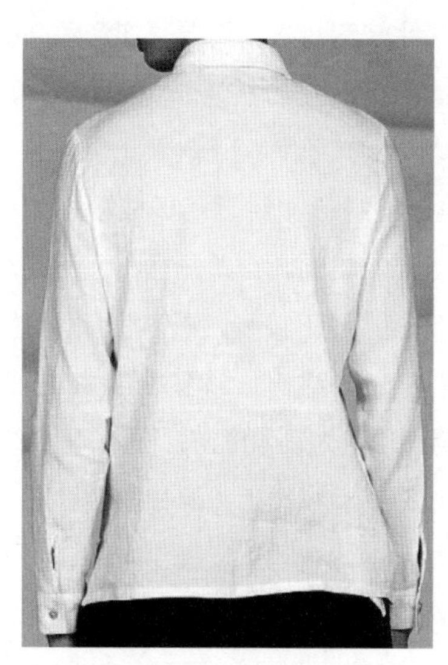

↑ 图7-34　平摆衬衫

↑ 图7-35　圆摆衬衫

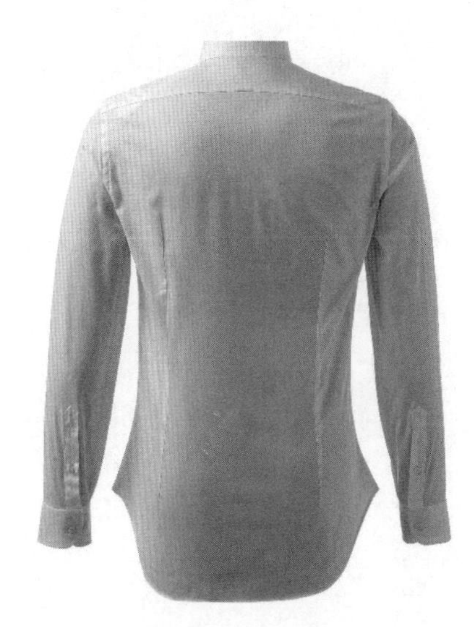

↑ 图7-36　无褶衬衫

↑ 图7-37　双肩褶衬衫

↑ 图7-38　后中褶衬衫

↑ 图7-39　腰褶衬衫

第三节 衬衫的面料

一、衬衫常用面料及主要参数

衬衫面料最常用的材质为纯棉织物，也有棉涤混纺织物、棉丝混纺织物、麻织物、羊毛织物、丝毛织物等。

评价衬衫面料的参数主要是纤维的支数，常见的衬衫面料支数在60～80英支（7.3～9.7tex），优质的面料支数在100～180英支（3.2～5.8tex）。支数越高的面料，纤维越细，手感也会更滑爽，同时面料也会更薄（双股纱的除外）。不过选择面料不一定只看纱支数，影响面料品质的因素还包括纤维的长度、组织类型以及后整理等。

1. 纯棉、涤棉面料

纯棉的面料舒适透气，但衬衫比较容易皱，需要每次穿着之前熨烫。也有的纯棉面料做了免烫处理（图7-40）。免烫处理一般是通过液氨和潮交联处理，以达到抗皱、速干效果，但是这种面料价格高，含甲醛。有些抗皱的衬衫面料是用棉成分含量80%、涤成分含量20%的CVC面料，挺括，穿着舒适，还不起皱。涤棉一般是涤的含量超过50%，穿着不舒服，透气性和舒适度较差。现在很多商家所谓的纯棉实则为涤棉布，因为两者确实很像，而且涤棉色泽亮丽，纤维组织也更为紧致细密（图7-41）。所以一定要学会如何鉴别，以免被忽悠。视觉上，涤棉布比纯棉布的色泽更为鲜亮；如果是印花布，纯棉布的正反面色彩浓度对比会更大些，而涤棉布的正反面色彩较为接近。手感上，纯棉布松软但不平滑，涤棉布手摸上去更加顺滑。此外，燃烧法也是被业内人士广泛采用的、最为直观的一种方法（图7-42）。纯棉布，一点即着，火焰呈黄色，燃烧的气味和烧纸一样，燃烧后，边缘是松软的，会留下很少的灰黑色絮状灰烬；涤棉布在接近火焰时

↓ 图7-40　纯棉免烫衬衫

会先收缩然后熔化，冒黑色浓烟，发出一种劣质芳香剂的味道，燃烧后边缘变硬，灰烬为黑褐色硬块，但可以捻碎。

2. 丝光棉面料

丝光棉面料属棉中佳品，比一般棉织物轻薄，吸湿性、透气性良好，非常适合做夏季穿着的衬衫（图7-43）。丝光棉又名“冰丝棉”，以棉为原料，经精纺制成高织纱，再经烧毛、丝光等特殊的加工工序，制成光洁亮丽、柔软抗皱的高品质丝光纱线。以这种原料制成的高品质针织面料，不仅完全保留了原棉优良的天然特性，而且具有丝一般的光泽，织物手感柔软，吸湿透气，垂感颇佳；面料清爽、舒适、柔软、吸湿、透气性能好，光泽度极佳。花色丰富，穿起来舒适而随意，充分体现了穿者的气质与品位；此种丝光棉针织面料多用于高档T恤、Polo衫等。

经过丝光处理的棉纤维，其纤维形态特征发生了物理变化，纵向天然转曲消失，纤维截面膨胀，直径加大，横截面近似圆形，增加了对光线的有规律反射，使棉纤维制品表面呈现丝一般的光泽亮丽；又由于分子排列紧密，强度要比无光纱线高，提高了棉纤维强力和对染料的吸附能力。但棉纤维的截面和纵向形态特征的变化与丝光的程度（丝光度）有关，同时由于形态特征发生了改变，所以在纤维鉴别时要注意其形态特征。

按丝光对象不同，丝光棉一般可分为纱线丝光、织物丝光以及双丝光。双丝光是指用经过丝光的棉纱线制织而成的织物。纱线丝光：指棉纱线在有张力的情况下，经过浓烧碱的处理，使其既具有棉原有的特性，又具有丝一般光泽的一类特殊的棉纱线。织物丝光：指棉面料在有张力的情况下，经过浓烧碱的处理，使面料光泽度更佳、更挺括、保型性更好。按照两道丝光工艺划分，丝光棉既可指经过纱线丝光工艺处理过的棉纱线，也可指经过面料丝光处理过的棉面料。

丝光棉的面料优点（图7-44）：

（1）染色性能提高，色泽鲜亮，不易掉色；

（2）面料具有丝绸一般的光泽；

↑ 图7-41 衬衫面料的花色

← 图7-42 燃烧对比

↓ 图7-43 丝光棉衬衫

→ 图7-44 丝光棉面料物性

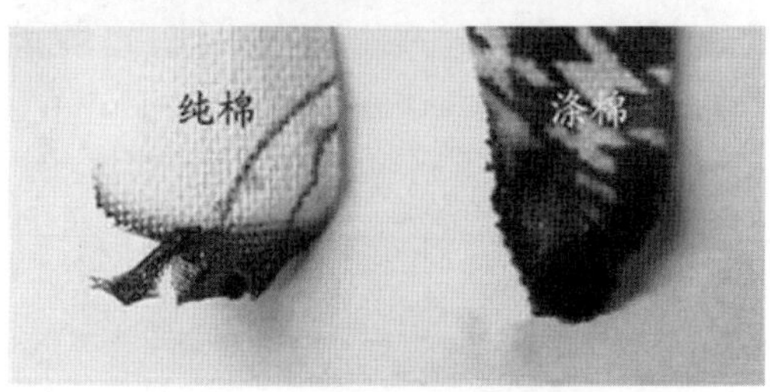

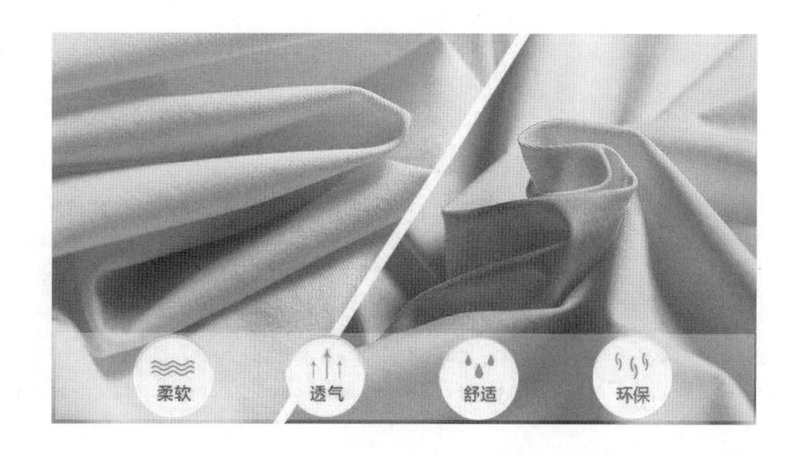

（3）面料尺寸比较稳定，垂悬感较好，纱线强力大，不易断裂；

（4）面料挺括，抗皱性能好，不易起球起皱。

用于高端定制的进口衬衫面料品牌主要集中在英国及意大利等少数国家，以下是常见的进口面料品牌。

二、知名面料品牌介绍

1. 英国品牌托马斯·梅森（Thomas Mason）

英国顶级衬衫面料厂商托马斯·梅森始创于1796年，伴随工业革命一起成长，迄今已有225年历史，是几乎每个英国绅士耳熟能详的品牌，也是英国查尔斯王子和电影007系列男主角扮演者丹尼尔·克雷格的专属御用面料（图7-45）。国际顶级品牌衬衫杰尼亚、雨果博斯、古驰的衬衫均采用其品牌面料。

2. 英国品牌迪骧（Dechamps）

迪骧建立于1857年，已经有164年的历史。面料主打高雅路线，不仅有英国式的色彩配置，而且还完美糅合了法国式的样式风格，款式经典而又新颖（图7-46）。

3. 意大利品牌蒙蒂（Monti）

意大利顶级衬衫面料厂商蒙蒂（Tessitura Monti S.P.A）始创于1900年，专业生产高纱织系列高品质面料（图7-47）。所有高纱织的面料全部采用贵族埃及棉，不仅色泽饱满柔和，结实耐穿，而且更具有如丝绸般光滑的手感。蒙蒂同时也是世界知名品牌阿玛尼、杰尼亚的面料供应商。

4. 意大利品牌康科利尼（Canclini）

意大利顶级衬衫面料厂商康科利尼始创于1925年，创始人朱塞普·康科利尼（Giuseppe Canclini）从1960年开始专注于衬

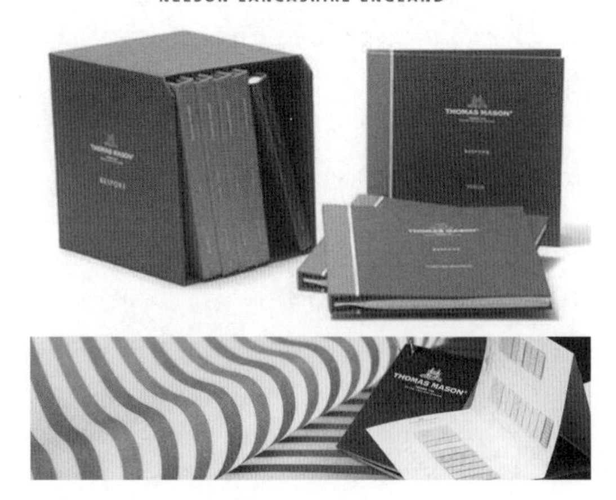

↗ 图7-45　托马斯·梅森的品牌标志与面料样册

→ 图7-46　迪骧的品牌标志与面料样册

↓ 图7-47　蒙蒂的品牌标志与衬衫面料

衫的面料生产，至今家族第三代已经把品牌康科利尼发展成拥有100家合作工厂、年生产能力达几百万米面料规模的公司。其产品销往多达50个国家，诸多国际大牌如雨果博斯、阿玛尼均有采用该品牌（图7-48）。

5. 意大利品牌阿尔贝尼（Cotonificio Albini）

阿尔贝尼为阿尔贝尼集团（Albini Group）旗下面料品牌之一，拥有纯意大利血统，是少数生产地仍在意大利的衬衫面料，因“100%意大利制造”及卓越的设计而出名（图7-49）。公司1876年成立于靠近贝加莫的阿尔比诺（Albino），是目前意大利最大的衬衫面料生产厂。阿尔贝尼创始至今，一直将生产最精美的面料作为自己的使命。面料在花型的研发、原料的选用，以及引领衬衫流行趋势方面享誉全球。其产品涵盖了男女正装、休闲和运动等各种领域及风格，目前拥有两千多种花型，所有纱线经过多道工艺染色完成，颜色鲜艳亮丽，不易褪色，确保产品质量和颜色，满足全球八十多个国家不同客户的各种需求，每年提供两季新产品，并提供快捷交货服务。

6. 英国品牌D.J.A

D.J.A全称David&John Anderson，它的前身Anderson&Lawrie于1822年创立于苏格兰格拉斯哥，于1841年更名为David&John Anderson，并沿用至今，是英国皇室专用面料，名著《红与黑》中曾提及过。D.J.A最初生产大手帕和洋伞，产品主要供给伦敦和东、西印度群岛的贸易市场，后逐步开发了妇女及儿童服装，主要供给国内及美国市场，轻柔舒适的面料为当时服装的特色之一。D.J.A主打高纱支顶级面料，原料主要选自

↓ 图7-48　康科利尼的品牌标志与衬衫面料

→ 图7-49　阿尔贝尼的品牌标志与面料样册

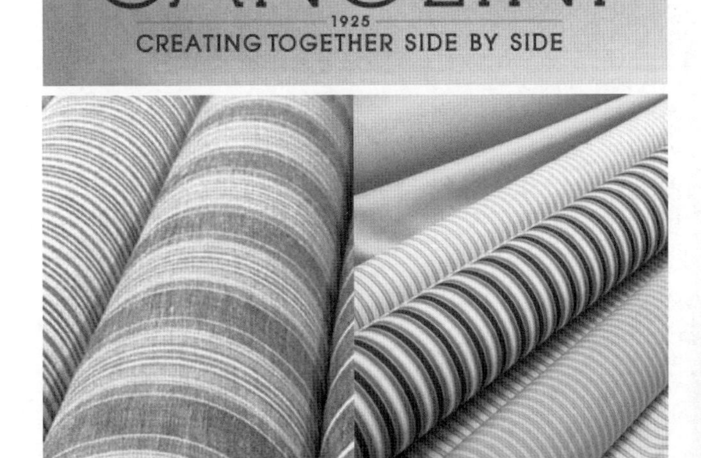

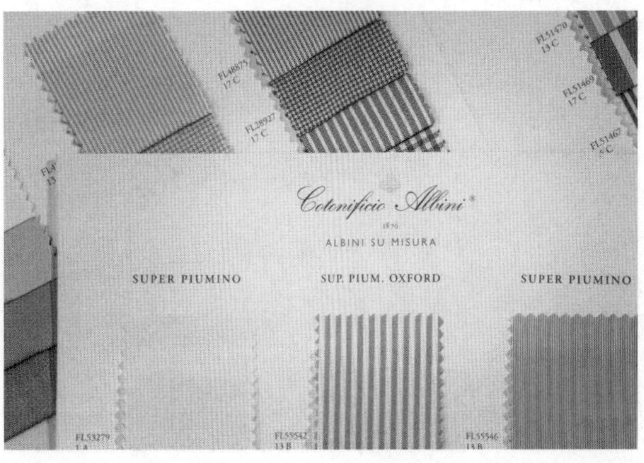

埃及Giza45特级长绒棉和拥有专属权的巴巴多斯海岛棉（原料限产年产量仅70包），还有来自英国经过特殊加工处理的棉，非常保暖舒适，不易变形，是目前高端衬衫面料的卓越代表。旗下的衬衣料纱支从170/2到330/2，目前拥有最高330支3股的“Milanium Star系列”和330支4股的“Golden Jubilee系列”，是实至名归的世界顶级衬衣面料品牌。意大利阿尔贝尼集团于1992年收购了David&John Anderson，并延续D.J.A为全球顶级的客户开创专属模式的创举（图7-50）。

7. 瑞士品牌阿罗姆（Alumo）

阿罗姆由一家名为阿尔布雷希特（Albrecht）和摩根（Morgen AG）的家族企业，在四十多年前建立起来，他们生产出顶级质量的瑞士原产面料，直到如今一直保持着很高的品质。公司于1995年3月更名为阿罗姆，并以其注册为品牌（图7-51）。现在阿罗姆已经成为世界知名的高级衬衣制造商。阿罗姆使用精梳超细埃及棉，在瑞士纺纱和捻转，并在现代化的机器上编织。在自己的整理工厂进行后整理，因积累了丰富的经验，整理后的效果柔软且自然。

8. 意大利品牌太丝特（Testa）

意大利品牌太丝特创立于1919年，是世界一线顶级衬衫面料品牌（图7-52），与阿罗姆、托马斯·梅森、阿尔贝尼齐名。专业制作双股纱高档衬衫面料，最擅长制作小提花面料，细腻、精致、独特。合作品牌有爱马仕、雨果博斯、艾绰、康纳利等国际一线品牌。

↑ 图7-50 D.J.A 的品牌标志与面料样册
↙ 图7-51 阿罗姆的品牌标志与衬衫面料
↘ 图7-52 太丝特的品牌标志与衬衫面料

第四节 衬衫的板型和工艺细节

一、衬衫板型及工艺要求

1. 衬衫各部位的名称

衬衫主要由衣领、门襟、前片、袖子、袖克夫、纽扣、后育克、后片等部件组成（图7-53），有的有胸袋，有的没有。门襟一般分为暗门襟和明门襟，暗门襟在门襟处多缝制一层盖住纽扣，常见于法式衬衫，设计较为简洁，适合搭配温莎领；明门襟对领座有一定的支撑作用，常用于美式或英式衬衫。后育克，即连接后衣片与肩合缝的部件，在衬衫上也俗称“过肩”，下部可以加褶。

2. 衬衫的基本板型

衬衫板型大致分为三种基本类型：修身（图7-54）、宽松（图7-55）和标准（图7-56）。以云衣定制平台为例，其提供的修身板型源自雨果博斯，商务经典板型则源自杰尼亚。

修身板型：后背收腰省，比较合体，放松量较少，穿着效果比较精神干练，适合于追求时尚的人群。

宽松板型：一般后背有双肩省，松量较大，活动舒适，适合年龄稍大，对舒适度要求较高的人群，也适合身材较瘦的人。

标准板型：后背无省，宽松适度，风格不张扬，适合大多数人群。

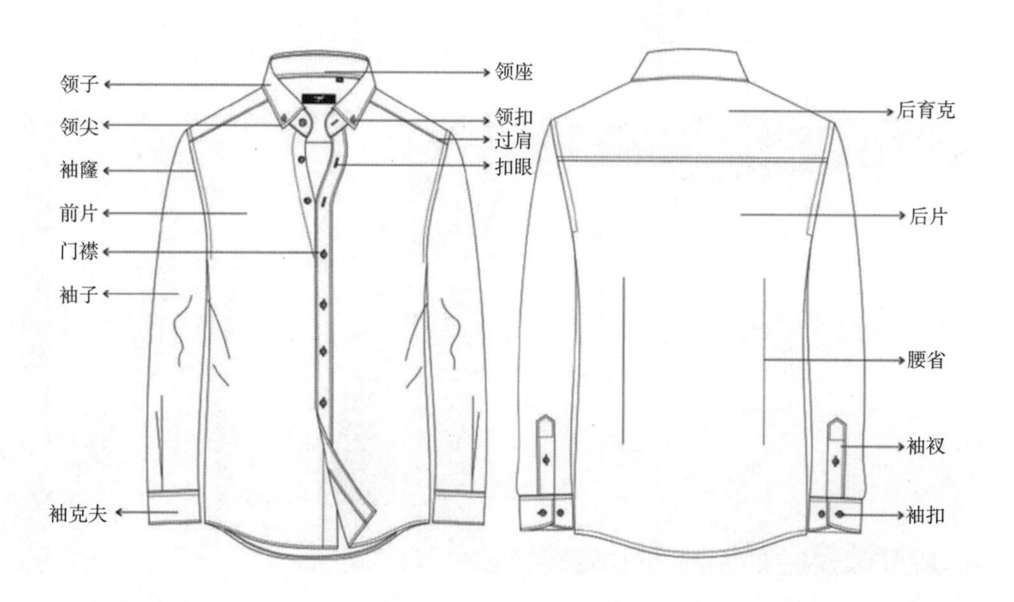

→ 图7-53 衬衫各部位的名称

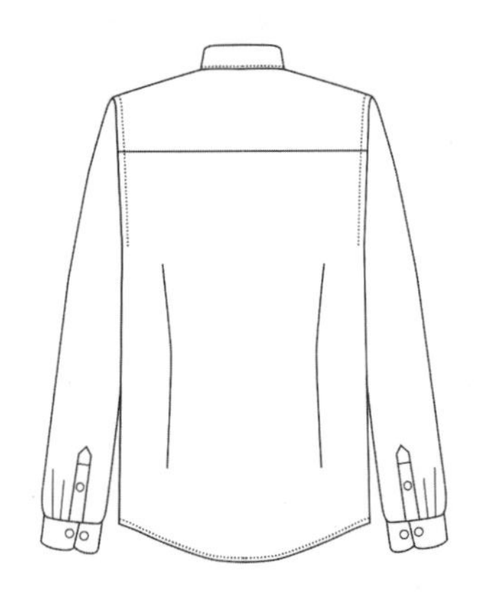
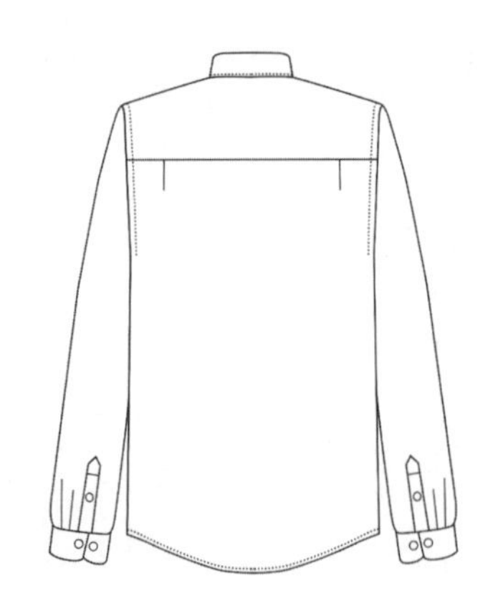
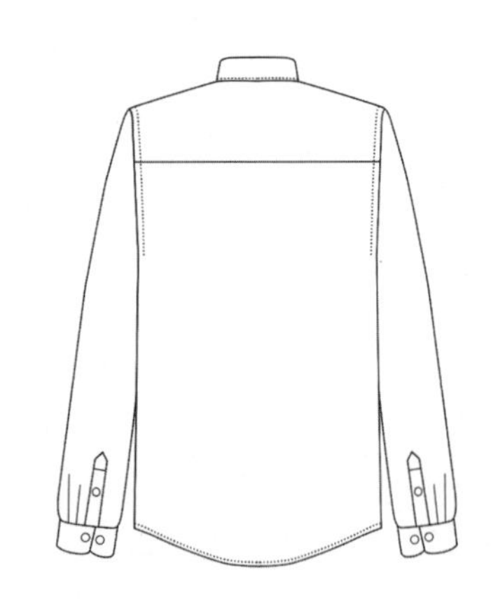

↖ 图7-54 修身板型
↑ 图7-55 宽松板型
↗ 图7-56 标准板型

3. 优质衬衫的工艺要求

（1）领尖平挺，领角两端大小一致，造型美观。领面无起皱、起泡，缉领止口宽窄一致，无波浪（图7-57）。

领尖底有活动的领撑（也叫插竹）（图7-58），材料包括塑料和金属等，作用以确保衬衫穿在身上时，领尖不起翘、不变形。

（2）绱袖圆顺。左右袖长一致（左右臂长不同者除外），左右袖口弧形对称、宽窄一致，袖口明线顺直（图7-59）。左右袖衩平服，无褶皱、无出毛。袖口褶裥宽窄均匀，左右对称。

↙ 图7-57 领子
↘ 图7-58 领撑
↓ 图7-59 袖口

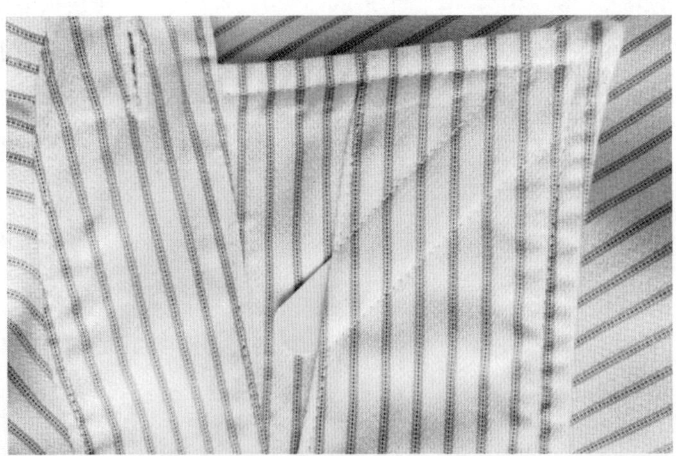
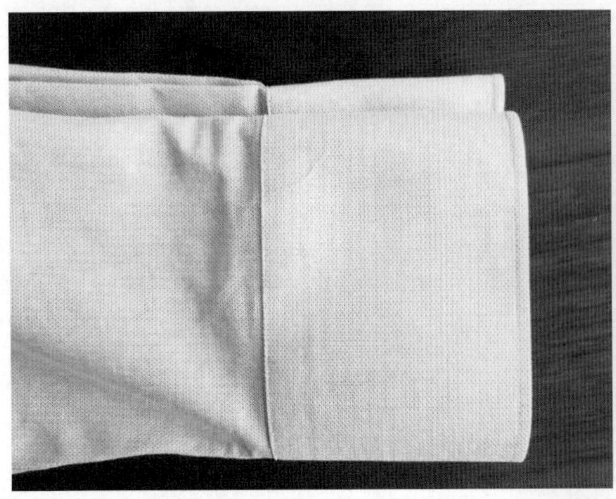
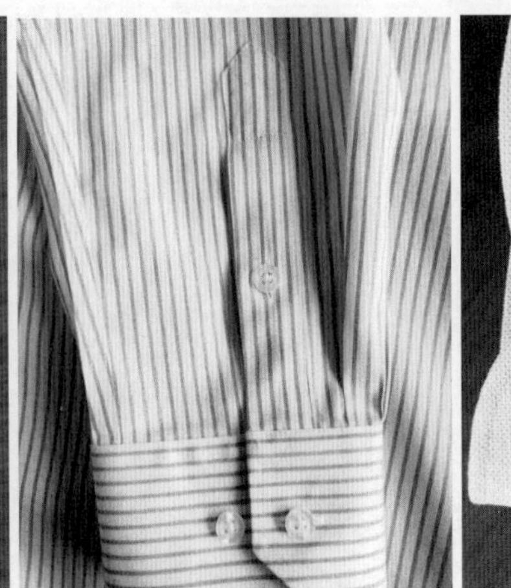
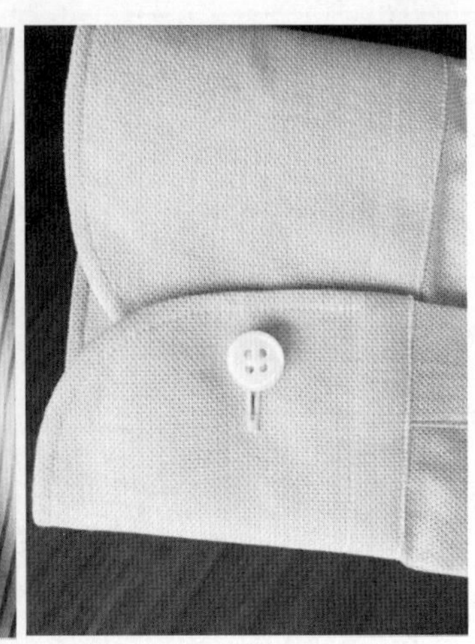

（3）衬衫缝制，要求缝线针距不少于每2.54厘米（英寸）18针，定制时有些可以做到22针。

（4）门襟长短一致，宽窄一致。左右肩宽一致，符合人体肩部形状。

（5）如果衬衫面料为条格纹，重要部位需要对条格。袖子需在袖山顶点与肩部最高点位置条格对齐（图7-60），口袋需要与前衣片条格完全对齐（图7-61），左右领和大身需要条格对称。

（6）有些工艺更好的衬衫，在侧缝底脚衩有三角形贴布，确保侧缝不开线（图7-62）。

（7）好的衬衫，纽扣缝线会有绕纽工艺，让纽扣扣起来更平服，同时确保纽扣不会脱线掉下来（图7-63）。

（8）衬衫下摆折边需要缝边宽窄一致，没有皱褶波浪（图7-64）。

（9）成品衬衫需要整烫平挺，无烫黄，无污迹，无线头，无极光（图7-65）。

← 图7-60　袖山顶点与大身肩部最高处对条格

→ 图7-61　口袋对条格

↙ 图7-62　侧缝脚衩

↘ 图7-63　绕纽工艺

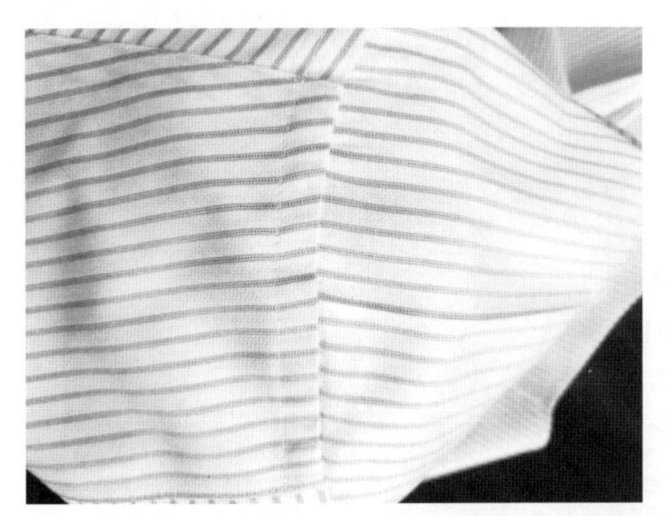

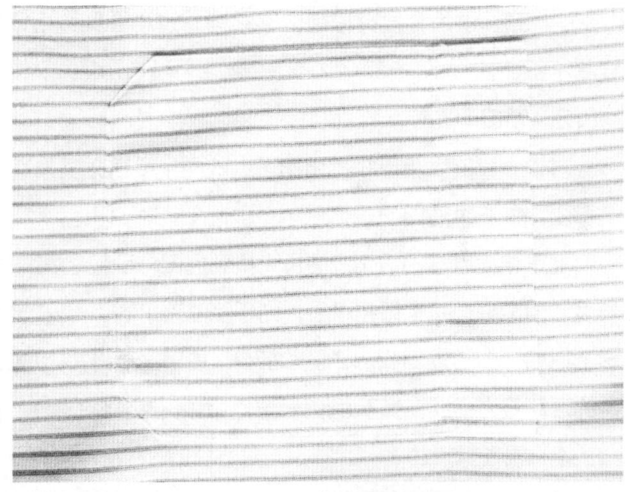

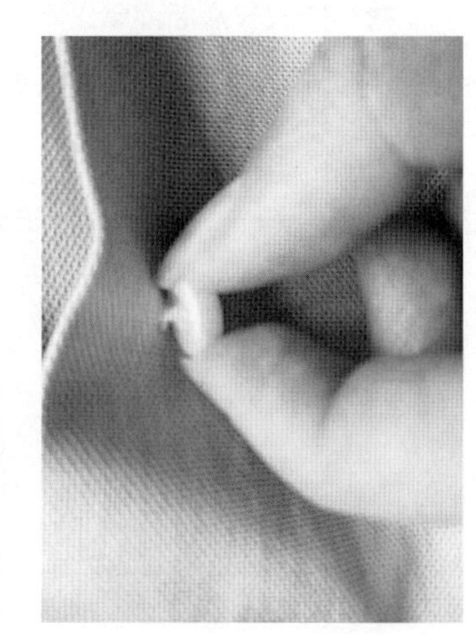

二、衬衫穿着要求

1. 肩部

衬衫穿在身上，肩部宽度应该比穿着者稍大1厘米左右（图7-66）。过大会显得松垮，不精神；过小会导致活动不方便，穿着不舒适。

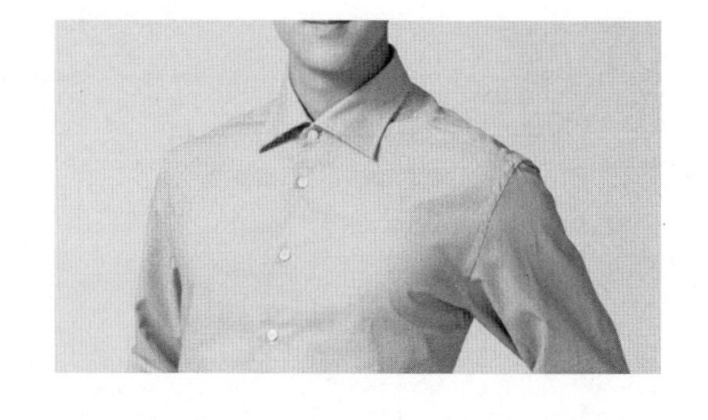

2. 领口

衬衫领口的大小以扣上纽扣可以放两个手指宽度为准。

3. 袖长、袖口

袖子长度以不扣纽扣，袖长大概到虎口与手腕之间为相对标准长度。通常袖口扣上纽扣以后，到手腕位置（图7-67）。西装外套穿上以后，衬衫袖口露出2厘米左右。袖口宽窄以扣上纽扣后有一定的活动量为标准，但不宜过大过松，也不要过紧（图7-68）。

4. 衣长

衬衫的衣长从后面看以刚好盖住臀部为准，从前面看，大身的下摆与袖子的袖口差不多平齐（图7-69）。

↖图7-64　下摆折边处均匀没有波浪
↗图7-65　成品衬衫
→图7-66　适合的衬衫肩部宽度
↓图7-67　衬衫袖子的长度标准

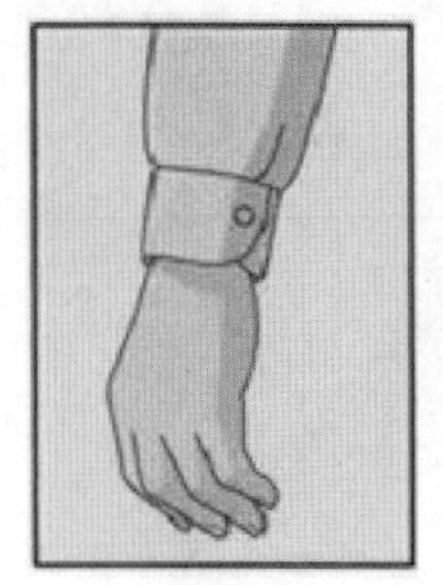

标准长度

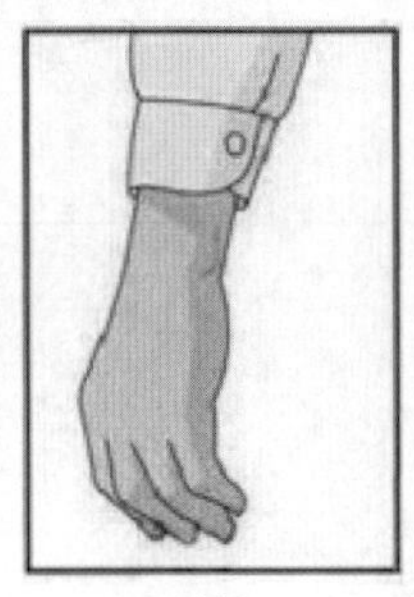

过短

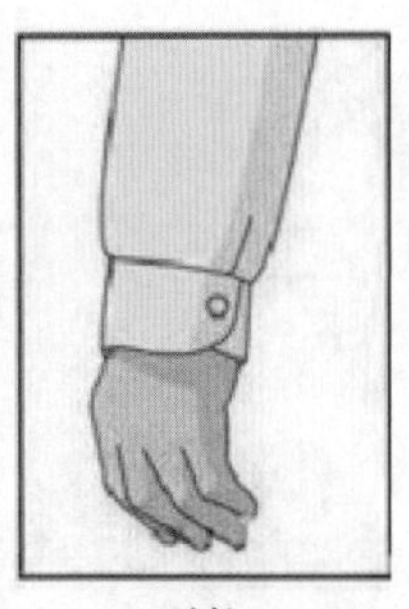

过长

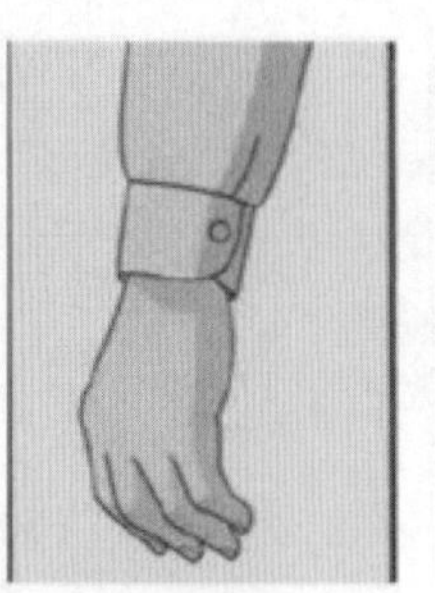

标准松度

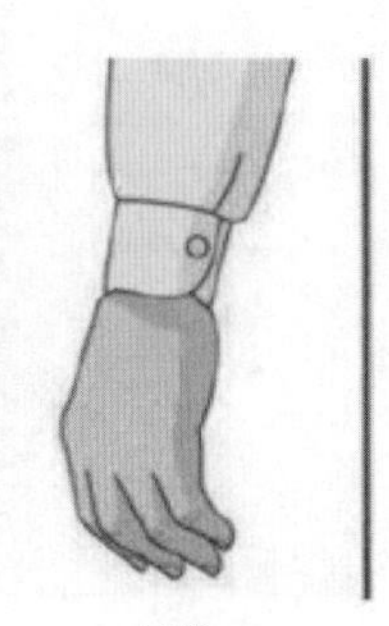

过紧

过松

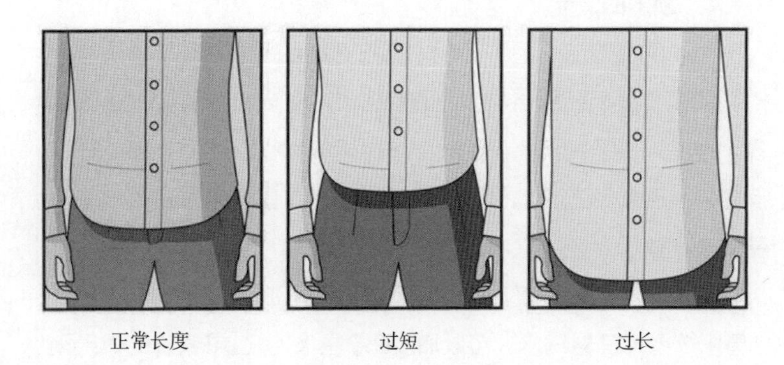

↖ 图7-68　适合的衬衫袖口松度

↗ 图7-69　衬衫衣长的标准

第五节 衬衫的量体

一、衬衫测量的部位

以下部位的尺寸决定了衬衫的形状（图7-70）：肩宽、领围、胸围、腰围、下摆围、臀围、腕围、衣长、袖长。定制衬衫需要测量以上各个部位相关的人体数据，并增加相应的松量。

衬衫量体主要测量9个关键数据：6个围度、2个长度、1个宽度，测量步骤及方法如下。

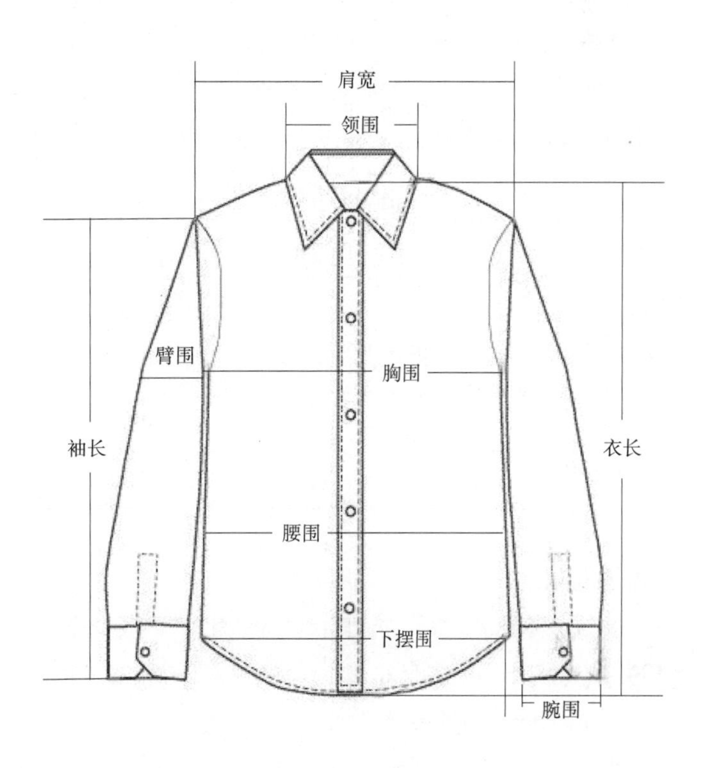

→ 图7-70　衬衫的各部位

二、量体

1. 领围的测量

（1）测量方法（图7-71）。在被测量者颈部中间位置围量一周，需要经过后颈椎点与侧面的颈侧点，测量尺寸时放一指的松量。通常还需要询问客户平时穿多少码的衬衫以作为参考，并询问客户是否按照正常的做法，或者问客户是喜欢穿得宽松一些还是紧身一些。

（2）尺寸加放（表7-1）。正常体型的客户，常规的加放量为2厘米（考虑面料缩水，可以加放2.5厘米）。追求偏紧的效果则加放1.5厘米。加放量也可参考客户平时穿衣服的号型进行判断，如40码，即成衣领围尺寸为40厘米。特殊体型的客户，比如脖子短粗的，就需要调整领深。

表7-1　领围与下挖量的调整

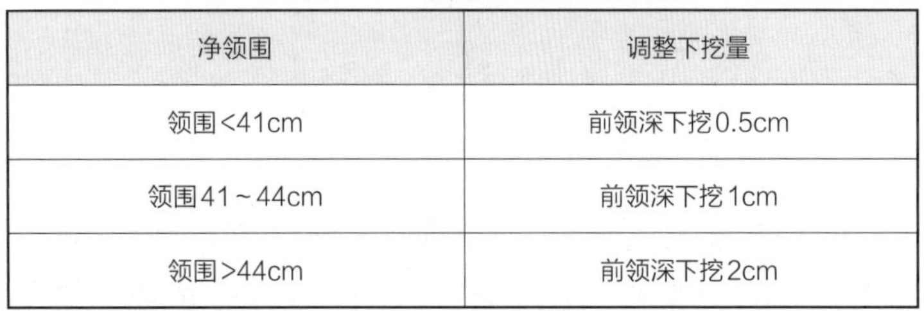

净领围	调整下挖量
领围<41cm	前领深下挖0.5cm
领围41～44cm	前领深下挖1cm
领围>44cm	前领深下挖2cm

2. 胸围的测量

（1）测量方法（图7-72）。被测量者自然站立，测量者站立于人前方左侧，双手经过人胸部向后延伸，向上提起，左手送尺，右手捏紧皮尺顶端，经胸部最丰满处，由后向前围量一周。测量尺寸放一指的松量，皮尺可以自由转动为宜。测量时被测量者身体保持自然放松的状态，不要挺胸，手臂自然下垂。

（2）尺寸加放（表7-2）。需要询问客户平时穿着衬衫的风格，偏好紧身时尚或者宽松舒适，还是标准合体或者收身有型。

表7-2　胸围加放量的调整

风格	加放量	建议年龄
宽松舒适	12～16cm	40岁以上
标准合体	10～12cm	25~40岁
收身有型	7～10cm	20~30岁
时尚紧身	5～7cm	20岁以下且瘦

3. 腰围的测量

（1）测量方法（图7-73）。被测量者身体保持自然放松的状态，如果客户有肚子，从客户肚子最凸点水平围量一周；如果客户比较瘦，从腰部最细处测量一周。

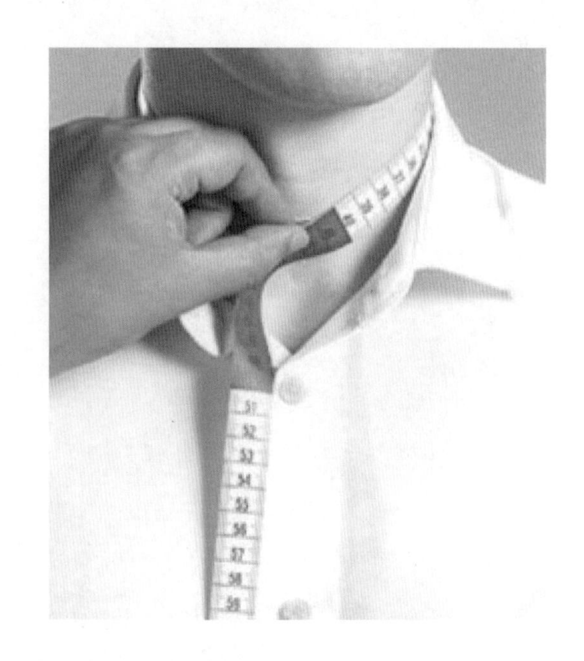

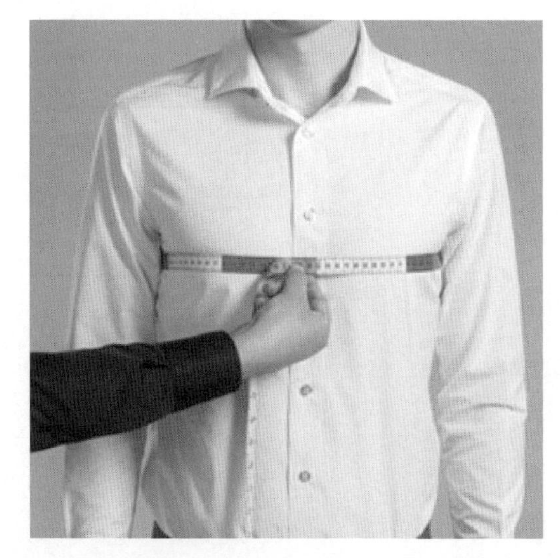

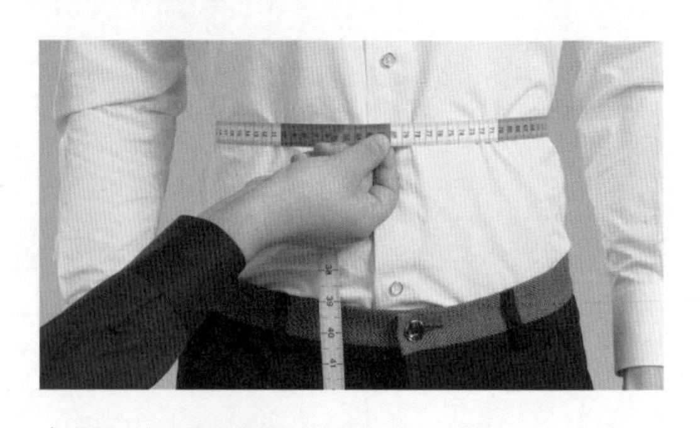

↑ 图7-71　测量领围
→ 图7-72　测量胸围
↓ 图7-73　测量腰围

（2）尺寸加放（表7-3）。要询问客户平时喜欢穿着宽松的还是紧身的衬衫。

表7-3 腰围加放量的调整

风格	加放量
紧身	5～6cm
收身	7～9cm
标准	10～12cm
宽松	>13cm

一般在腰围尺寸加放量上会参考胸围的放量，这时就会存在一个胸腰差（表7-4）。

成衣腰围尺寸＝成衣胸围尺寸－成衣胸腰差

（建议胸腰差的尺寸不要过大，最好在12cm以下）

表7-4 胸腰差的调整

净胸腰差	成衣胸腰差（建议）
>10cm	12cm
8～10cm	10cm
6～8cm	8cm
3～6cm（小肚子）	6cm
0~3cm（小肚子）	4cm
<0（大肚子）	2cm

↑ 图7-74 测量臀围

↓ 图7-75 测量肩宽

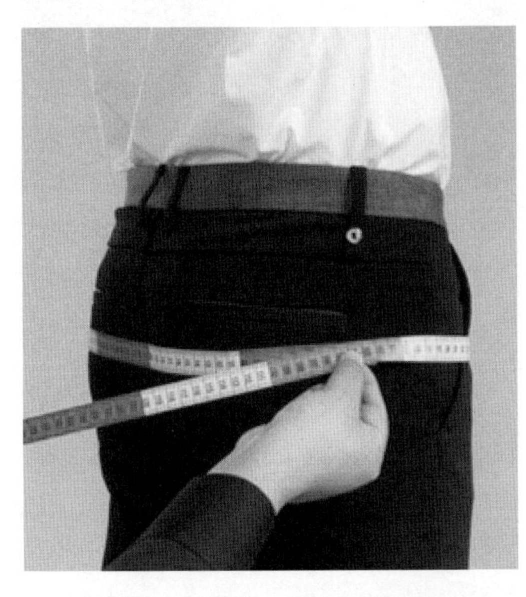

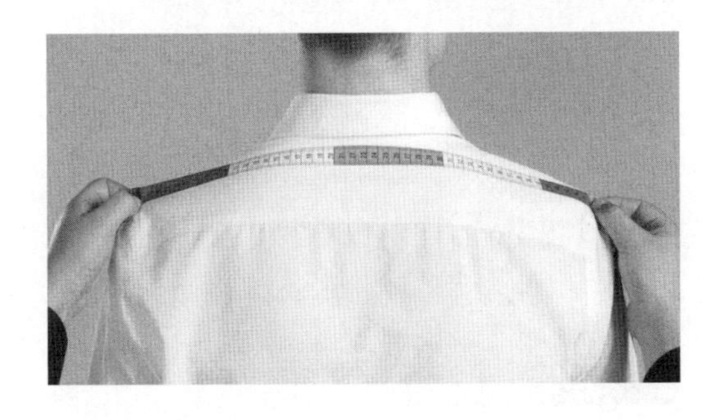

4. 臀围的测量

（1）测量方法（图7-74）。测量臀围是作为确定下摆数据的参照值。测量者站立于被测者侧面，下蹲至视线能与客人臀峰保持同一高度，左手送尺，右手紧捏皮尺顶端，经臀围最丰满处围量一周，测量尺寸放一指的松量，皮尺可以自由转动为宜。

（2）尺寸加放。下摆的尺寸加放一般参照中腰（肚脐位），在净尺寸基础上至少加5cm以上。此外要保持腰臀差尽量在10cm以内，否则下摆两侧会翘起来。

5. 肩宽的测量

（1）测量方法（图7-75）。被测者自然站立，测量者位于客人正背面，从左肩端点经第七颈椎骨弧量至右肩端点，并注意观察客人肩部是否标准，如有溜肩或者耸肩的情况，最好拍上身照片给工厂作为参考。

（2）尺寸加放（表7-5）。

表7-5　款式与肩宽加放量

款式	加放量
长袖	无须加放
短袖	1cm（会更加协调）

6. 衣长的测量

（1）测量方法（图7-76）。衣长一般是测量后中长，从后领底量至臀部下面。如果量前衣长，则要从肩颈点量至大拇指第一个关节。

（2）尺寸加放。在量体时询问客户衬衫是否要扎在裤腰里。如果扎，需要再多加放1cm；如果不扎，可根据客户喜好减1cm。

7. 臂围的测量

（1）测量方法（图7-77）。围绕被测者手臂，从腋下测量一周，不紧不松，尺子可以转动，所得尺寸为净臂围。

（2）尺寸加放（表7-6）。一般会参考胸围的加放量，以保证围度比例协调。

表7-6　款式与臂围加放量

款式	加放量
修身	6～7cm
标准	8～10cm
宽松	11～14cm

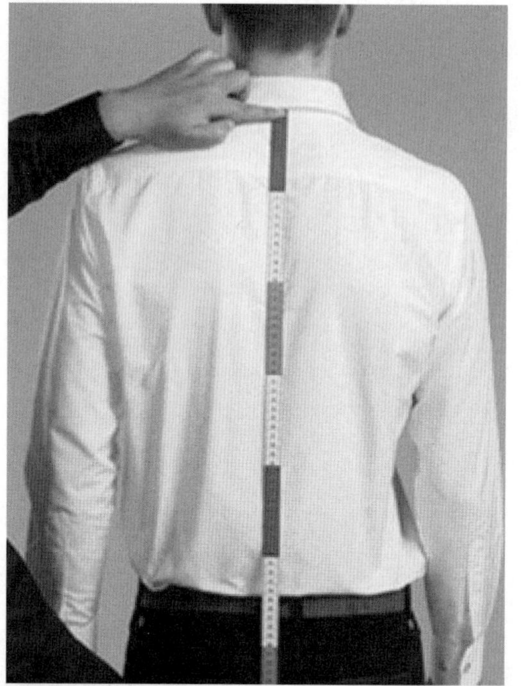

↑ 图7-76　测量衣长

↓ 图7-77　测量臂围

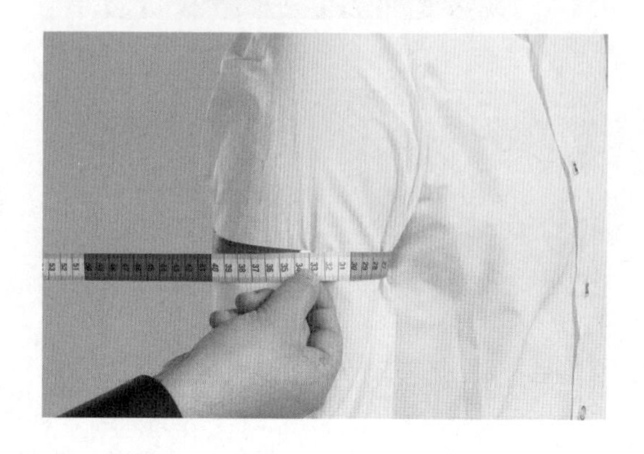

8. 袖长的测量

（1）测量方法（图7-78）。从被测者肩端点的位置，将皮尺顶端向上2cm（肩厚度的量），顺势量至手腕虎口向上3~5cm的位置。袖长受个人穿着习惯影响，所以在量体时都要与客人进行沟通，确认袖长的位置。

要注意有的客户左右袖长不一致，为确保准确，最好两侧都量一下。

（2）尺寸加放（表7-7）。

表7-7　着装偏好与袖长加放量

偏好	加放量
偏短	按照实际情况
正常	按照量体数据不加放
偏长	0.5～1cm

9. 腕围的测量

（1）测量方法（图7-79）。被测者手自然垂下，水平围量手腕一周。

要注意位置在手腕骨的正下方；如果有戴表的客户，围绕表一圈测量。

（2）尺寸加放（表7-8）。注意有的工厂在计算袖口尺寸时，是按照系上纽扣时的状态；有的是按照不系上纽扣围量一圈，所以需要与工厂提前确认好复尺规范。

表7-8 不同情况与腕围加放量

情况	加放量
正常腕围加放	5~7cm
戴手表	7.5~9cm
法式袖扣	5~6cm

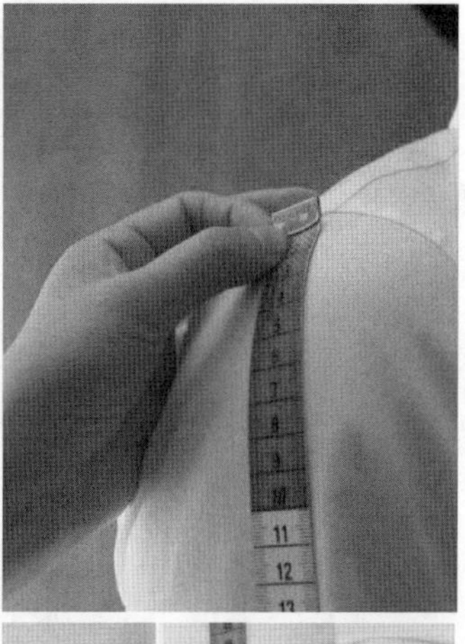

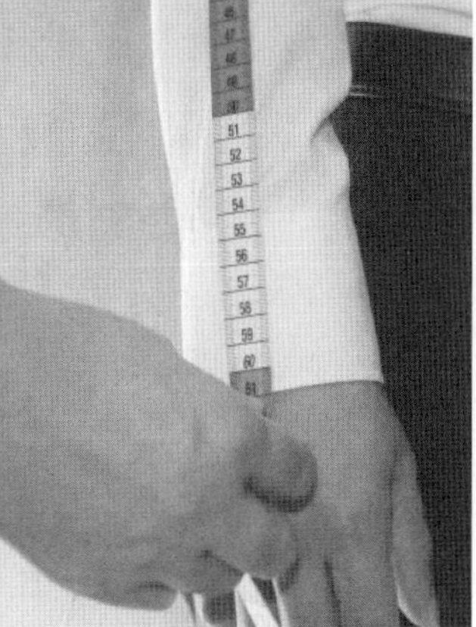

← 图7-78 测量袖长

↓ 图7-79 测量腕围

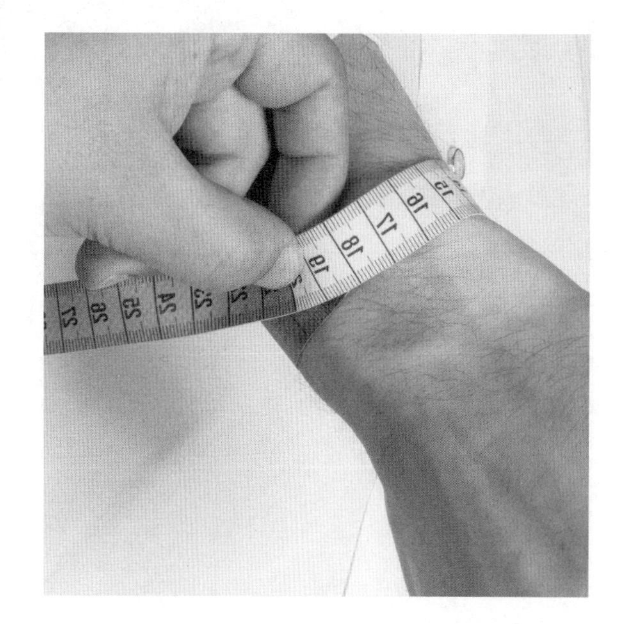

第八章

人体与服装

HUMAN BODY AND GARMENT

第一节 男士体型与服装

一、男士体型概述

人体骨骼结构由206块骨头组成，骨骼外面附有600多条肌肉，肌肉外是一层皮肤（图8-1）。

骨骼决定了人体的高矮和基本比例；肌肉、皮肤决定了人的胖瘦；与体型关系最为密切的是皮下脂肪。

男士体型常见的有五种类型（图8-2）：健美体型、高胖体型、矮胖体型、高瘦体型、矮瘦体型。不同的体型需要有相对应的服装搭配（图8-3）。

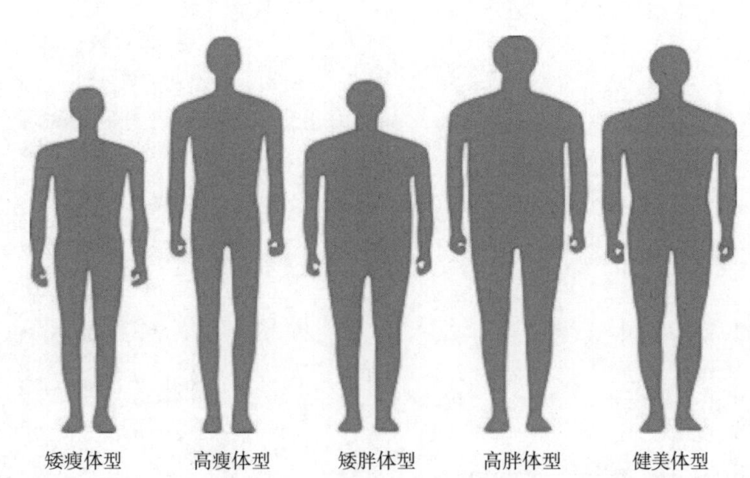

↓ 图8-1　人体骨骼与肌肉解剖

↗ 图8-2　常见五种体型

↘ 图8-3　不同体型的着装

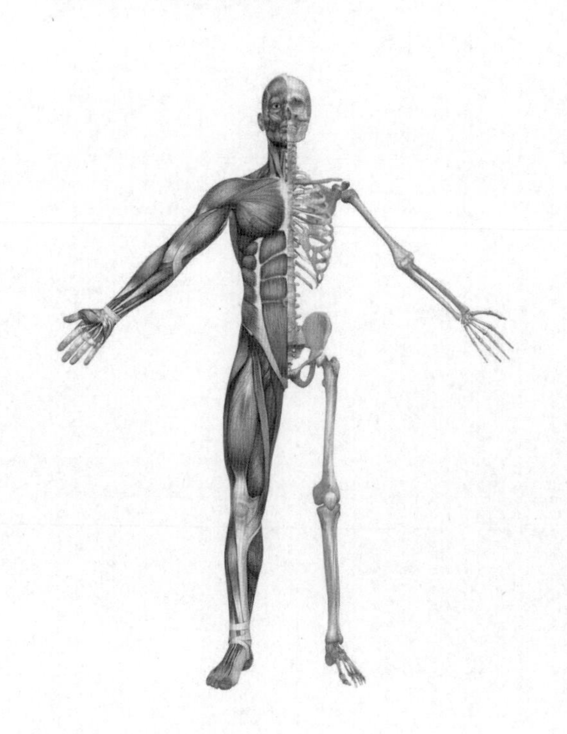

二、不同体型选择服装的要点

1. 健美型

特点：肩很宽、很厚、结实、健壮，腰明显较细，大腿部的肌肉很发达（图8-4）。

服装选择要点：

（1）上衣以肩部合适为准。

（2）裤子能满足臀部和大腿的放松量。

（3）对于这种体型，一般型号的上衣和裤子容易在腰围处出问题，定制能够完美解决。

（4）以能显出体型美为原则。

2. 高胖型

特点：个头高大、体胖，腹部凸出（图8-5）。

服装选择要点：

（1）款式上，避免选择在肩部有横切割线以及腰部宽松的款式，如果身材很壮，上衣太夸张的肩线会让穿着者看起来更加魁梧，无形中给人难以亲近的压迫感。

（2）高大的男士适合双排扣的西装，当然单排两粒扣或者三粒扣的也适合；领子可以开得低一些，V型领或立领都不错，驳领建议稍宽；适合有袋盖口袋的款式。

（3）西装的颜色不宜过浅，横条纹、大花形并鲜艳的暖色不

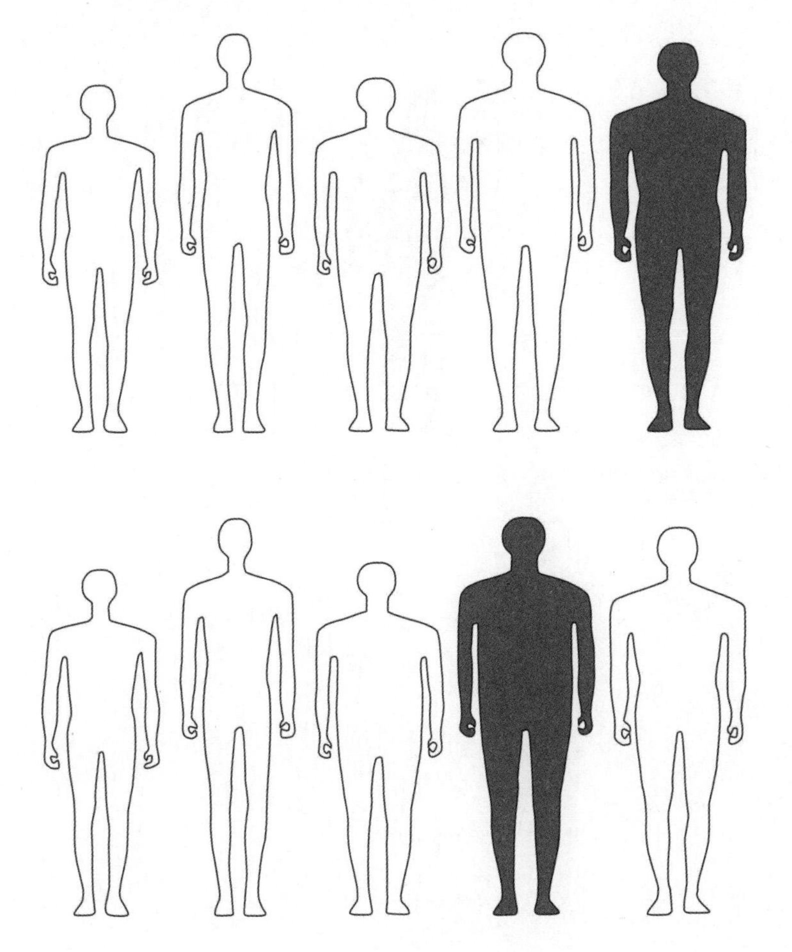

↑ 图8-4　健美型

↓ 图8-5　高胖型

适宜，应选择带垂直线型图案、质感紧密细腻的面料，中深色系的西装最适合。

（4）适合搭配两件套西装或三件套西装。

3. 矮胖型

特点：个体矮小，腹部凸出（图8-6）。

服装选择要点：

（1）一粒单排扣或者两粒单排扣的西装最适合，避免三粒扣或者双排扣的西装。

（2）在不影响舒适的前提下，尽量把袖子做窄些。

（3）无袋盖口袋的西装可以让腹部尽量“隐形”。

（4）西装上衣可以略短，到臀部中间位置。

（5）面料的图案不宜太明显，不宜选粗纺花呢面料。

（6）面料的图案多选择垂直线型，并且需要比较平整的面料。

（7）皮带选用细些的更佳。

4. 高瘦型

特点：体型又高又瘦（图8-7）。

服装选择要点：

（1）适当宽松的板型，避免过于修身。

（2）适合上下颜色不同的混搭穿法。

（3）适合双排扣西装，后背适合双衩。

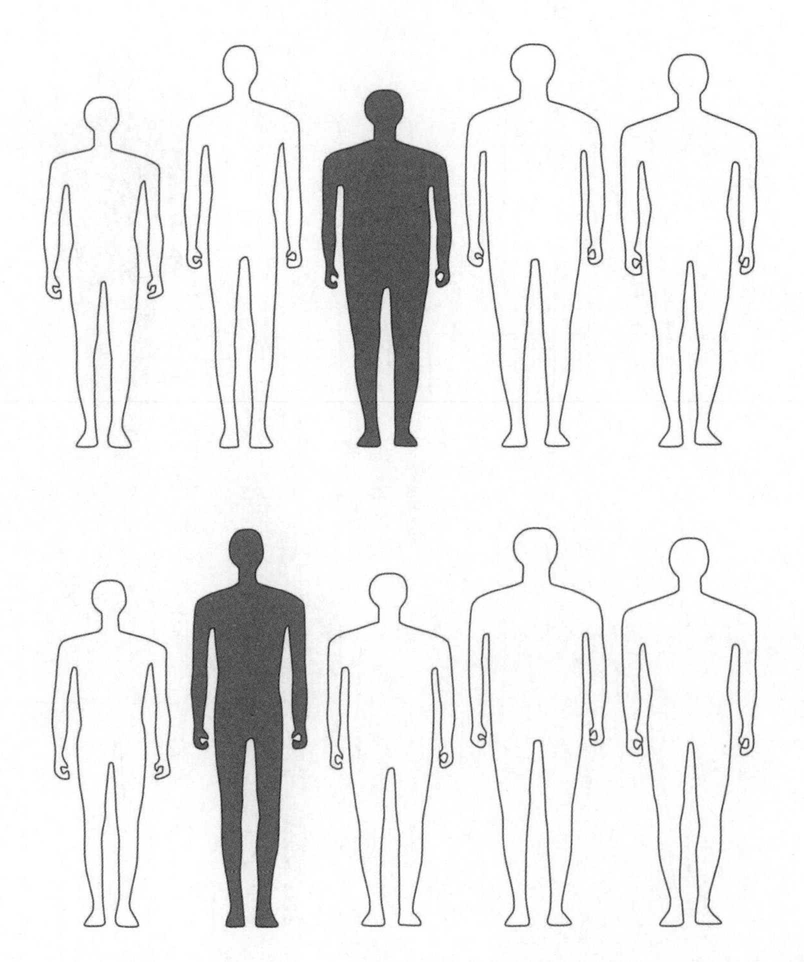

↑ 图8-6　矮胖型
↓ 图8-7　高瘦型

（4）驳头宽度宜选稍窄的，领带也对应较窄的，适合有袋盖的口袋。

（5）肩部适当放宽2~3厘米，如果溜肩，可适当加大垫肩。

（6）宜穿笔挺、顺直、平整的裤子。

（7）面料的图案可以选择大格子或横条纹，面料质地宜选择厚实的。

5. 矮瘦型

特点：体型又矮又瘦（图8-8）。

服装选择要点：

（1）适合单排扣西装，如果选择双排扣西装，必须是六粒扣，而不是四粒扣。

（2）适合戗驳领款式的西装。

（3）三件套的西装会使穿着者更显权威。

（4）肩部稍高、稍宽的西装会让穿着者看起来较有分量。

（5）宜穿收腰上衣，衣长不要太长，不宜把臀部全部盖住。

（6）西裤的长度可以稍长，只要不碰到地面即可。

（7）不宜穿黑色、藏蓝色、深灰色等深色调的衣服。

（8）宜穿浅灰色等亮色调的衣服，也适合格子图案。

（9）搭配衬衫、领带、手表等任何行头时，最好看起来都很“高贵”。

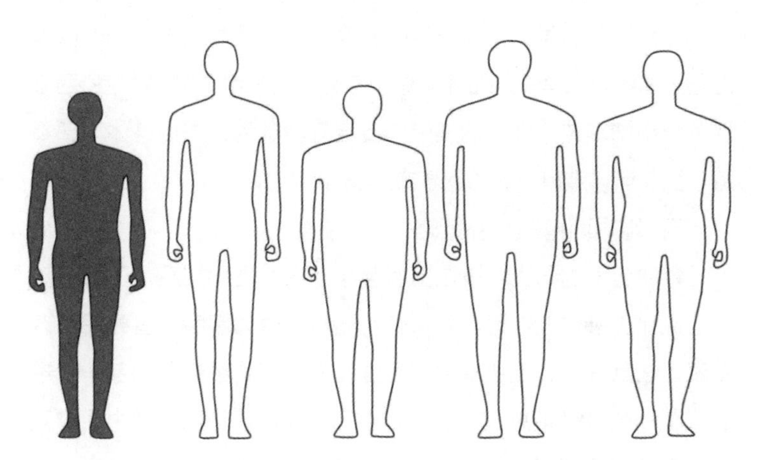

→ 图8-8　矮瘦型

第二节 穿衣原则与弥补策略

一、穿衣原则——突出优点、掩饰不足

人的体型各异，每个人在选择服装时，都会有意识地仔细考虑自己所选择的服装是否适合自己的体型。着装者会先站在全身镜前关注一下自己的体型。在选择衣服时，需要注意整体的比例协调，并且突出优点，掩饰不足，如留意肩部与臀部的比例、腰部高度等。通过服装的搭配，在掩饰瑕疵的同时又能增进整体形象的提升。

1. 颈部弥补策略

（1）颈部较长的人，为减弱颈部细长感，可选用各式立领或显得比较复杂领型的服装，也可以选择加厚垫肩，让脖子不显得太长。就整体着装形象而言，颈部较长，衣服就不宜过于宽大（图8-9）。

（2）颈部粗短的人，适合选用开有较深的V领或大圆领的服装，它们可以增强颈部细长感（图8-10）。而高领、紧颈口圆领的服装，容易给人造成颈部粗的感觉，应避免选用。另外，有夸张垫肩的服装也会使人的颈部显短，应该避免。

↖ 图8-9　颈部细长的男士

↗ 图8-10　颈部短粗的男士

2. 脸大且颈部短粗型弥补策略

脸大并且颈部短粗的男士衬衫领不宜夸张，可以选择小方领或者八字领，也可以选择V字领或圆领针织衫（图8-11）。西装外套的驳头易稍宽，对应领带也应稍宽。

↑ 图8-11　脸大且颈部短粗型弥补策略

3. 肩宽斜且手臂粗型弥补策略

（1）如果男士的肩部相对臂部来说太宽斜，就需要增加腰部的宽度，可选择带盖的口袋来增加宽度，但需避免较宽的翻领或船形领。如果肩部还有些斜，可使用垫肩进行弥补（图8-12）。

（2）如果手臂粗短，可使袖口长度比原先长些，并且减小袖口翻折宽度。臂上尽量不要有装饰物。

4. 凸肚型弥补策略

凸肚体型的男士，有一定的气魄。在选择西装时面料可以有些图案（不宜太夸张的格子，暗格较好），并且面料的质地和西装做工要精细。选用细些的皮带，皮鞋宜用黑色，增加身体下部重量。西装可以选择无袋盖的款式（图8-13）。

5. 腿短而弯曲弥补策略

弯曲腿型的男士，应注重裤装与上衣的搭配关系。下装在颜色上应比上装淡些，面料宜带有毛质感。整体着装不宜朝深色调发展。在款式上，上装变化宜多些，可使视线集中在上部。腿短的男士一般身材不高，西装上衣不宜过长，衣长到臀部中间位置较为合适。西裤不易过紧，稍微宽松的裤型可以掩盖腿的弯曲（图8-14）。

6. 矮瘦平臀型弥补策略

该类型在服装上不宜太紧身，应在着装上有一定的宽松度（图8-15）。同时，切记不要有肥大的裤裆。在面料上，宜多选择带有质感的面料，以增强视觉感。

7. 腿短且丰臀型弥补策略

此种体型多注意扣紧领部，增加些延伸感。尽量多选择些条纹、格状上衣和细深皮带，可以转移别人的视线。同时，鞋类的颜色也应浅淡些。

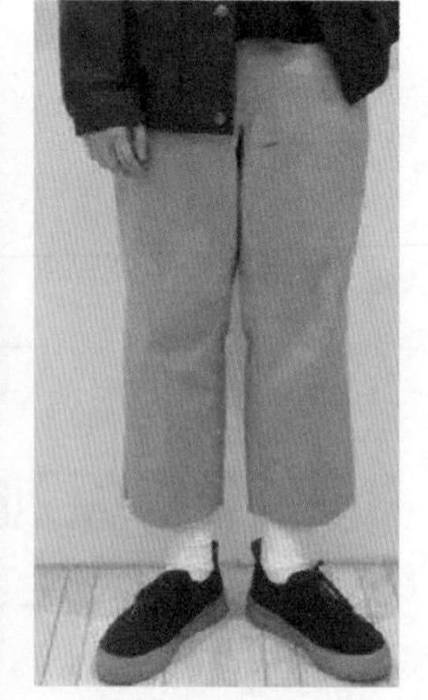

↖ 图8-12　肩宽斜且手臂粗型弥补策略

↙ 图8-13　凸肚型适合无袋盖款式

→ 图8-14　腿短而弯曲的男士宜选择宽松的直筒裤

↑ 图 8-15　矮瘦平臀型需要一定的宽松度

8. 臀突且圆背弥补策略

如果男士有个突出的臀部和圆背，穿着的西装需要背部带有中心开衩，用服装弥补或利用柔软的外套盖住臀部，使背部到臀部看上去平顺些。对于圆背体型，最好选择有色彩、质地较粗的织物作为西装面料。

二、通过服装弥补体型弱点

衣着的基本策略就是突出身体优点，掩盖缺点。突出一般是通过增加装饰或者较为明显的颜色，掩盖就是减少装饰或者使用不明显的颜色。

直线条的人体适合用硬挺厚实的面料，曲线条的人体适合柔软弹性的面料。

在体型方面，肩部的斜度也是考虑的因素，分为正常肩（约为20°）、平肩（小于20°）、斜肩（大于20°，也叫溜肩）。需要用领型和肩部结构的变化来衬托和弥补。

偏矮的人体不宜穿得太拖沓，避免穿大衣或长款的衣服，要穿的精干简单，如短夹克样式的上衣。

个子高的人体相对好搭配服饰，胖的人不要穿横条纹的衬衫或者外套，会显得更胖，适合穿竖条纹、深色的衣服，视觉上更显瘦。瘦的人则相反，建议多穿些横条纹的衣服，在视觉上会显得饱满。

第三节 特体与板型

一、人体体型

人的体型千差万别，特别标准的体型是少数，多数体型都存在着各类特殊部位的异常，在服装上除了通过衣服的种类掩盖缺陷突出优点以外，在板型上也需要做出相应调整，以达到更加完美的效果。

二、根据体型对服装部分的修正

1. 肥胖体型

正常体的板型相对容易，肥胖体（图8-16）需要在上衣板型设计中增加凸肚量，前衣长适当增大，裤腰围适当减小（因为该体型的腰围弹性空间大，如果按照正常尺寸，裤子容易下滑）。

2. 挺胸与驼背（图 8-17）

正常体型的人后背有一定弧度，挺胸时，后背弧度减小，前部的弧度增大，需要调整衣服板型，加大前片胸省以及前衣长，减小后衣长。有驼背现象的人后背弧度加大，后中部位需要做展开处理，以达到贴体目的，避免衣服下摆后翘，通常加长后衣长，减小前衣长。

3. 平胸与胸部肌肉发达（图 8-18）

正常体型的人胸部有一定弧度，平胸的体型，胸部肌肉较少，样板需要较少一些省量，使前片贴体。胸部肌肉发达者，样板立体感强，需要增加省量，前衣长也需适当加大。

4. 平肩与溜肩（图 8-19）

正常人体肩线与水平线的夹角大概是20°，小于20°的属于平肩，大于20°的属于溜肩。平肩需要减少垫肩量，并适度减少肩斜量。溜肩需要增加垫肩厚度，并适度加大肩斜量。

5. 肩部前倾与后展（图 8-20）

与欧美人相比，中国人肩部前倾比较普遍，而欧美人士后展比较多。肩部前倾或者后展都需要对衣服的袖山形状做出相应修改，使衣服更加符合人体。肩部前倾的体型后背宽需要加大松量，而后展的体型需要加大前胸宽松量。

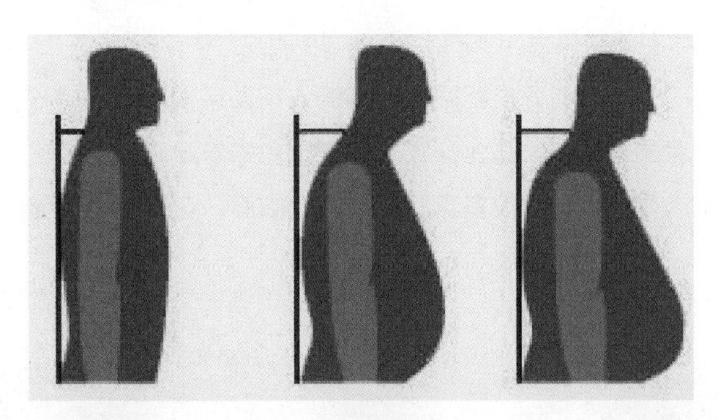

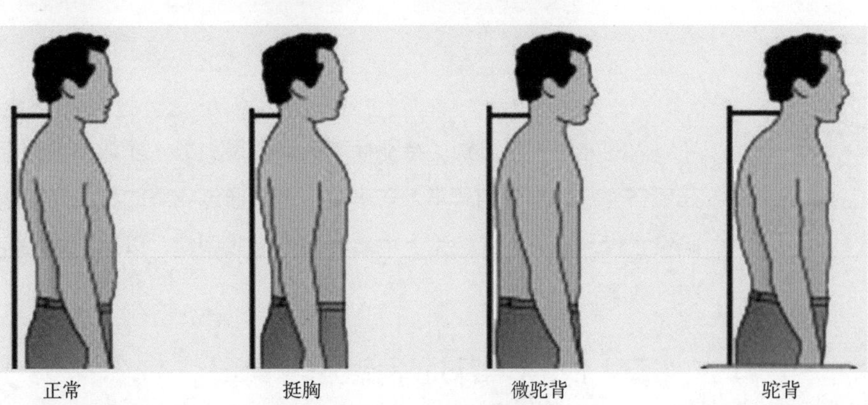

↑ 图 8-16 从左到右为正常体、肥胖体、特胖体

← 图 8-17 挺胸与驼背

↙ 图 8-18 平胸与胸部肌肉发达

↓ 图 8-19 平肩与溜肩

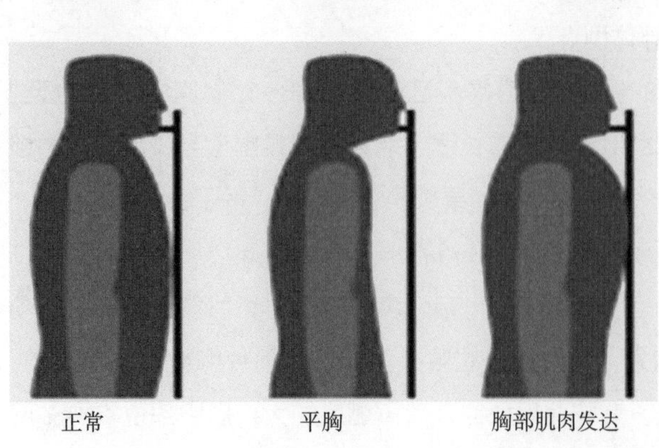

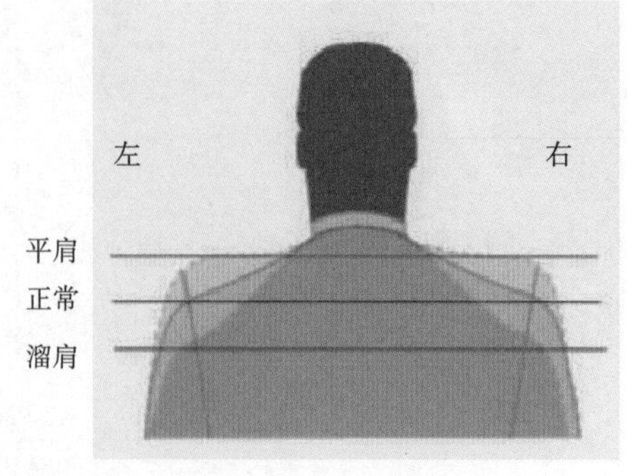

6. 凸肚与凹肚（图 8-21）

凸肚或大肚需要增加前片的凸肚量，凹肚相对比较难处理。凸肚体型的人适合穿西装，可以减轻视觉上的腹部凸出，不适合穿太紧身的衣服。凸肚的人裤子板型一般是前腰低，而凹肚体型的人裤子板型通常是前后腰线水平。

7. 手臂偏后和偏前（图 8-22）

手臂偏后或偏前，对衣服袖子的板型要求不同。手臂偏后，袖子的袖山顶点需要前移，而手臂偏前，袖山顶点需要后移。另外手臂直或者弯曲超过一定的程度，也需要对袖型做出相应调整。

8. 腰线平或前低（图 8-23）

正常的裤腰线是前面比后面略低，凸肚明显的体型往往前腰低，而凹肚的体型则是腰线偏平。不同的腰线形状，需要对裤子板型做出相应调整。

9. 平臀和翘臀（图 8-24）

平臀和翘臀对裤子的后裆要求不同，平臀需要减小后小裆宽度，而翘臀需要增加后小裆宽度。

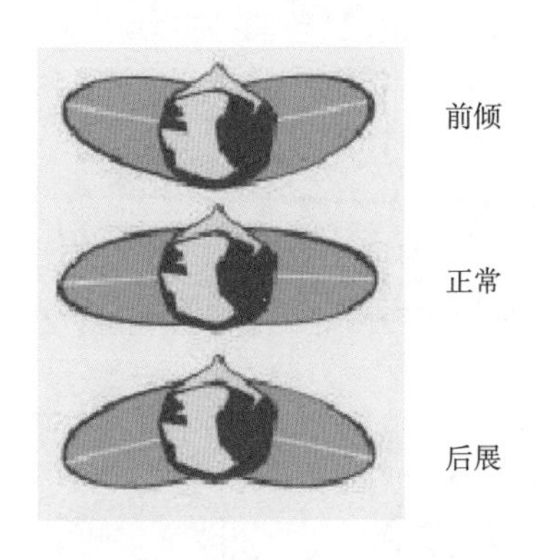

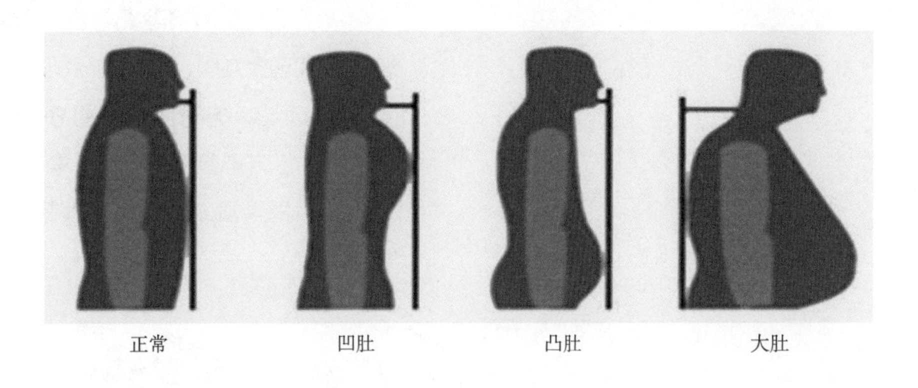

↖ 图 8-20 肩部前倾与后展
↗ 图 8-21 凸肚与凹肚
↙ 图 8-22 手臂的位置
↓ 图 8-23 腰线的角度
↘ 图 8-24 臀的形状

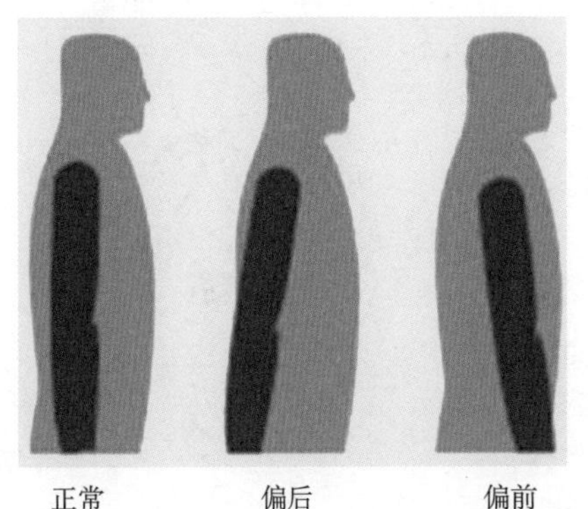

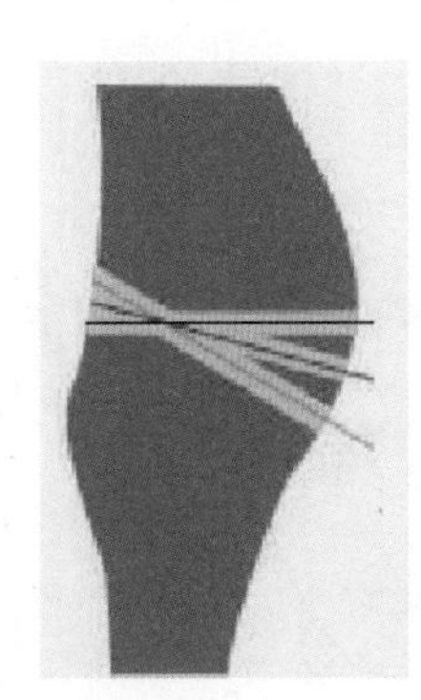

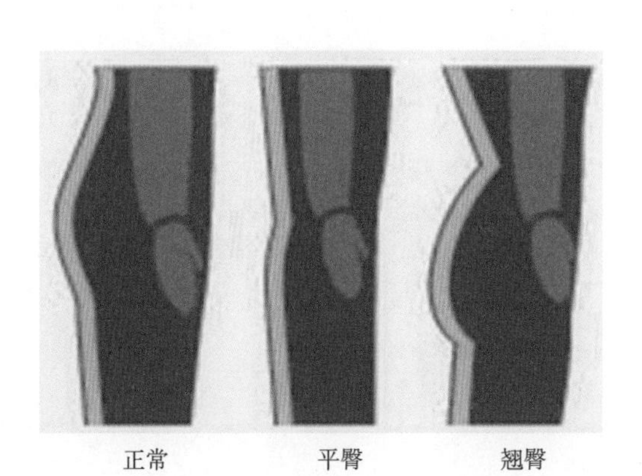

第四节 脸型与领型

一、人的脸型

人的脸型千差万别如图8-25所示，归纳起来可以分为以下几种：长形脸、钻石形脸、方形脸、心形脸、三角形脸、椭圆形脸、圆形脸。不同的脸型需要选择不同的衣服领型相匹配，以达到突出优点、掩盖缺点的目的。

二、不同脸型选择衣领要点

1. 长形脸型（图8-26）

长形脸型有朴素、激情的感觉。适宜选择水平的领型（如方领、一字领），领口不宜开得太深，使颈部露出的部分少些，可增加领口的宽度，以中和脸长的感觉。

2. 钻石形脸型（图8-27）

钻石形脸型颧骨高，脸颊清瘦，下颏尖，脸部较有立体感，宜选择方领、立领、翻领等，避免大尖领。

3. 方形脸型（图8-28）

方形脸型有明快、豪爽、严肃的感觉。适合线条柔和的领型，如青果领、圆领、杏领等，也可以选择尖领、小圆领或长驳领，

长形脸（Oblong）

钻石形脸（Diamond）

方形脸（Sqaure）

心形脸（Heart）

三角形脸（Triangle）

椭圆形脸（Oval）

圆形脸（Round）

→ 图8-25 常见脸型

避免使用直线式高领、倒开领和一字领，这样能减少生硬感，以削弱过于严肃的感觉，达到刚柔相济的效果。

4. 心形脸型（图8-29）

心形脸型适宜选择带有方正感和力量感的衣领，也可以选择翻领、小圆领、中式立领和宽的一字领等。

5. 三角形脸型（图8-30）

三角形脸上额较宽、下颏较窄，属于比较理想的脸型之一，对领型的适应比较广泛，多数领型都适合，但建议慎用较尖的领型，以免将下颏衬托得更尖。

↑ 图8-26　长形脸型

↓ 图8-27　钻石形脸型

← 图8-28　方形脸型

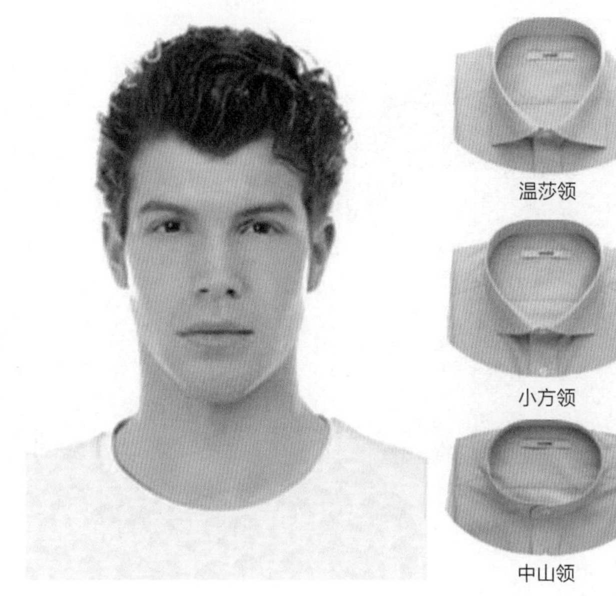

→ 图8-29　心形脸型

6. 椭圆形脸型（图 8-31）

椭圆形脸型也叫瓜子脸型或蛋形脸型，属于较完美的脸型，几乎适宜各种领型。

7. 圆形脸型（图 8-32）

圆脸有活泼、明朗且和睦之感。适宜选择线条向下延伸的勺字形领（如西装式的翻驳领）和稍带方形或略尖形的衣领，以减少宽圆的感觉，增加一些长度感。不宜使用大圆领、正方形领和横领。

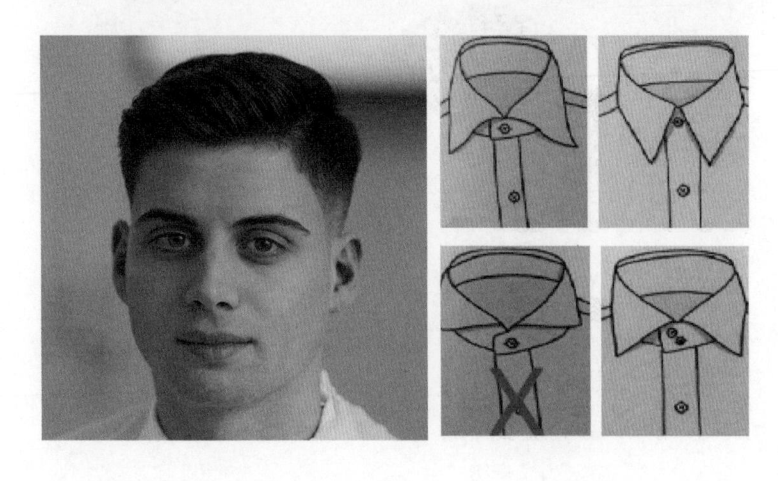

↑ 图 8-30　三角形脸型
← 图 8-31　椭圆形脸型
↓ 图 8-32　圆形脸型

第九章

色彩与服装

COLOR MATCH AND GARMENT

第一节
色彩及属性

一、色彩的作用

色彩是人对眼睛视网膜接收到的光做出反应，在大脑中产生的某种感觉。由于色彩通过人的视觉，反映到人的大脑能产生冷暖感、前进与后退感、膨胀与收缩感、分量轻重感、软硬感、华丽或朴实等不同的感觉与联想，所以，各种颜色都有着自己本身的性格特点，运用到服装上，就会产生形形色色的变化（图9–1）。

↓ 图 9–1　服装效果图中的色彩运用

二、色彩的基本概念

1. 色相

色相指色彩的相貌，是区别色彩种类的名称。指不同波长的光给人不同的色彩感受。红、橙、黄、绿、蓝、紫等每个字都代表一类具体的色相，它们之间的差别属于色相差别。在应用色彩理论中，通常用色环来表示色彩系列。处于可见光谱的两个极端——红色与紫色在色环上联结起来，使色相系列呈循环的秩序。最简单的色环由光谱上的6个色相环绕而成。如果在这6色相之间增加一个过渡色相，如在红与橙之间增加红橙色，红与紫之间增加紫红色，以此类推，还可以增加黄橙、黄绿、蓝绿、蓝紫各色，构成了12色相环。12色相是很容易分清的色相。如果在12色相间再增加一个过渡色相，如在黄绿与黄之间增加一个绿味黄，在黄绿与绿之间增加一个黄味绿，以此类推，就会组成一个24色的色相环（图9-2）。24色相环更加微妙柔和。色相涉及的是色彩"质"方面的特征。

2. 近似色

近似色也叫临近色，是在色相环上相邻的颜色，可以是给出的颜色之外的任何一种颜色。如果从橙色开始，可以选择两种近似色——红和黄。用近似色的颜色主题可以实现色彩的融洽与融合，与自然界中能看到的色彩接近。

3. 补色

补色也称"互补色""余色""对比色"（图9-3）。如果两种色光（单色光或复色光）以适当比例混合而能产生白色的感觉，则这两种颜色称为"补色"。即在色相环上相对的颜色，也就是180°对应的颜色，互为补色。又如橙黄与蓝、黄与紫，即三原色中任一种原色对其余两种的混合色都互为补色。补色相减（如颜料配色时，将两种补色颜料涂在白纸的同一点上分量相当）时，成为黑色。补色并列时，由于相互鲜明地衬托，引起了强烈对比的色觉，使人感到红得更红、绿得更绿。如将补色的饱和度减弱，即能趋向调和。

4. 明度

明度是指色彩的明暗程度，任何色彩都有自己的明暗特征（图9-4）。从光谱上可以看到最明亮的颜色是黄色，处于光谱的中心位置。最暗的是紫色，处于光谱的边缘。一个物体表面的光反射率越大，对视觉的刺激程度越大，看上去就越亮，这一颜色的明度就越高。因此明度表示颜色的明暗特征。明度可以说是色彩的骨架，对色彩的结构起着关键性的作用。明度在色彩三要素中可以不依赖于其他性质而单独存在，任何色彩都可以还原成明度关系来考虑。例如，黑白摄影及素描都体现的是明度关系，明度适于表现物体的立体感和空间感。

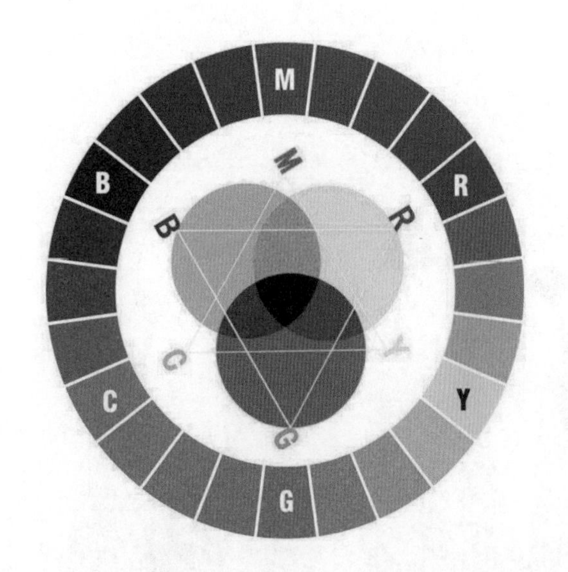

↑ 图9-2　色相环

↓ 图9-3　补色

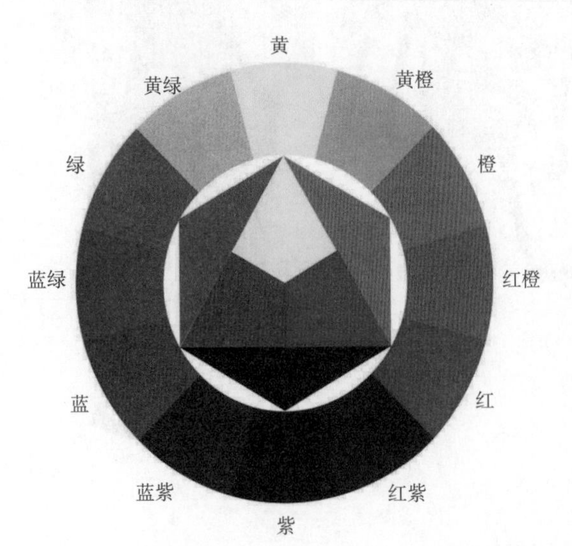

5. 纯度

纯度是指色彩的鲜艳度（图9-5）。从科学的角度看，一种颜色的鲜艳度取决于这一色相发射光的单一程度。人眼能辨别的有单色光特征的色，都具有一定的鲜艳度。不同的色相不仅明度不同，纯度也不相同。例如，颜料中的红色是纯度最高的色相，橙、黄、紫等色在颜料中纯度也较高，蓝、绿色在颜料中是纯度最低的色相。在日常的视觉范围内，眼睛看到的色彩绝大多数是含灰的色，也就是不饱和的色。有了纯度的变化，才使世界上有如此丰富的色彩。同一色相，即使纯度发生了细微的变化，也会带来色彩性格的变化。

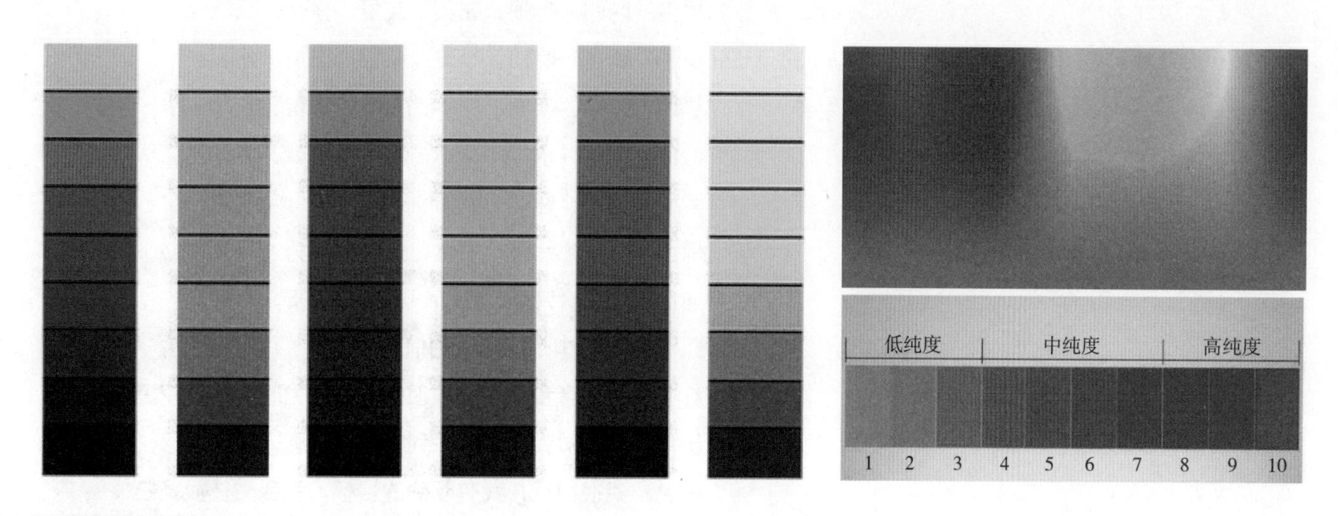

↖ 图9-4　明度
↗ 图9-5　纯度
↓ 图9-6　色彩的冷暖

三、色彩的冷暖

色彩可以给人不同的冷暖感觉，按照心理感受不同，色彩学家把颜色分为暖色和冷色（图9-6）。

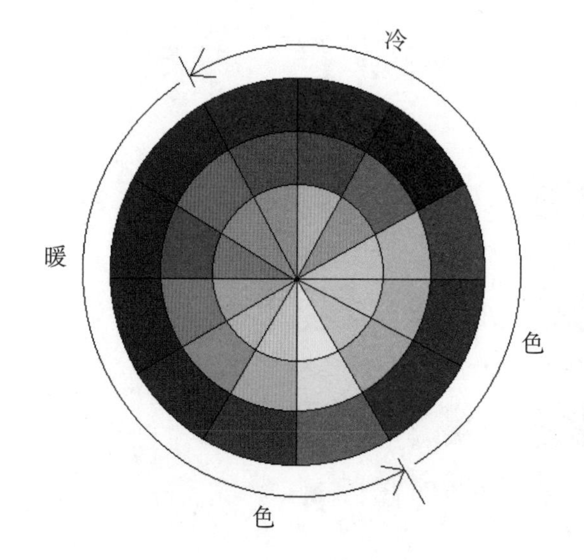

1. 暖色

暖色由红色、橙色、黄色等组成。它们会使人联想到太阳、火焰、热血等物像，给人温暖、膨胀、兴奋之感。

2. 冷色

冷色由蓝色、青色、绿色和紫色组成。它们使人联想到海洋、冰雪、森林等物像，给人沉静、收缩、凉爽之感。

四、色彩的属性

1. 色彩的情感属性

不同的色彩具备其独特的情感属性，下面是常见的色彩属性。

红色：热情、喜庆、勇敢、爱情、健康、革命；

橙色：明朗、热闹、充实、友爱、豪爽、积极；

黄色：智慧、明快、忠诚、希望、喜悦、光明；

绿色：公平、自然、和平、幸福、理智、生命；

蓝色：自信、永恒、真理、真实、沉默、冷静；

紫色：权威、尊敬、高贵、优雅、信仰、成熟；

黑色：神秘、黑暗、刚健、严肃、气势、寂寞；

白色：神圣、纯洁、无私、朴素、平安、诚实。

2. 色彩通过服装传递的信息

红色：请注意我，我精神很好，我精力旺盛，我积极进取；

粉色：请爱护我，请保护我，我很脆弱，我很敏感；

橙色：我很快乐，我有明确的目标，和我交往很轻松；

黄色：我很高兴，我接受新事物；

绿色：和平共处，保持平衡，我很理性；

蓝色：我很可靠，我善于解决问题，请信任我；

黑色：我有主见，稳重，我有品位；

白色：我很诚实，我很干净，我会认真倾听。

第二节 色彩搭配

一、配色原理

和　　和

暖色系+冷色系：此配法是相对配色。

和　　和

浅色系+深色系：此配法是深浅配色。

和　　和

暖色系+暖色系：此配法是同系配色。

和　和

冷色系+冷色系：此配法是同系配色。

和　和

明亮系+暗色系：此配法是明暗配色，深浅配色与明暗配色，营造出的视觉效果不同。

二、色彩的对比与协调

服装的色彩搭配分为两大类，一类是对比色搭配，另外一类则是协调色搭配。

1. 对比色搭配——突出个性（图 9-7）

（1）强烈色配合：指两个相隔较远的颜色相配，如黄色与紫色、红色与青绿色，这种配色比较强烈。日常生活中，人们常看到的是黑、白、灰与其他颜色的搭配。黑、白、灰为无色系，所以，无论它们与哪种颜色搭配，都不会出现大的问题。一般来说，如果一个色与白色搭配时，会显得明亮；与黑色搭配时就显得昏暗。因此在进行服饰色彩搭配时应先衡量一下，是为了突出哪个部分的衣饰。不要把沉着色彩，如深褐色、深紫色与黑色搭配，这样会和黑色呈现“抢色”的效果，令整套服装没有重点，而且服装的整体表现也会显得很沉重、昏暗无色。

→ 图 9-7　对比色搭配

黑色与黄色是最亮眼的搭配，红色和黑色的搭配非常之隆重，但却不失韵味！

（2）补色配合：指两个相对的颜色的配合，如红与绿、青与橙、黑与白等，补色相配能形成鲜明的对比，有时会收到较好的效果。黑白搭配是永远的经典。

2. 协调色搭配——突出表达（图9-8）

（1）同类色搭配：指深浅、明暗不同的两种同一类颜色相配，如青色配天蓝色、墨绿色配浅绿色、咖啡色配米色、深红色配浅红色等，同类色搭配的服装显得柔和文雅。

（2）近似色相配：指两个比较接近的颜色相配，如红色与橙红色或紫红色相配、黄色与草绿色或橙黄色相配等。

纯度低的颜色更容易与其他颜色相互协调，这使人与人之间增加了和谐亲切之感，从而有助于形成协同合作的格局。另外，可以利用低纯度色彩易于搭配的特点，将有限的衣物搭配出丰富的组合。同时，低纯度给人以谦逊、宽容、成熟感。

3. 基本色搭配

对于上下身颜色不同的西装，合适的搭配非常重要，基本的色彩搭配多是同类色或者无彩色，如黑白色（图9-9），还有黑色与灰色、紫色等颜色的搭配，以及白色和其他任何颜色的搭配（图9-10）等。蓝色、紫色等临近色的搭配也比较不错（图9-11）。还有就是同一色系，不同深浅的搭配。

↑ 图9-8　协调色搭配

↙ 图9-9　永远经典不出错的黑白搭配

↓ 图9-10　白色包容性强、调和性高，与什么颜色都能搭配

↘ 图9-11　蓝色、紫色系搭配，保守中带些变化

4. 与格纹图案搭配

根据上衣的多重色彩来挑选下身的色彩，如挑选格纹中的棕色，搭配素面棕色裤（图9-12）；挑选格纹中的绛紫色，搭配素面绛紫色裤（图9-13），大胆却不突兀。

← 图9-12　素面棕色裤
→ 图9-13　素面绛紫色裤

第三节 不同类型肤色对应的服饰色彩搭配

一、根据色彩冷暖与明暗

根据色彩的冷暖和明暗，色彩专家把人的肤色分成四种不同的类型，如图9-14所示，分别是春天型（亮色暖色）、夏天型（亮色冷色）、秋天型（暗色暖色）、冬天型（暗色冷色）。

↓ 图9-14　肤色类型

亮色暖色

亮色冷色

暗色暖色

暗色冷色

1. 春天型

肤色：浅象牙色或暖米色，细腻而有透明感。

眼睛：像玻璃球一样熠熠发光，眼珠为亮茶色。

发色：明亮如绢的茶色或柔和的棕黄色、栗色。

色彩搭配原则（图9-15、图9-16）：服饰基调属于暖色系中的明亮色调，所以颜色不能太旧、太暗。适合黄色、粉绿色、橙红色、橘红色等颜色，避免使用黑色或其他浊色。

← 图9-15 可选用的颜色

↓ 图9-16 春天型案例

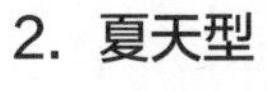

2. 夏天型

肤色：粉白、乳白色皮肤或褐色皮肤。

眼睛：目光柔和，整体感觉温柔，眼珠呈焦茶色。

发色：轻柔的灰黑色或柔和的棕色、深棕色。

色彩搭配原则（图9-17、图9-18）：适合不那么明亮，但比较典雅的颜色，如灰色、蓝灰色、紫色、蓝色等，避免反差大的色调，适合在同一色相里进行浓淡搭配。注意，夏天型肤色不太适合藏蓝色。

→ 图 9-17　可选用的颜色

↓ 图 9-18　夏天型案例

3. 秋天型

肤色：瓷器般的偏深象牙色、暗驼色或黄橙色皮肤。

眼睛：深棕色、焦茶色，眼白为象牙白色。

发色：褐色、棕色或者铜色、巧克力色。

色彩搭配原则（图9-19、图9-20）：服饰基调是暖色系中的沉稳色调。适合金色、苔绿色、酒红色、棕色、橙色等深沉而华丽的颜色。

← 图9-19　可选用的颜色

↓ 图9-20　秋天型案例

4. 冬天型

肤色：青白或略带橄榄色，带青色的黄褐色。

眼睛：眼睛黑白分明，眼珠为深黑色或焦茶色。

发色：乌黑发亮，黑褐色、银灰色或深酒红色。

色彩搭配原则（图9-21、图9-22）：着装一定要注意色彩的对比，颜色要鲜明，光泽度高，适合纯色、黑色、白色、灰色、正红色、酒红色、玫瑰红色、藏蓝色等颜色。

→ 图9-21　可选用的颜色

↓ 图9-22　冬天型案例

二、根据人种的肤色遗传特点

1. 偏白皮肤

肤色白皙、平滑、细嫩的人，是选择服装色彩的佼佼者，可选范围广，肤色适应性强。穿上明亮的浅色系服装，如黄色、浅绿色、淡蓝色、粉红色、银灰色等，使人显得洁净、素雅。若穿上深色系服装，如蓝色、黑色、烟色等，皮肤会显得更娇嫩。

2. 偏红皮肤

面色发红虽然显得人精神焕发，富有朝气，但在服装色彩选择方面，应注意与自身肤色相适应，穿淡黄色、棕黄色的上衣，可与肤色中和，使肤色中的红色减淡、白色增加，显得人既有朝气，又干净明亮。淡粉色和藕荷色的服装也较适合面红者，因这两种色虽与面色相近，但都属于浅颜色，既不加重面部红色，又能突出肤色红润，效果较好。忌穿绿色和黑色上衣，因为绿色与红肤色不协调，易产生怯感，不美观；若穿黑色上衣，会加重面红的颜色或产生黑红肤色感觉。

3. 淡黄或偏黄皮肤

中国人面色趋白或趋红，其基本色都是黄色，宜选浅色柔和颜色，如棕灰色、浅灰色、粉色、红色、蓝色等，但不宜穿纯黄色、橘黄色、墨绿色、深紫色等服装，因这些颜色会使肤色显得更黄，而失去朝气。黄肤色最好选择带有能调剂精神的带有各种色彩图案的面料，以弥补面色发黄的不足。

4. 偏黑皮肤

不宜穿着色彩过于明亮或过于暗沉的服装，过于明亮的颜色与较黑的皮肤会形成较强的对比，使肤色显得更黑。而暗沉的颜色与黑皮肤相衬，整体效果会更冷峻。所以，肤色黑的人适合穿着色彩明度适中的服装。肤色灰暗的人，不适合穿高纯度色彩的服装。服装的彩度过高会使灰暗的肤色显得更加灰暗，穿低纯度的服装反而好一些。

第四节 色彩应用

一、颜色的寓意及选配原则

1. 黑色

黑色象征权威、高雅、低调、创意；也意味着执着、冷漠、防御，这些寓意要视服饰的款式与风格而定。当黑色与鲜艳的颜色组合时，可产生华贵、亮丽的效果；当黑色与深色服装搭配，则会产生属于秋冬的味道。黑色容易与其他颜色相配，和谐感强，其中黑白相配，历久不衰。一般来说，黑色与暖色搭配效果最好，因为黑色是收缩色。

黑色能把肤色白皙的人烘托得更白，可以使穿着者体型显得更苗条，中年人显得更成熟。但中老年人不宜采用黑色上衣，会增加孤寂、沉闷、忧郁的气氛。

黑色因面料质感不同会带来不同的效果，如有光泽的面料使人感觉华丽，没有光泽则显朴素；带有绒毛的面料能冲淡寒冷感，笔挺的面料显得丰满、柔软。

黑色被大多数职业经理人或专业人士所喜爱，适合极度权威、表现专业、展现品位、不想引人注目或想专心处理事情的场合（图9-23）。例如，总经理的日常穿着或在需要主持演示文稿、演讲、分享企划案，以及从事与“美”“设计”有关的工作时，可以选择黑色。黑色也是礼服最常用的颜色。

2. 灰色

灰色属于冷色，象征诚恳、沉稳、考究。灰色的视觉效果偏柔弱，常与其他色彩配合。其中的铁灰色、炭灰色、暗灰色，在无形中散发出智慧、成功、权威等强烈信息；中灰色与淡灰色则带有哲学家的沉静。当灰色服饰质感不佳时，整个人看起来会黯淡无光、没精神，甚至造成邋遢、不干净的错觉。灰色与暖色中的红色相配效果极好，可作为四季服装中起调节作用的色调。

灰色在权威中还体现着精确，特别受金融业人士喜爱。当处于需要表现智慧、成功、权威、诚恳、认真、沉稳等气质的场合时，可穿着灰色衣服（图9-24）。

3. 白色

白色象征纯洁、神圣、善良、信任与开放；但身上白色面积太大，会给人疏离、梦幻的感觉。当需要赢得做事干净利落的信任感时，可选择白色上衣，如基本款的白衬衫就是金领族的必备单品。

白色与黑色、海军蓝色、鲜红色、深褐色、紫色、绿色等颜色搭配可形成对照美，十分和谐。但与粉色调或接近白色的颜色

↓ 图9-23 黑色套装

搭配时需要重点关注，因为对比不明显，难以很好协调。如与浅灰色、青灰色、棕色搭配，往往会出现一种孤独寂寞的气氛（图9-25）。此外，白色属于扩展色，体胖的人不宜选用！

← 图9-24　灰色套装
↓ 图9-25　白色套装

4. 海军蓝色

海军蓝色象征权威、保守、中规中矩与务实。穿着海军蓝色时，配色的技巧如果没有拿捏好，会给人呆板、没创意、缺乏趣味的印象。海军蓝色适合强调一板一眼、具有执行力的专业人士（图9-26）。希望别人认真听自己说话或希望表现专业、权威时，不妨也穿海军蓝色单品，如参加商务会议、记者会、提案演示、公司面试、严肃或传统的主题讲演时。

适合与海军蓝色服装搭配的颜色包括白色、浅蓝色、淡紫色等。男人穿着一套海军蓝色西装，配白色衬衫，打酒红色领带，非常有领导风范；或者配淡紫色衬衫，打深紫色领带，会改变蓝色本身给人的古板印象，而变得富有艺术气息。

5. 褐色、棕色、咖啡色

褐色属于暖色，典雅中蕴含安定、沉静、平和、亲切等意象，给人情绪稳定、容易相处的感觉。如果搭配不好的话，会让人感到沉闷、单调、老气、缺乏活力。当需要表现友善亲切时可以穿棕褐色、咖啡色系的服饰，如参加部门会议或汇报、出席慈善募款时选择，当不想招摇或引人注目时，褐色、棕色、咖啡色系也是很好的选择。同时它还有收缩之感，能突出人体的体态美（图9-27）。

褐色与白色、米色、驼色、黄色、红色等颜色比较容易搭配，也可以与墨绿色、黑色等深色搭配，但与紫色冲突较大，应尽量避免。

← 图9-26 海军蓝色套装
↓ 图9-27 棕色、咖啡色系套装

6. 红色

红色象征热情、性感、权威、自信，是个能量充沛的色彩——全然的自我、全然的自信、全然的关注需求。红色有时候也会给人血腥、暴力、忌妒、控制的印象，容易造成心理压力。由于鲜红色具有扩张性，所以适合体型偏瘦或中等，以及身材矮小的人体，而体胖或高大的人体不宜穿着艳红色，可选择较深暗的红色（图9-28）。红色与黑色、白色、灰色搭配都比较理想，也可以与深蓝色搭配（图9-29）；忌与绿色直接配出大红大绿，可采用降低纯度、明度或面积大小区分等方式进行搭配。

进行谈判或协商事宜时则不宜穿红色；预期有混乱冲突场面时，也请避免穿红色。当穿着者想要在大型场合中展现自信与权威的时候，红色单品可以助一臂之力。

7. 粉红色

粉红象征温柔、甜美、浪漫、轻松，可以软化攻击、安抚浮躁情绪。在需要权威的场合，不宜穿大面积的粉红色，并且需要与其他较具权威感的色彩搭配。当穿着者需要与女性谈公事、提案，或者需要源源不绝的创意、安慰他人、从事咨询工作时，粉红色都是很好的选择（图4-30）。

粉红色的衬衫适合春天型肤色的男士，可以搭配黑色、深灰色或深蓝色等颜色的长裤，能够更加衬托出穿着者的年轻活力。

← 图9-28　红色套装

↓ 图9-29　红色与深蓝色的搭配

8. 橙色

橙色比黄色深，比黄色更鲜明、醒目，能够给人带来开心快乐和轻松的感觉，一般用于休闲服装，而且不适合做全身套装。这种颜色还有富于母爱或大姐姐的热心特质，给人亲切、坦率、开朗、健康的感觉，是一种浪漫中带着成熟的色彩，让人感到安适、放心。但若是搭配俗气，会给人婆婆妈妈的感受。橙色是从事社会服务工作时，特别是需要阳光般的温情时，最适合的色彩之一（图9-31）。

橙色适合搭配白色、米色、灰色、黑色等颜色，与蓝紫色是强烈对比色，需要谨慎搭配。

↑ 图9-30　粉红色西装

↓ 图9-31　橙色套装

9. 黄色

黄色属于暖色，是所有色彩中光辉最强、最刺眼的颜色，也是纯色中明度最高的颜色，能刺激大脑中与焦虑有关的区域，具有警告的效果，如与黑色交替在一起作为斑马线具有比较醒目的警示作用。艳黄色象征信心、聪明、希望；淡黄色显得天真、浪漫、娇嫩。但要注意，艳黄色有不稳定、招摇，甚至有挑衅的味道，不适合用在任何可能引起冲突的场合，如谈判场合穿着。黄色适合在任何快乐的场合穿着，譬如生日会、酒会；也适合在希望引起人注意时穿着（图9-32）。在中国古代，黄色是皇上的专用色，也是财富的象征。

黄色与黑色、灰色、白色等无彩色搭配效果比较好，也可以与深绿色、深蓝色等颜色搭配。黄色与紫色是互补色，对比非常强烈，一般避免大面积使用。

10. 绿色

绿色象征自由和平、安全、新鲜、舒适；黄绿色给人清新、有活力、快乐的感受；明度较低的草绿色、墨绿色、橄榄绿色则给人沉稳、知性的印象。绿色给人无限的安全感，在人际关系的协调上可扮演重要的角色。绿色的负面意义，暗示了隐藏、被动，不小心就会穿出没有创意、出世的感觉，在团体中容易失去参与感，所以在搭配上需要其他色彩来调和。绿色是参加任何环保、动物保护活动、休闲活动以及高尔夫球等户外运动时很适合的颜色，也很适合在心灵沉潜时穿着（图9-33、图9-34）。

绿色容易和白色、灰色、灰棕色、褐色、黑色相配，深绿色与墨绿色都有很好的收缩性，搭配得当可令人更显深沉、优美。

↑ 图9-32　淡黄色与艳黄色西装
← 图9-33　草绿色西装
→ 图9-34　墨绿色套装

11. 蓝色

蓝色被认为是男士穿着率最高的颜色，藏青色对男士来说是永远的基本色，所以把它排在男士着装的三原色之首，其他两色便是灰色和茶色。生活中基本每个男士都会有几套蓝色系的衣服（图9-35）。

蓝色让人们联想起蓝天、海洋，因而被作为具有清新感的套装规定色，它所营造出的年轻、鲜明、清爽的形象很受欢迎。同时，藏青色给予人的那种理智、端庄、成熟的印象也备受男士推崇。此外，藏青色还有一种特征，就是它那色彩的深重感虽不同于黑色，但在某些时候却可以代替黑色，因此以深藏青色制成的制服给人以强有力的感觉，所以常常将它推举为办公制服的首选色是很有道理的。蓝色具有收缩体型的错视作用，对体胖的人尤其适合。

喜欢鲜明、清爽色调的人在穿着蓝色调的衣服时，可以搭配白色、米黄色等单色系，或以黄橙色、红橙色等单色系制成的饰物作为对比色来进行搭配，这些颜色的使用面积不用太大，常常起到强调和点睛的作用。

↓ 图9-35 蓝色套装

亮蓝色、宝石蓝色

湖蓝色、天蓝色

藏蓝色、藏青色

12. 紫色

紫色是优雅、浪漫的象征，并且具有哲学家气质的颜色。紫色的光波最短，在自然界中较少见到，所以被引申为象征高贵的色彩。淡紫色的浪漫，像隔着一层薄纱，带有高贵、神秘、高不可攀的感觉；而深紫色、艳紫色则是魅力十足、有点狂野又难以探测的华丽浪漫。若时、地、人不对，穿着紫色可能会造成高傲、矫揉造作、轻佻的错觉，同时紫色也具有忧虑的倾向。当你想要与众不同，或想要表现浪漫中带着神秘感的时候可以选择紫色服饰（图9-36、图9-37）。

紫色适合搭配白色和黑色，与蓝色等邻近色也容易搭配，忌与黄色同时大面积使用。

二、常见的西装颜色搭配

常见的西装有灰色、蓝色、黑色、米色以及棕色等颜色。除了套装颜色需要上下统一以外，单件西装也可以与不同颜色的裤子进行搭配（图9-38）。

1. 灰色西装

灰色西装可以搭配的裤子颜色包括白色、黑色以及浅灰色等。下身更浅的颜色容易让着装者看起来身高更高一些（图9-39）。灰色、白色、黑色都属于无彩色系列，与其他颜色都很容易搭配。内搭可以配白色的衬衫，也可以配紫色、酒红色等有彩色衬衫；领带既可以用统一色调的颜色相配，也可以用红色、橙色以及紫色等相配。

↑ 图9-36　紫色领带
→ 图9-37　紫色套装
↓ 图9-38　常见色彩西装的搭配

2. 深蓝色西装

深蓝色西装可以搭配白色、黑色、蓝色、浅灰色以及深灰色等颜色的裤子（图9-40）。内搭可以选择白色、黑色、粉紫色、浅蓝色等颜色的衬衫。领带可以是同色系的蓝色、蓝绿色，也可以是对比色系的酒红色、紫色等颜色。

↑ 图9-39　灰色西装的搭配
↓ 图9-40　深蓝色西装的搭配

3. 浅蓝色西装

浅蓝色西装可以搭配白色、灰色、深蓝色以及米色等颜色的裤子（图9-41）。内搭可以选择白色、米色等颜色的衬衫。领带以同色系的为佳，也可以搭配米色等其他较浅的颜色。

4. 黑色西装

黑色西装可以搭配白色、灰色、黑色以及深蓝色和蓝灰色等颜色的裤子。最好的衬衫颜色搭配是白色，也可以选择灰色、红色、粉色等其他颜色。黑色礼服一般配黑色或白色领结，常规黑色西服也可以配酒红色、紫色、橙色等亮色的领带（图9-42）。

5. 米色西装

米色西装可以搭配白色、绿色、蓝色、灰色、黑色等颜色的裤子。可以搭配的衬衫颜色也比较多，包括白色、绿色、蓝色、灰色、咖啡色等。可以搭配的领带或领结包括绿色、蓝色、酒红色、咖啡色等。一般来说，米色的西装往往都是休闲的，所以相对来说穿着搭配可以不用那么正式，除了搭配衬衫，也可以搭配针织T恤等（图9-43）。

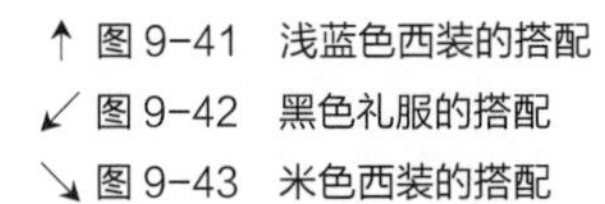

↑ 图9-41　浅蓝色西装的搭配
↙ 图9-42　黑色礼服的搭配
↘ 图9-43　米色西装的搭配

6. 棕色西装

棕色西装可搭配白色、灰色、米色、黑色以及土黄色等颜色的裤子。内搭的衬衫颜色很多，包括白色、灰色、米色、土黄色、咖啡色等。可以搭配的领带或领结包括绿色、蓝色、酒红色、米色等。棕色的西装是典型的秋天型色调，与秋天型色彩相配的颜色都可以产生好的视觉效果（图9-44）。

↑ 图9-44 棕色西装的搭配

第五节 色彩与气质

一、红色性格——多血质

代表人物：汉武帝刘彻、徐志摩

天赋潜能：拥有高度乐观的积极心态，把生命当作值得享受的经验，容易受到人们的喜欢和欢迎。才思敏捷，善于表达，是演讲和舞台表演的高手。在工作中能够激发团队的热情和进取心，重视团队合作的感觉。

本性局限：情绪波动大起大落，比较容易情绪控制人而非人控制情绪。口无遮拦，很难保守秘密，疏于兑现承诺。工作跳槽频率高，缺少规划，随意性强，计划不如变化快。

适合红色、橙色、宝石蓝色等颜色。藏蓝色、黑色等深色可增加其稳重感（图9-45）。

↑ 图9-45 多血质男士着装

二、蓝色性格——抑郁质

代表人物：凡·高、张国荣

天赋潜能：思想深邃，独立思考而不盲从，坚守原则，责任心强。能记住谈话时共鸣的感情和思想，享受敏感而能深度的交流，默默地为他人付出以表示关切和爱。做事之前首先计划，且严格地按照计划去执行，强调制度、程序、规范、细节和流程。

本性局限：太在意别人的看法和评价，容易被负面评价中伤。不太主动与人沟通，以为别人能够读懂自己的心思。过度敏感，有时很难相处，对自己和他人常寄予过高而且不切实际的期望。

适合各种蓝色、紫色等颜色，也可以通过白色、粉色等亮色改善本身所体现的忧郁形象（图9-46）。

三、黄色性格——胆汁质

代表人物：贝多芬、李白

天赋潜能：把生命当成竞赛，自信、不情绪化，而且非常有活力，敢于接受挑战并渴望成功。说话用字简明扼要，不喜欢拐弯抹角，直接抓住问题的本质。能够承担长期高强度的压力，善于快速决策并处理所遇到的一切问题。

本性局限：在情绪不佳或有压力的时候，经常会不可理喻与独断专行。难以洞察他人内心和理解他人所想，态度尖锐严厉，批判性强。经常对于竞争结果过分关注，而忽略了过程中的乐趣。

适合黄色、橙色等颜色，绿色、紫色可以平和其心态，改善过激的形象（图9-47）。

四、绿色性格——黏液质

代表人物：孔子、牛顿、爱因斯坦

天赋潜能：天性和善，做人厚道，有温柔祥和的吸引力和宁静愉悦的气质。善于接纳他人意见，是最佳的倾听者，极具耐心。能接纳所有不同性格的人，处处为别人考虑，不吝付出。对待工作以人为本，尊重员工和同事的独立性。

本性局限：按照惯性来做事，拒绝改变，对于外界变化置若罔闻，太在意别人的反应，不敢表达自己的立场和原则。期待事情会自动解决，容易守望被动，把压力和负担转嫁到他人身上。

适合绿色、蓝色等颜色，橙色、黄色、红色等颜色可以改变其优柔个性（图9-48）。

↑ 图9-46 抑郁质男士着装
→ 图9-47 胆汁质男士着装
↓ 图9-48 黏液质男士着装

第十章

服务与量体

SERVICE AND MEASUREMENT

第一节 服务流程

与购买标准化的成衣不同，定制服装重点在于服务，不仅是衣服本身。客户付出不菲的代价之后，获得的不仅是一件自己专属的服装，与此同时还可以体验到一份尊贵的服务，享受到物质之外的独有价值。这恐怕就是越来越多绅士们偏爱“量身定制西服”的原因所在，也是定制西服的魅力所在。

服装定制的从业人员需要掌握服务流程的各个细节，只有把服务做到位了，顾客才能源源不断。依据服务的不同环节，大致分为以下七个阶段。

一、客户接待

1. 进店之前

热情礼貌是接待客户的基本要求。如果客户来店之前打电话预约，品牌或商家应该认真了解客户的目的和需求，并做好相关记录，耐心告诉客户来店的路线和导航定位。如果客户不方便到店，需要提供上门服务时，应详细了解客户的时间、地址、联系方式，以及客户的基本需求和基本信息，包括需要定制的衣服类型、价格预算以及客户的身高体重，以便安排上门时带好适合的号型样衣和面料样本。

2. 进店之后

客户进店后，服务人员需要首先表示欢迎，并热情接待，询问客户喝茶还是咖啡。如果客户有家人或者朋友陪同，务必一视同仁，给予同样的接待。雨天或冬季需要帮助客户妥善放置随身所带的雨伞、雨衣及外套等物件。

如果客户是熟悉的老客户，则可以关心一下客户的近况，聊聊他的事业及家庭。如果是陌生客户，则需要给客人递名片，并认真记录客人的姓名、联系方式以及其他重要信息。

二、了解客户需求

在给客户正式推荐产品之前，需要先了解客户的大致需求，包括客户的身份职业；计划做什么类型的衣服；大致的预算是多少；喜爱国产面料还是进口面料等。了解客户需求时，除了询问以外，需要注意观察，如果客户本身的穿戴水准比较高，就要给客户推荐高档的面料和产品；如果客户穿戴比较朴素，可以推荐性价比较高的国产面料和产品。

另外还需要观察客户是属于时尚型还是商务型。如果客户穿戴发型等都比较时尚，就要给客户推荐偏时尚的面料品牌（如玛佐尼）；如果客户属于稳重传统的商务人士，则可以推荐偏商务型的产品（如杰尼亚）。

了解客户的穿着场合同样重要。比如，如果客户是婚礼上穿，则需要考虑服装的颜色与婚礼的环境是否相配；如果客户是参加比较重要的会议，在选择服装面料时需要考虑稳重性，不能太花哨；如果客户准备与商务伙伴签署重要的合同，可以根据客户的属相推荐符合客户幸运色的服装面料。

三、介绍面料和产品

在充分了解客户的需求前提下，根据客户的穿着风格及职业特点，推荐适合客户身份和需求的面料，讲解面料品牌故事、面料成分、纱支、克重、花色及性能特点（图10-1）。在尊重客户兴趣爱好的基础上，结合专业性建议确定用于制作的服装的面料。

需要注意的是，介绍面料和产品时，一定要把产品的特点与客户的需求相结合，并给客户强调“这款面料特别适合他”。比如，质地细腻的精纺毛料适合丰满型的客户，质地粗犷的粗纺毛料适合瘦弱的客户等。在为客户介绍产品的时候，务必把产品的优势具体地说出来，如优质的羊毛材料、高科技工艺以及面料的高支纱、高垂性等。

↓ 图10-1　面料样册

四、款式设计

设计款式首先要尊重客户的要求，根据客户年龄、身高、体型、性格、职业及出席场合等特点，结合时下流行趋势来设计，注重工艺细节的设计与沟通，完全满足和符合客户的隐形需求。

针对传统稳重型的男士，推荐平驳领的西装，时尚个性的男士则推荐戗驳领的西装。身材高大的可以推荐双排扣，身材不高的适合单排扣。身材较宽的男士的西服驳领也需要设计得稍宽，身材瘦的则相应窄些。肚子不明显的适合有袋盖的口袋，肚子明显的适合无袋盖的口袋。身材高大的适合后背开双衩，身材矮小的适合后背开单衩。体型较壮的适合两件套，体型正常或者偏瘦的可以推荐三件套。类似的知识有很多，需要平时多学习积累。

定制服装与成衣不同，在客人没有看到衣服之前，很难想象最终衣服穿在身上的效果。这时可以通过一些在线的3D设计搭配系统，让用户自己选择需要的款式细节、面料、配件等，即时可以看到成衣效果（图10-2）。后面再结合3D人体扫描，客户甚至可以看到所选择的衣服穿在自己身上的效果。

↓ 图10-2 Bok服装定制系统

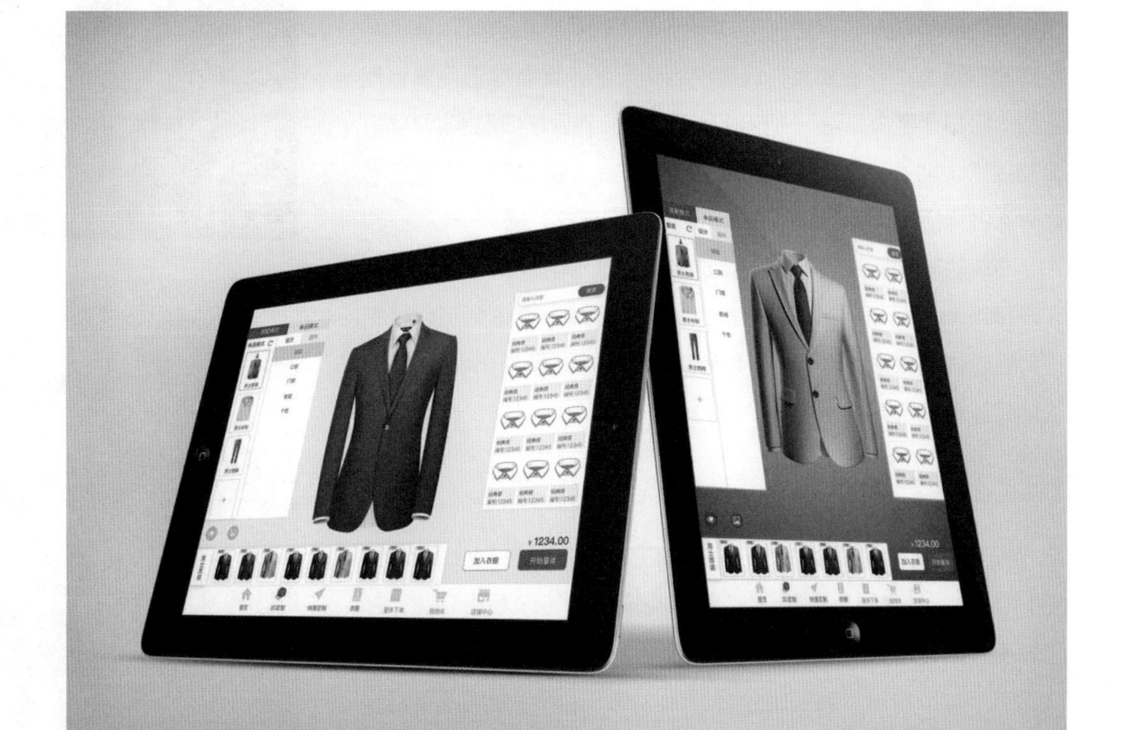

五、量体及掌握人体特征

测量客户身体时，测量者站于被测量客户的侧前方，并提醒客户自然站立（尤其注意不要刻意挺直腰杆或吸肚）（图10-3）。

按照顺序测量客户的各个部位尺寸，仔细观察客户的体型特点，提前预防服装穿着后会出现的弊病。每一个测量部位都需和客户沟通，在尊重客户着装习惯的前提下，平衡美观与舒适，确定合适的加放量。以云衣定制平台为例，通常会根据三个不同的板型进行松量的加放，时尚修身板的松量控制在5～8厘米，商务经典板的松量控制在8～10厘米，宽松休闲板的松量控制在10～15厘米。

定制服装的关键在于成衣尺寸的把握，因为款式、面料都可以提前让客户比较直观地看到，最终客户能否满意主要取决于穿着后的合体度和舒适度。而合体度和舒适度取决于三个条件，一是测量尺寸的准确性（包括量体的方法和位置至关重要）；二是体型特征的把握；三是客户的穿衣习惯。测量的准确性比较容易掌握，只要按照规范的方法测量，一般尺寸误差不会太大。体型特征主要靠观察，此外可以拍照给板师，当然如果用3D扫描最理想。而穿衣习惯，除了观察客户，更重要的是通过沟通，只有全面细致的沟通，才能更加准确地了解客户的穿衣习惯。

↑ 图10-3　侧身量体

→ 图10-4　意大利一家定制店为客户提供试衣服务

↓ 图10-5　意大利一家定制店为客户交付成衣

六、号服试衣或者半成品试衣

在量体的基础上，选择与客户体型比较接近的号型服装进行试穿，是检验用户穿衣习惯的重要手段（图10-4）。相比半成品试穿，号型服装试穿比较快速经济，也能够让客户更加直观。在选择号型服装试穿时，首先整体观察上衣的宽度和长度，重点观察肩宽是否太小或者太大，让客户活动一下，看看是否习惯；其后扣上纽扣让客户体验一下松度是否合适；最后仔细观察后背宽，以及袖肥、袖长等各个部位是否合适。不合适的地方，需要在量体单上进行标注，并与客户沟通，最终确定成衣数据。

要求较高的客户可以提供半成品试穿。通过半成品试衣，让客户直观地感受到定制服装的舒适度与美观度，量体师可以仔细核对各部位的数据，观察板型和体型的吻合度，调整出现的弊病，达到最佳着装效果。

七、成衣交付

衣服完成后，电话通知客户来店试穿，或者送上门试穿（图10-5）。试穿过程需要仔细观察衣服的各个部位是否合适，并了解客户的穿着感受。如果衣服存在问题，需要认真地做好记录，交给工厂加以改进。有些比较好说话的客户，即使对问题不提修改要求，店铺也要做好记录，以便下次再给客户定制时加以改进。

↑ 图 10-6　定期回访客户

个别客户可能会提出一些不合理的要求，服务人员需要耐心解释，必要时找到专业资料的佐证，不可以对客户的要求置之不理，更不要讽刺挖苦客户。

最后，在客户试穿满意后，对客户着装的整体形象效果给予赞美，并拍照留念。在客户离开时，可以不失时机地提出转介绍要求，让客户带其朋友或熟人前来定制。

八、回访客户

有句话非常重要，“我们不要忘记客户，也不要让客户忘记我们”。在空闲的时候，可以定期给客户电话或者微信联系，了解他们之前所定制的衣服穿着反馈的情况，有没有新的需求，同时提醒顾客以合适的方式进行保养，千万不要水洗（图10-6）。如果对方时间允许，可以跟对方多交流服装的搭配、着装的礼仪等知识。在了解对方的工作事业需求的基础上，可以不失时机地给客户推荐新的产品。

第二节 量体

一、量体工具准备

量体工具（图10-7）包括软尺（以稍宽为好）、量体表单、签字笔、笔记本等。如果需要外出服务，最好带工具箱。

SHENZHEN BOKETIME TECH CO.,LTD　云衣定制 YUNYIDINGZHI

量身日期：________
编号：________
量体师：________
业务员：________

量身定做尺码单（男套装）

姓名：	年龄：	身高：	体重：	电话：
单位（厘米）	净体尺寸	加放尺寸	成衣尺寸	复核尺寸
领围				
肩宽				
袖长				
后衣长				
前衣长				
胸围				
中腰				
肚围				
摆围				
袖肥				
小臂围				
手腕围				
后背宽				
前胸宽				
裤腰围				
臀围				
大腿围				
膝围				
小腿围				
脚口				
直裆				
总裆				
裤长				

联系地址：

款式	
	两件套o　三件套o　单上衣o　单裤子o
款型	修身o　合体o　宽松o
纽扣	单排　两粒扣o　三粒扣o　四粒扣o
	双排　四粒扣o　六粒扣o　八粒扣o
领型	平驳领o　枪驳领o　青果领o
胸袋	一字袋o　弧形袋o　贴袋o
口袋	正常有盖带o　斜有盖带o　贴袋o　无盖带o
钱袋	正常无钱袋o　有盖钱袋一o　无盖钱袋二o
开衩	后中单开衩O　后侧双开衩O　无衩O
以下为裤子选项--------------------	
裤褶	无褶O　单褶O　双褶O
裤腰	O　O　橡筋 O
侧袋	斜袋O　直袋O　圆弧带O　方袋O
后袋	无盖带O　有盖带O　贴袋O
脚口	正常脚口无卷边O　脚口卷边O
以下为背心选项--------------------	
纽扣	单排　四粒扣O　五粒扣O　六粒扣O
	双排　八粒扣O　十粒扣O　十二粒扣O
下摆	尖下摆O　直下摆O
口袋	胸袋 有O　无O　口袋 O　O　O
后背	里布O　面布O　有腰带O　无腰带o

面料编号：

穿衣习惯及要求：

号型服建议及修正：

客户试穿反馈意见：

细节补充：

体型特征

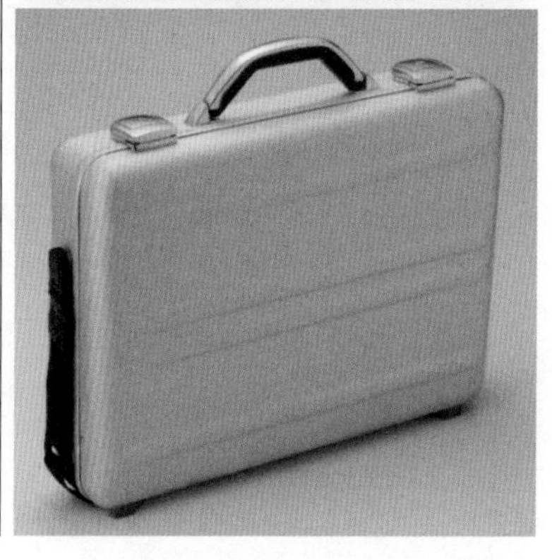

→ 图 10-7　量体工具准备

二、测量前的观察与沟通

1. 观察顾客着装

（1）顾客进店后，看顾客衣服是否合体。

（2）顾客是穿着正装，还是运动装或牛仔裤。

（3）顾客所穿衣服肩部是宽还是窄，衣长是否合适。

（4）顾客如果穿西裤，看西裤是宽松的还是修身的，裤长是长是短，还是正好的。

2. 沟通着装习惯和需求

（1）询问客户要定制的西装是什么场合穿，是平时上班穿还是什么重要的场合？

（2）询问客户打算什么季节穿？

（3）询问客户平时的穿衣习惯，喜欢修身、合体的，还是宽松的？

（4）修身的西装在系上纽扣后没有什么余量，活动的时候会有束缚感，但是穿在身上型很好。

（5）正常合体的西装在系上纽扣后能放入一个手掌厚度的余量，胳膊在胸前活动的时候会有轻微的束缚感。

（6）宽松的西装在系上纽扣后能放入一个拳头的余量，活动自如，但是这个板型没有修身的那么好。

（7）根据顾客的穿衣场合和穿衣习惯可以建议顾客选择一个修身板型，这样更能显出穿着者的个人气质。

（8）询问顾客平时穿西装系扣还是不系扣。

（9）询问顾客西装里面打算怎么搭配，是穿衬衣、马甲还是毛衫？

（10）询问顾客大衣里面打算怎么搭配，是套毛衫还是穿西装？

（11）询问顾客裤子是贴身穿、套秋裤穿还是套线裤穿？

3. 确定适合的板型

（1）根据上面的沟通推荐顾客选择适合的板型。

（2）为顾客展示板型图片，并介绍板型特点。

（3）告知顾客如果还有什么细节需要修改的，量完体可以继续做进一步的沟通。

4. 观察客户体型特征

（1）看顾客是不是高低肩。

（2）看顾客是否凸肚，还是凸小肚。

（3）看顾客是弯腰、驼背，还是胸肌发达型。

（4）看顾客是手臂靠前，还是手臂靠后。

（5）看顾客两只手臂长短是否一致。

（6）看顾客是平臀还是翘臀。

（7）看顾客是O型腿还是X型腿。

（8）看顾客小腿肚是否凸出。

（9）看顾客是否属于倒三角体型（肩特别宽，腰特别细）。

三、测量者的操作标准及注意事项

1. 操作标准

（1）量体者站在被测者的侧前方约30厘米处，面带微笑，做简短的自我介绍：我是××品牌的定制师×××，很高兴为您服务。

（2）提醒顾客脱掉外套，自然站立，将裤袋内的钱包、手机等物品掏出来。

（3）量体过程认真细致，关键部位与顾客交流衣着习惯，并做好记录。

2. 注意事项

（1）测量者禁忌面无表情；

（2）测量者禁忌距离被测者过近；

（3）测量者保持口气清新，穿戴整齐。

四、测量

1. 领围

用皮尺绕颈部喉结下面一周（衬衫领扣纽扣的位置），皮尺不紧不松，可以转动，皮尺与颈部之间保留约可以放入两个手指的空间为宜（图10-8）。

松量加放：2～2.5厘米。

备注：一般衬衫领的松量加放2厘米即可，纯棉面料需要考虑缩水的问题，可以加放2.5厘米。

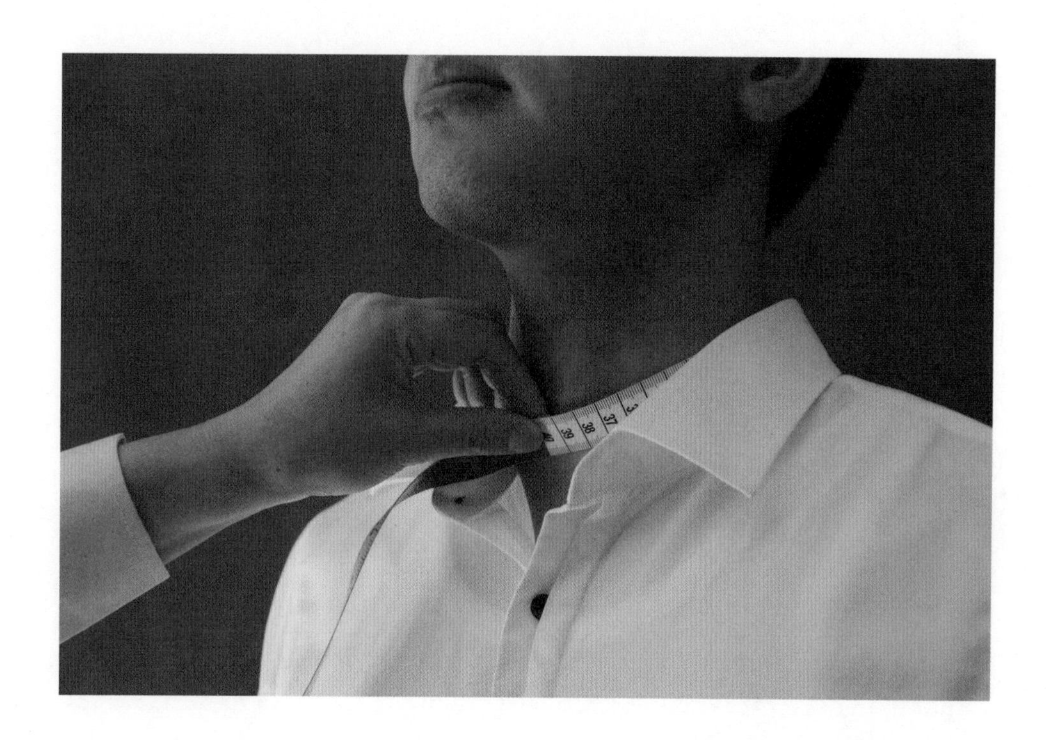

→ 图10-8 测量领围

沟通话术：请问您平时穿多大的衬衣？请问您领围喜欢正常的，还是宽松的？

细节说明：测量领围时尺子围绕脖子底部和中间位置所测得的数据不同，底部所测得的数据可以不用加放松量。为了便于操作的标准化，建议按照颈部中间扣纽扣的位置测量。不同衣服加放的松量不同，由于衬衫是贴体穿，松量加放2～2.5厘米即可；西装没有立领，在制板时，板师只是参考领围从而定领宽的数据，所以定制西装提供净领围即可。立领的中式服装，一般在衬衫领的基础上增加1.5厘米。

2. 胸围

在胸前腋下处，水平围绕胸部最丰满处测量一周，松紧程度以皮尺能轻松转动为宜，量出的尺寸即为净胸围的尺寸（图10-9）。

松量加放：5～15厘米。

备注：修身板型松量一般加放5～7厘米，合体板型松量一般加放8～10厘米，舒适板型松量一般加放10～15厘米。

沟通话术：请问平时衣服喜欢穿合体一点，还是宽松一点？您定制的这件衣服是否套羊毛衫或背心等其他衣服穿？

细节说明：测量胸围数据时被测者务必自然站立，不要刻意挺直腰杆，否则得到的数据会影响最终成衣效果。尺子前后尽量保持在同一水平面，测量位置不要过低，尽量与腋下平齐。松量加放数据直接影响到衣服的美观性和舒适性。松量加放的少，衣服修身，比较美观，但舒适度差，不方便活动；松量加放的多，衣服宽松，活动比较舒适，但美观性不好。具体加放多少，需要与顾客详细沟通，根据其职业特点和穿着习惯来定。比如，主持

→ 图10-9　测量胸围

人、演员、讲师等职业的人多是站着，重点考虑美观性，可以减少加放量；而企业高管、老板等人，尤其是年纪较大的人，由于多数时间是坐着，建议适当增加松量。

3. 腰围

在腰部最细处水平围量一周，一般平行肘关节线位置。松紧程度以皮尺能轻松转动为宜，量出的尺寸即为净腰围尺寸（图10–10）。

松量加放：5～15厘米。

备注：修身板型松量一般加放5～7厘米，合体板型松量一般加放8～10厘米，舒适板型松量一般加放10～15厘米。

沟通话术：请您保持自然放松状态。

细节说明：身材匀称、肚子不明显的人体量腰围，如果肚子较大，不需要量腰围，只量肚围即可。在量腰围时，注意避免刻意收腹（会造成较大误差），以免影响测量准确性。一般正常身材的腰围即为腰部最细处，有些不太明显，需要仔细观察，一般在肘部平行的位置。

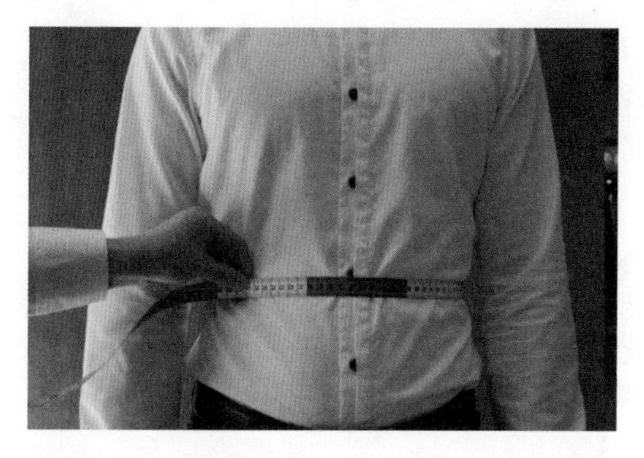

↑ 图10–10　测量腰围
↓ 图10–11　测量肚围

4. 肚围

肚围也叫腹围，在肚子最丰满的地方围量一圈，松紧程度以皮尺能轻松转动为宜，量出的尺寸即为净肚围的尺寸（图10–11）。

松量加放：1～5厘米。

备注：肚子较大的，避免松量过多。

沟通话术：请您保持自然放松状态。平时穿西装是否扣纽扣？

细节说明：肚子明显的顾客需要测量肚围（这时不需要量腰围），一般肚围线比腰围线略低。肚子明显的人，避免松量过大，一般加三四厘米即可；如果要求非常修身的，甚至可以不用加放松量（刚刚能扣上纽扣即可）。

凸肚体型的变化，如图10–12所示。肚围尺寸是控制西服松量最重要的参考数据。凸肚体和非凸肚体松量的控制标准不同，尤其需要注意。

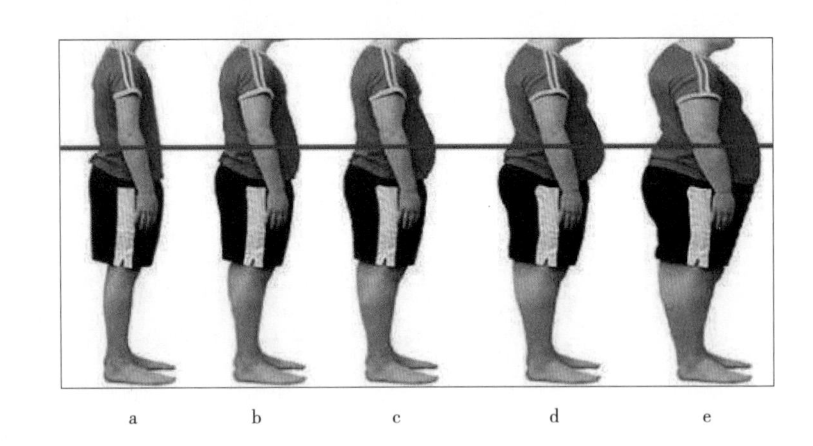

→ 图10-12　凸肚的类型

↓ 图10-13　测量肚高

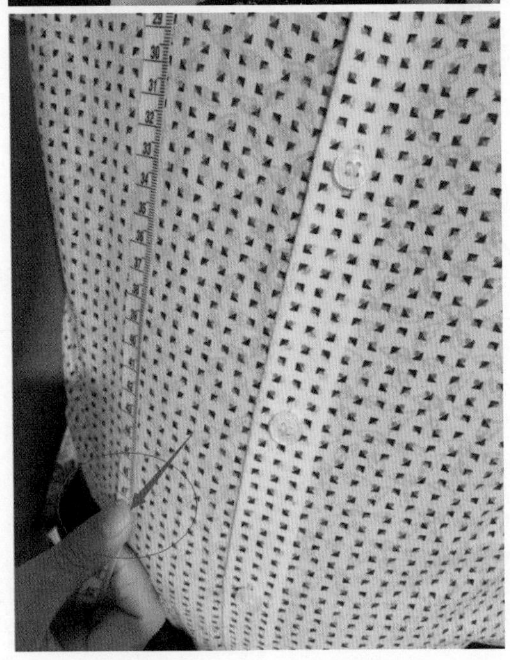

注意事项：

（1）凸肚体的腰围位置，仍是从后腰中点水平围量一周，不一定位于前面最凸位置。

（2）未进餐和进餐情况下测量尺寸会有2～3厘米变化，可根据情况调整软尺测量松紧度。

（3）若胸腰差过大，超过13厘米，即胸围很大、腰围很小；测量时，腰围不宜过紧，胸围可略紧，使比例协调。

参考：

（1）腰围位于手肘位置，位于肋骨下。

（2）后腰中点位于后腰曲线凹点，凸肚体最为明显。

（3）b类凸肚顾客，若是年轻人追求时尚修身，板型可以不加凸肚量。

（4）e类凸肚属于赘肉已经堆积在腰部的情况，则需要测量最凸部位。

5. 肚高

对于凸肚体需要测量肚高尺寸，测量肚高从肩颈点量至肚围最丰满处（肚子最凸的地方）（图10-13）。

细节说明：正常体型的肚高和后腰节在同一水平位置，凸肚明显的人体一般肚子会下垂，肚高就会比后腰节线位置低。后腰节凹度比较明显的，同时衣服要求较修身的人，需要测量后背长，测量方法为从后领底（第七颈椎点）到后腰最凹处。

6. 肩宽

由左肩端点经过后领底量至右肩端点，所得尺寸为净肩宽（图10-14）。注意恰当的左右肩点距离对制作合身板型的服装极为重要。

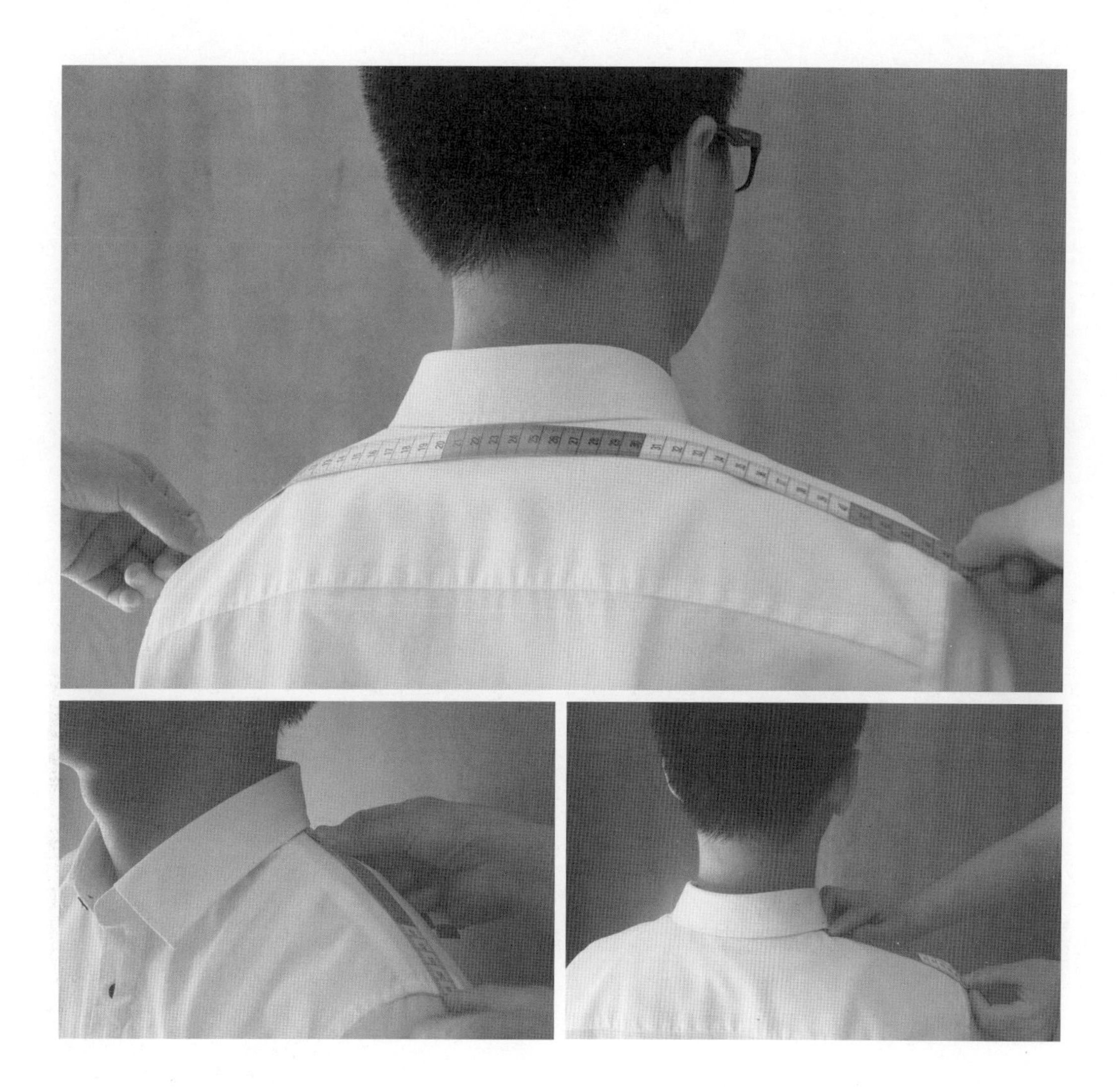

↑ 图 10-14　测量肩宽

↓ 图 10-15　测量前衣长

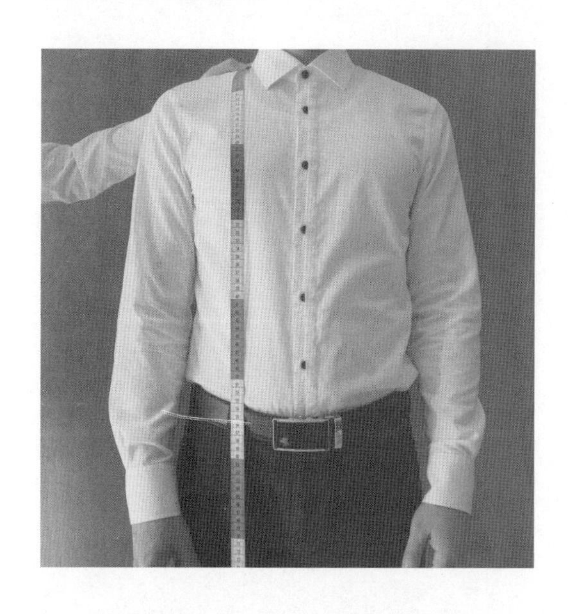

松量加放：1~2厘米。

备注：胳膊粗的顾客需要适当加大松量，2~3厘米。

沟通话术：请问衣服是单穿还是套衣服穿，肩宽尺寸按正常做还是略微加大一点?

细节说明：肩宽是决定西装美观与舒适的关键尺寸，测量时务必认真仔细。较胖的顾客，肩膀几乎是圆形，肩点比较难确定，技巧是观察肩线与上臂切线的交点，即为肩端点。最稳妥的办法就是给顾客一件肩宽差不多的样衣穿上，然后在上面调整取舍宽度。

7. 前衣长

被测者手臂自然垂直，测者将皮尺从肩颈点量至大拇指第一个关节处，即为前衣长（图10-15）。

松量加放：无（长度均不需要加放松量）。

沟通话术：请问您衣长喜欢正常的，还是短一点的？根据您的身材，建议您衣长比正常稍短一些，您可以接受吗？

细节说明：如果顾客身材超过1.8米或者明确告知想衣长稍微长一点，那么就按大拇指尖的长度确定；如果顾客明确告知想衣长稍微短点或者顾客身材低于1.7米，那么就按大拇指第二关节处确定长度（修身韩板的衣长下摆一般是和袖子袖口位置平齐）。

8. 后衣长

皮尺从衬衫后中领底（第七颈椎）量至臀部裆底，即为后衣长（大致为总身高的二分之一）（图10-16），根据顾客喜好和身高不同，对衣长加以调整。

松量加放：根据客户偏好增加或减少松量。

沟通话术：与前衣长沟通内容相同。

细节说明：测量后衣长时，可以把前衣长减去2.5厘米的数据来进行综合考虑判断，凸肚和驼背的人体除外。一般凸肚体前衣长比正常体要长，驼背体后衣长比正常体长。另外胳膊较长或者较短的顾客需要特殊对待，主要参考后衣长的尺寸。除了参考量体部位，衣长也需要考虑整体的身高比例，后衣长大致为整个身高比例的二分之一。身材高大者衣长可以适当加大，身材矮小者衣长可以减小，宗旨是为了视觉的美观。

↓ 图10-16　测量后衣长

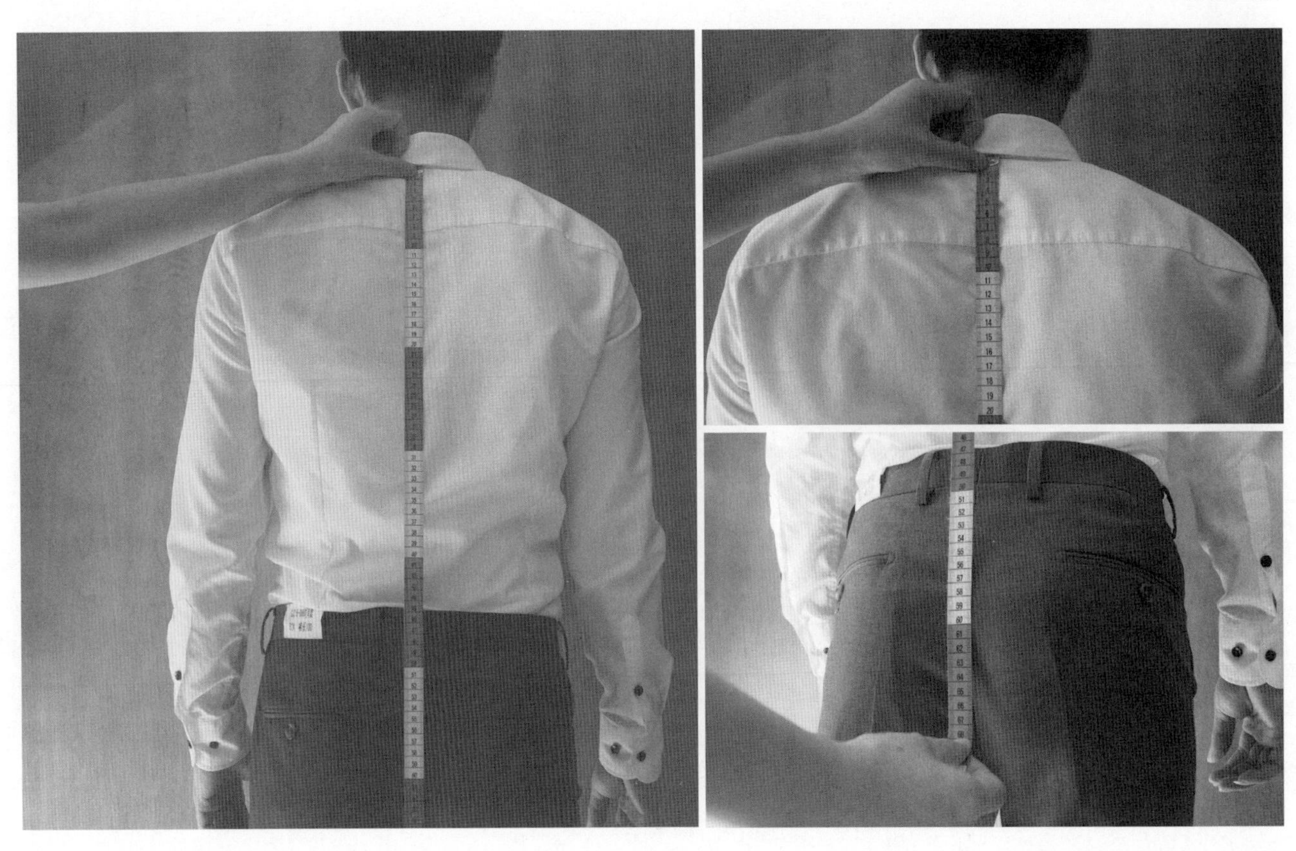

9. 袖长

两臂自然下垂，测量由肩端点量至手腕中处（虎口上2厘米）（图10-17）。

松量加放：根据顾客偏好增加或减少。

沟通话术：平时袖长，您喜欢穿长一点还是短一点？按照国际标准，西装袖长比衬衫略短2厘米，您接受吗？还是按照您现在的标准？

细节说明：成衣穿在身上时，标准的袖长应该到手腕与手掌交接处，一般衬衫袖长略长2厘米，可以露出西装袖口，避免把西装袖口弄脏。由于西装要加垫肩，所以在测量时需要量到虎口上2厘米。需要注意的是，虽然衬衫袖口需要露出，但由于衬衫没有垫肩，所以实际衬衫袖长和西装袖长是同样的测量方法。有些顾客喜好袖长较长，如果沟通以后，他们还是坚持原来的需求，就应该按照顾客的需求加长。个别的客户左右臂长有差异，如果差距超过2厘米，建议左右袖长区别对待（需要同时考虑西装袖和衬衫袖）。另外，测量袖长也要兼顾整体比例的美观性，如果顾客的臂长特别长，袖子可以量的略短；相反，如果顾客的臂长比较短，袖子就适当加长（衬衫和西装需要同时加减，以免造成衬衫和西装不匹配）。

10. 臂围

沿腋下位置测量上臂一周，即为上臂围（图10-18）。

松量加放：可以不提供，仅供板师参考。

沟通话术：您平时运动多吗？袖子是需要修身时尚些，还是宽松舒适些？

细节说明：以云衣定制平台为例，其为顾客提供三种不同类型的板型，时尚修身板的袖肥比较小，商务经典板的袖肥略大，休闲宽松板的袖肥较大。一般袖肥的大小板师是根据整件衣服的比例来定，同时参考臂围的大小。胳膊粗的人，臂围加大；胳膊细的人，并不会把袖子做得更细，因为这样不美观。

↓ 图10-17 测量袖长

→ 图10-18 测量臂围

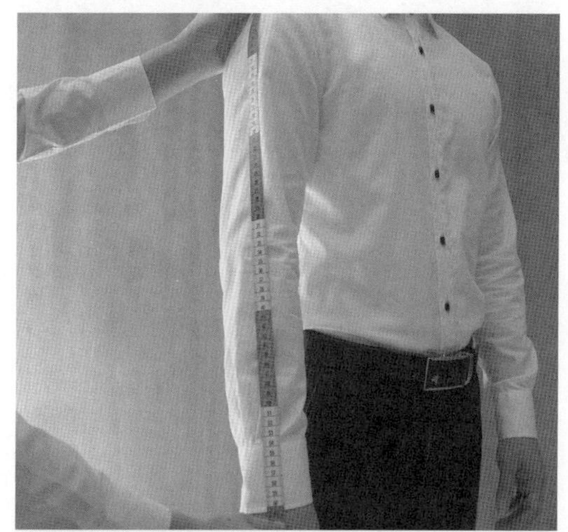

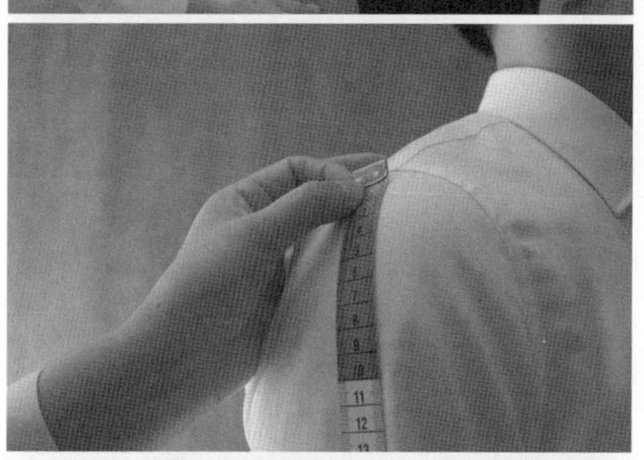

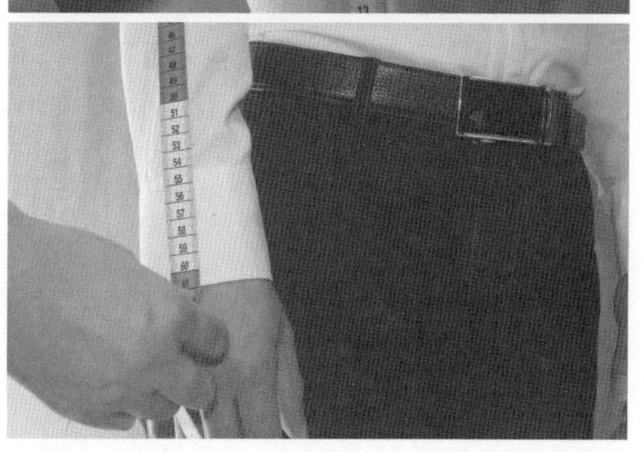

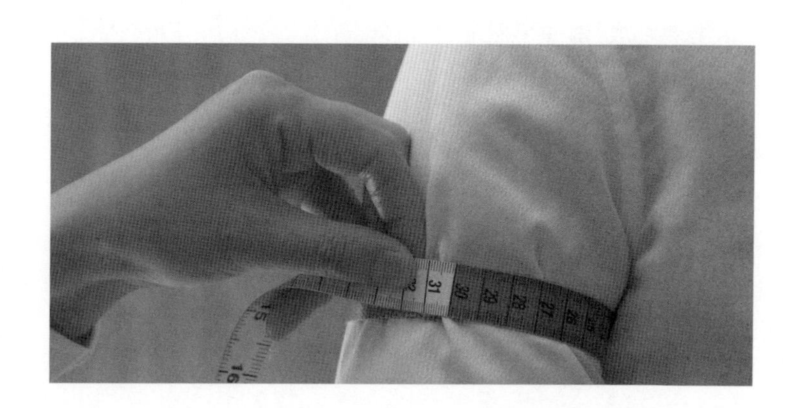

11. 腰围

被测者双脚并拢站直，不要刻意收腹，呼吸保持平稳，皮尺围绕腰部最细处，所测尺寸即为净腰围尺寸（图10-19）。

松量加放：偏瘦人体加2～3厘米，不胖不瘦人体可以不加减，较胖人体需要减1～2厘米。

沟通话术：请问您平时扎腰带位置就是这里吧？您平时穿裤子是多大的腰围？您腰围喜欢紧一点的，还是松点的？

细节说明：测量腰围时需要提醒顾客将裤腰提到最舒适的位置，并询问顾客平时是否习惯于到这个位置。凸肚明显的人一般前腰低，需要观察后做必要的记录。偏瘦的顾客加放适当的松量，而较胖的客户（凸肚明显）不仅不要加放，还要视情况做必要的缩减，因为腰上的肉较软，裤子容易往下滑落，需要腰头系紧一些。

12. 臀围

双脚并拢自然站立，皮尺围绕臀部最丰满处水平测量一周，松紧程度以皮尺能轻松转动为宜，量出的尺寸即为臀围净尺寸（图10-20）。

松量加放：5～12厘米。

备注：修身款加放松量5～7厘米，合体款加放松量8~10厘米，宽松款加放松量10～12厘米。

沟通话术：为了数据采集准确，请您把口袋里面的东西掏出来可以吗？您目前这条裤子的松紧度可以吗？是否需要再修身（或者宽松）一些？您是希望修身美观一些，还是宽松舒适一些？

细节说明：测量时需要提醒顾客掏出口袋内的钱包、手机等物品。裤子臀围的加放松量直接影响裤子的美观性与舒适性，需要提前告诉顾客，并征得客户的意见。注意客户是否穿的是牛仔裤，因为较厚的牛仔裤会让测量数据变大，需要适当减去厚度（1.5～2厘米）。加放量是根据客户要求来考虑的，一般紧身裤子加放5厘米左右，修身的裤子加放6～8厘米，合体的裤子加放8～10厘米，舒适的裤子加放12厘米以上。

13. 大腿围

在大腿最上部位测量一周，测量时不紧不松，所得尺寸即为大腿围（大腿围也叫横裆）净尺寸（图10-21）。

松量加放：3～10厘米

备注：修身款加放松量3～5厘米，合体款加放松量6～8厘米，宽松款加放松量8～10厘米。

沟通话术：请您自然站立，双腿分开。这个松紧度感觉可以吗？松量参考您目前穿的裤子可以吗？要不要再修身一些？

细节说明：大腿围一般是靠近大腿根部测量一圈（或者和制板师约定在大腿根部下方3厘米处），测量时不紧不松，再根据客户需要加放；或者问客户自己穿在身上的裤子松量怎么样？大了

↑ 图10-19 测量腰围
→ 图10-20 测量臀围
↓ 图10-21 测量大腿围

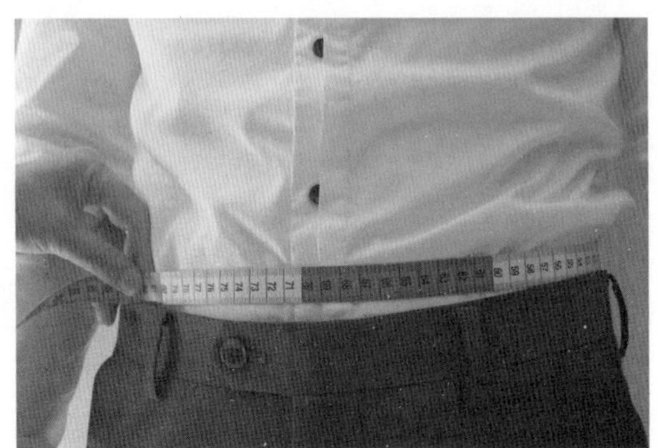

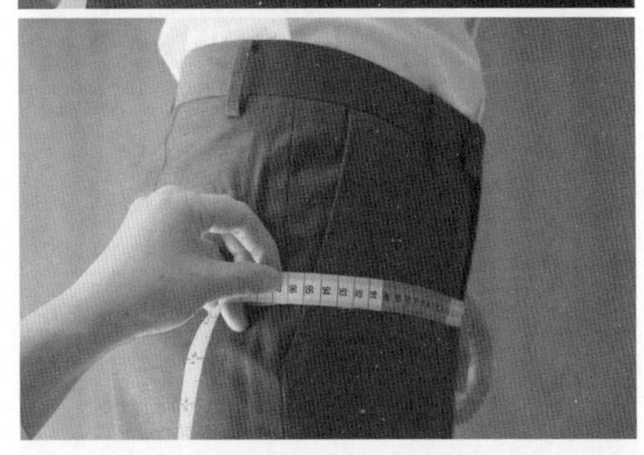

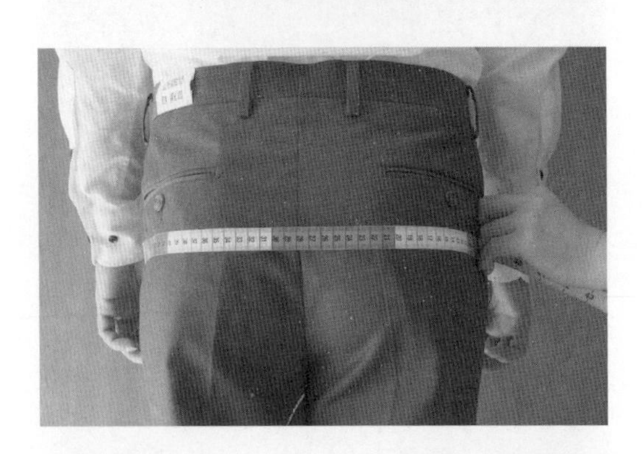

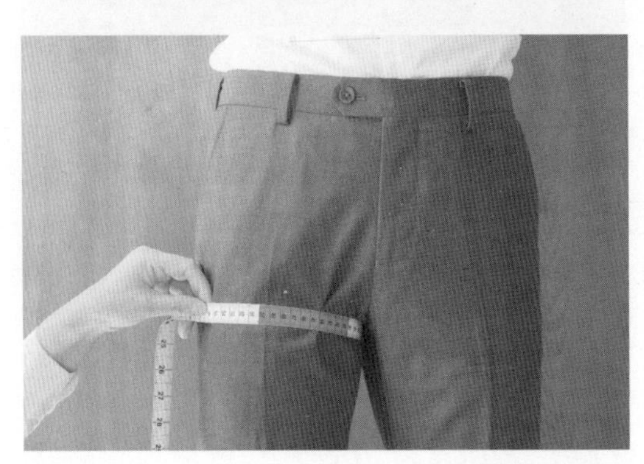

还是小了，酌情加减。可以捏住客户裤子的松量，量下数据做参考。另外，如果客户测量时所穿的裤子布料比较厚，需要酌情减去1~2厘米。

14. 全裆

从后腰围中点最高点经胯下至前腰围高点，软尺保持不松不紧，所得尺寸为全裆尺寸（图10-22）。

松量加放：无

沟通话术：您感觉一下，这个松紧度合适吗？您平时穿裤子是否习惯于现在这个裤子的裆深？您穿西裤是否也是提到这个位置？

细节说明：裤裆的深浅对裤子的舒适度和美观性影响较大，一般视客户习惯性的束腰位置而定。如果客户穿的是牛仔裤，上裆（也称直裆）数据可能比较小，需要与客户沟通是否调整。如果客户所穿的裤子上裆比较深（超出了正常的范围），需要与客户沟通是否需要调整到正常的范围。最好用号码服让客户试穿，体验正常上裆的舒适度，经过沟通后再做必要的调整。

15. 裤长

双脚并拢站直，测量从腰头侧面最高点量至脚后跟位置（鞋底上沿位置，不是地面位置），即为裤长尺寸（图10-23）。

松量加放：无

沟通话术：您平时喜欢裤长短一点，还是长一些？长度按您目前穿的这条裤子的长度可以吗？您穿的这条裤子有点短（长），是否需要调整一下？

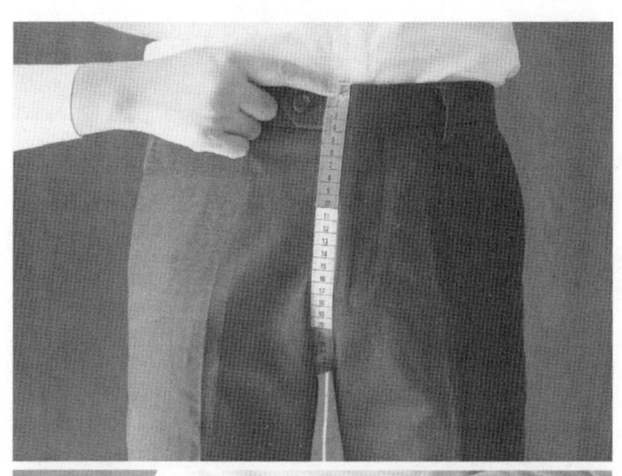

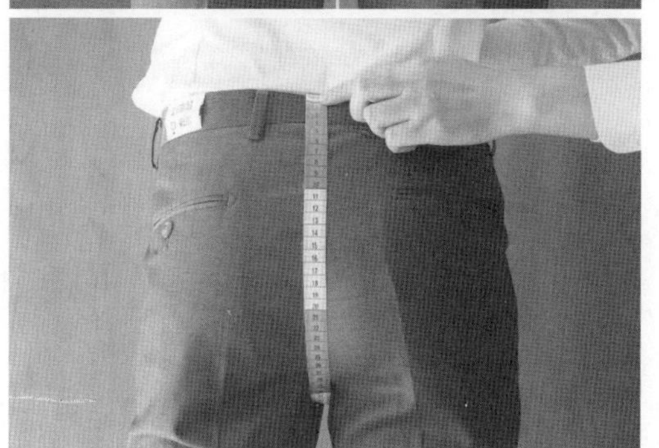

← 图10-22　测量全裆

↓ 图10-23　测量裤长

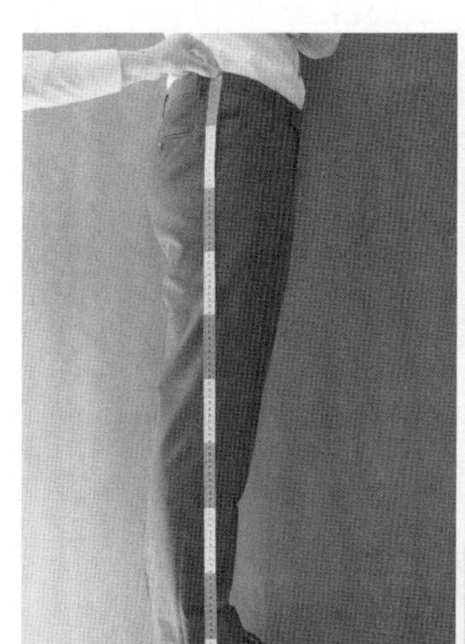

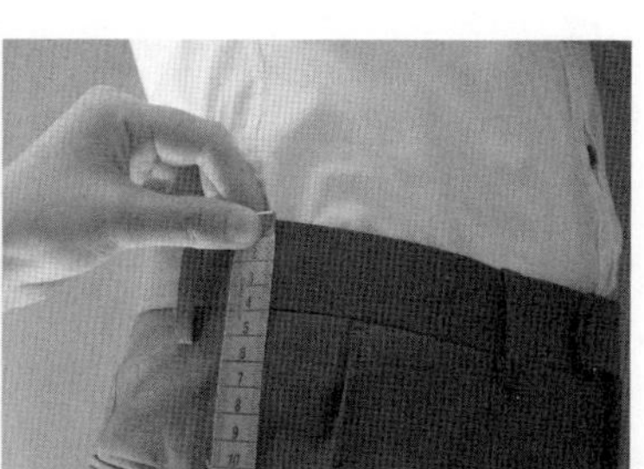

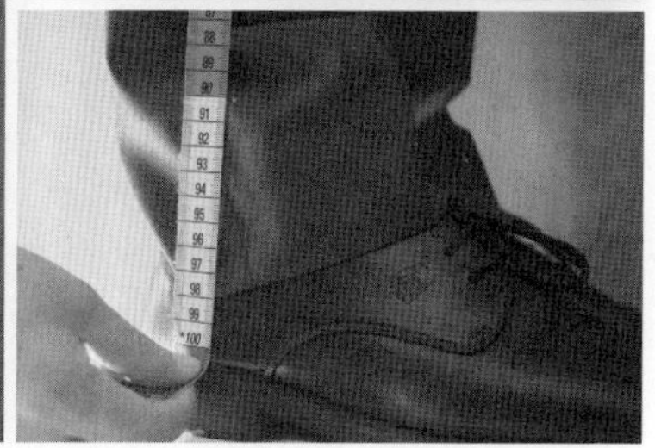

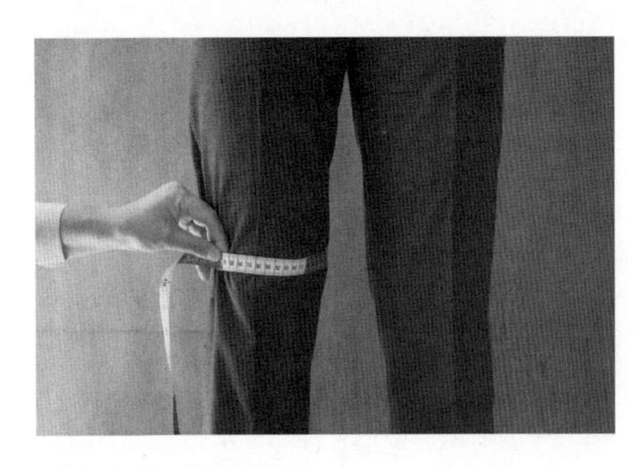

↑ 图 10-24　测量膝围

细节说明：比较正统的西服套装，裤子应该盖住鞋面，小腿不要露出来，当今比较流行的套装有些比较短，小腿会露出来一截。从整体的美观性来看，如果身材高大的人，裤子长度可以略短；相反，身材矮小的人，裤子长度可以略长。

16. 膝围

在膝盖位置绕量一周，不紧不松，即为膝围净尺寸（图10-24）。

备注：膝围一般只作为参考，一般在正常范围内，制板时不予考虑，所以正常的体型也可以不量膝围。

17. 小腿围

在小腿最粗位置绕量一周，不紧不松，即为小腿围净尺寸。

备注：与膝围一样，其数据只作为参考。除非小腿特别粗时才会调整裤腿的围度，一般情况下也可以不量。

18. 脚口围

将客户所穿裤子的裤口拉齐，测量裤口的围度大小，即为脚口围。也可以参考客户所穿鞋子的大小确定脚口围（正常西裤）。

备注：一般直筒西裤，脚口的大小做成所穿鞋子的大小比较合适；如果客户要瘦腿裤，需要与客户沟通来确定。如果要求裤口比较紧的，需要测量小腿围作为参考。

第三节 西装的优劣与问题解决方法

一、如何判断西装的优劣

被服务的每一位客户都应该让他们满意，作为服装定制的从业人员，最基本的技能是能够客观地判断每位客户西装的优劣，发现问题，让工厂加以修正，或者是作为下次定制的改进目标。那么如何判断一套西装是好是坏呢？

1. 西装是否合体

从西装的板型来看，它应该是合体的，而且是舒适的。一套西装是否合体，首先从肩部看，衣服的肩宽与穿着者的肩宽是否相匹配。一般来说，衣服的肩宽比人体的肩宽大1～2厘米比较合适，如果追求时尚，肩宽可以不放大。另外围度的松量也应控制在合理的范围内，过大不美观，过小不舒适。控制西装上衣围度的最重要部位是中腹位置，如果客户是正常体或者偏瘦体，围度的松量应该在6～10厘米（越瘦的体型，加放量应该越大）；如果客户凸肚比较明显，肚围的松量应该比较小，修身款不超过3厘米。松量的加放不仅要考虑舒适性，还要考虑衣服整体比例的美观性。西装的松量决定了美观和舒适，过度追求修身，舒适度就会受到影响，反过来，松量加大，舒适度提高了，但美观性却可能受到影响，一套好的西装要达到美观与舒适的平衡。

2. 整体比例是否协调

要考虑西装造型的比例协调性，也就是衣服不仅要适合身材，还要修饰身材。如身材较高的，上衣长不宜短，最好盖住臀部；身材矮小的，上衣要适当短些，可以到臀部的中间位置。胳膊较长的，袖子可以适当短一些；胳膊较短的，袖子适当加长，最终达到袖长与衣长的比例协调。身材较宽大的人，衣领的驳头也适宜宽一些；相反，身材较瘦的，衣领的驳头可以适当窄一些。身材高的，后身可以开双衩；身材矮的，后身建议开单衩，这样更加符合比例的美观。腰线的高低、裤腿的长度等，也都需要考虑整体的比例协调性。

3. 局部细节是否有瑕疵

观察局部的细节，比如背宽是否有褶皱，背部腋下是否有风琴位，后领下方是否有横褶皱，驼背或轻微驼背的是否衣服后下摆起翘。如果面料是条格纹的，主要部位条格是否对齐（至少大身、袖子要左右对称、领和驳头也要左右方向一致）。其他细节，包括垫肩的厚度是否适合插花眼、是否是手工的袖衩、是真扣眼还是假扣眼等。

4. 判断驳头工艺

还有一个非常重要也往往不易被发现的工艺，即西装的纳驳头工艺。西装驳头工艺一般分为用黏合衬、半毛衬和全毛衬。黏合衬没有经过纳驳头工艺，驳头和前胸等部位是通过压烫黏合衬加以处理的，久穿以后或者经过洗水后，衣服容易变形起泡。半毛衬和全毛衬经过了纳驳头工艺处理的西服，穿在身上驳领有自然的卷曲，比较有立体感，久穿也不容易变形。判断工艺的方法比较难，一般可以通过仔细观察驳领底部是否有细密的针脚，如果有针脚的就是有纳驳头；也可以用手指搓捏衣服的前胸部位，看看面料和衬是否分开，如果是分开的，就是半毛衬或全毛衬工艺，否则就是黏合衬工艺。

5. 面料与环境是否协调

面料也是非常重要的，在选择定制之前，首先要考虑的就是面料。考评面料的因素有支数、垂性、光泽等，一般来说，面料的品质与价格成正比，历史悠久的欧洲品牌一般品质较好。当然也不是绝对，如果不是太追求品牌效应，国内的很多面料性价比非常高。另外，一般支数越高的面料，品质也更高，但支数也不一定是最重要的因素，要综合考虑面料的厚薄、质地、纹路、颜色等与自己的要求是否相适应。尤其面料的颜色与个人肤色相配比较重要，面料的材质、图案与穿着场合适应也非常重要。

只有定做的西装才能够达到上面的这些要求（图10-25），市场上标准成衣多数都是黏合衬工艺，板型也没有办法针对每个人做设计，毕竟世界上没有完全一样的人体，所以穿标准号的成衣

→ 图 10-25　云衣定制平台（均由为国际品牌代工的大型西装工厂生产，拥有智能化的 CAD 系统，可以亲民的价格实现真正的一人一板

更多是一种凑合与妥协，在职场上传递给别人的信号可能也是一个不太讲究的人，不能与精英人士画上等号。

二、西装常见问题的解决方法

1. 衣长、袖长与裤长的修改

（1）衣长修改。衣长修改有一定的难度，因为西装前片下摆经过止口的修顺，前片基本无法加长了，后片可以适当加长，改短虽然可以，但因为有开衩部位，修改工作量也较大。

（2）袖长修改。袖长修改有一定的局限（图 10-26），如果袖衩是真扣眼，袖口的长度是无法修改的，只能是从袖山处改短较小的范围（一两厘米）。如果袖衩是假扣眼，袖口可以少量放长或改短（一厘米左右）。如果袖长需要较大范围的修改，唯一的办法是重新换一个袖子，这时需要注意防止面料的色差，如果面料色差较明显的，则建议放弃。

（3）裤子修改。裤长的修改相对比较容易，即使不返厂，一般改衣店也可以修改。不过如果要加长，一般能够修改的范围有限。

2. 肩宽的修改

肩宽减小相对容易些，如果需要加宽，范围非常有限，最多不超过一厘米（所以在量体时千万注意不要把数据量小）（图 10-27）。

3. 领口褶皱的修正

领口褶皱一般是由于缝线过紧或烫衬不当造成的，可以返厂修改。轻微的可以通过定型机压烫处理，严重的需要拆掉重做。

4. 后背褶皱的修正

后背褶皱的原因在于后背宽太大，可以返厂修改后背宽。返厂之前需要经过仔细分析，找到准确的修改数据（图 10-28）。

5. 后背八字褶皱的修正

后背产生八字褶皱的原因是肩部角度没有处理好，轻微的可以通过增加垫肩厚度加以修正，严重的需要修改裁片的肩斜。

6. 领后褶皱的修正

领后褶皱的原因在于客户的后背较直，后领窝深度不够，可以通过增加后领深加以修改。

7. 前起翘或后起翘的修正

前起翘的原因是客户凸肚量较大，前片没有相应增加凸肚松量。后起翘的原因是客户驼背或弯腰比较明显，后片没有相应增加驼背松量。这两种现象如果修改现有裁片不能解决的，就需要换片处理。换片时需要注意色差问题。

8. 后腋下松量多的处理

为了活动方便，后腋下需要有一定的活动量，所以腋下少量褶皱是正常现象。如果褶皱过多，可以加以修改。在返厂修改之前需要仔细分析修改量的大小，最好拍照给工厂供参考。

9. 袖山扭斜的处理

正常体型的人，胳膊有一定的前弯，所以袖子需要相应的前弯。对于胳膊前倾过大或者后倾的顾客，如果袖子没有处理好，就会出现袖山部位的斜丝绺。需要通过观察分析，找到前倾还是后倾的原因，以及调整量的大小。经验不足的，可以拍照给工厂参考。

10. 领口暴胸的处理

对于胸肌发达或挺胸的顾客，样板需要做对应的加大省量处理，如果处理不到位，就会出现领口暴胸的现象。这类问题修改难度较大，一般需要给顾客重做。

11. 裤腰围过大或过小

男性顾客最容易发生变化的部位是裤腰位置，饭前饭后或者经过运动后等情况，裤腰围尺寸都会有比较明显的变化。定做的衣服一般在腰头和后裆接缝都留有较大的缝份，可以比较方便地加以修改。

12. 臀围、腿围过大或过小

臀围和腿围大小也比较容易修改，通过侧缝、后中缝以及裤腿内侧缝都可以适当加大、减小，只是加大的范围有限，一般不超过1～2厘米。

13. 裤腿和脚口的修改

裤腿和脚口的修改比较容易，只是加大的范围有限，一般不超过1～2厘米，而缩小没有限制。

14. 裆部破裂或后肩破裂

衣服过于紧身，容易发生裆部破裂以及后肩破裂。只能通过换片或重做的办法加以解决。对于要求衣服紧身的顾客，需要提前向顾客加以说明。

↑ 图 10-26　袖长的修改
→ 图 10-27　肩宽的修改
↓ 图 10-28　后背褶皱的修正

Shop
Shop
Sale

第十一章

萨维尔街男装定制店

SAVILLE STREET MENSWEAR BESPOKE SHOP

第一节 萨维尔街历史及概况

一、西装定制的发源地——萨维尔街

萨维尔街（Savile Row）位于伦敦梅费尔（Mayfair）区，平行于摄政街（Regent Street），南起肯迪街，北到维格里街道，连接伯灵顿广场、伯灵顿克利福德街及花园。两百多年来，萨维尔街以高级男西装定制而闻名，被誉为世界男装高级定制的圣地（图11-1）。萨维尔街是男装定制的代名词，短短的一条街保存了两百多年的定制店，虽有更替，但一直延续至今。从英国的温莎公爵，到世界各国的高官显贵、富商巨贾、演艺明星都以有一套萨维尔街顶级裁缝店手工制作的西装为身份象征，其中客户包括温斯顿·丘吉尔、纳尔逊子爵和拿破仑三世等。

萨维尔街建于1731～1735年，作为伯灵顿房地产开发的一部分，并以伯灵顿第三伯爵的妻子多萝西·萨维尔命名。最初，萨维尔街被军官和他们的妻子所拥有，爱尔兰的剧作家威廉彼特早年就曾居住在萨维尔街，理查德·布林斯利·谢尔丹也曾经居住在萨维尔街。

随着西装文化的盛行，19世纪的绅士贵族开始光顾积聚在伯灵顿周边的裁缝店，特别是科特街。后来这些裁缝店逐步汇聚到萨维尔街，在1803年逐步形成裁缝一条街。由于伦敦没有受到战争的影响，各类建筑保存得比较完整，其间萨维尔街定制店虽然多次更替，但大的风貌一直留存至今。

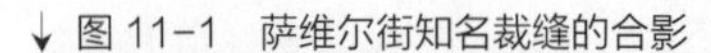

↓ 图11-1　萨维尔街知名裁缝的合影

1969年，萨维尔街流行起现代风格，并延续了传统剪裁的基因。随着像理查德·詹姆斯和奥兹瓦尔德·博阿滕这样的设计师的到来，现代风格一直延续到20世纪90年代。

随着成衣业的快速发展，大规模的西装制造逐步在全球盛行，2000年之后的服装定制店数量逐步减少，到了2006年，萨维尔街的定制店只剩下了19家（图11-2、图11-3）。伦敦政府非常重视传统的服装定制业，于2005年专门成立了萨维尔街定制协会（SRBA），制定了一系列定制业保护措施，规定了全定制两件套西装必须绝大部分由手工完成，并且手工时间不少于五十个小时，定制店必须提供至少两千种面料供客人选择，并保存全部客人的定制资料（图11-4）。目前萨维尔街的很多定制店在提供量体定制的同时也提供成衣销售，成衣的价格与国内相比并不是太贵。

西装发源于英国，后来英国的西装工艺在欧洲传给法国、德国、西班牙、意大利等国家，尤其是意大利在传承英国西装工艺的基础上，做了很多改进，相继出现米兰、罗马、拿坡里等各个流派，逐步在全球的西装市场中处于领导地位。亚洲的日本、韩国、中国等的西装技术也深受意大利影响。相对来说，英国的西装比较保守，多年来他们坚守传统，板型和工艺的变化都不大。

↑ 图11-2　萨维尔街一家定制店的橱窗

→ 图11-3　萨维尔街裁缝所用的剪刀等工具

↓ 图11-4　定制西装展示

Above: Henry Thomas Alken study of an English country house hunting party (c. 1810), titled Tally-ho.

Opposite, left: Huntsman's famous house check cloth has been woven for over eighty years by the Islay woollen mill in Scotland, Britain's oldest working mill, founded in 1550.

Opposite, right: Huntsman hunting pinks tailored in the 1950s and preserved in the house archive.

the knee. Fitting as close as ordinary breeches. The only firm in the UK who have the patent right to supply the above shewn knickerbockers breeches for riding, walking and shooting are Huntsman & Co.'

Between 1898 and 1919, Huntsman traded from No. 41 Albemarle Street, and the ledgers of the era record in faded newsprint a generation of young men lost in the trenches. The move to No. 11 Savile Row at the close of the First World War signalled a change of pace. The birth of the Jazz Age, rather than the death of Edward VII in 1910, was the real end of the Edwardian social order. The aristocracy still divided its time between townhouse and country seat but, led by the Prince of Wales (later Edward VIII), added trips to the French Riviera, tennis parties, cocktails and nightclubs to the social round. The Prince (known to his circle as David) introduced his rather fast set to Huntsman. His 1922 order book records monthly accounts sent to his clerk comptroller at St James's Palace: showing, in other words, he was that rare regal fellow who paid his bills promptly. Not only that, in 1921 breeches ordered by his then mistress Thelma, Viscountess Furness, were credited to the Prince's account.

Where David led, the smart set followed, including his brother the Duke of Kent, Lord Louis Mountbatten, Lord Charles Cavendish (future husband of Fred Astaire's sister Adele), courtier and dandy Victor Spencer, Viscount Churchill, King Alfonso XIII of Spain (who conferred his Royal Warrant in 1926), Ivor Novello, Rudolph Valentino, Robert Montgomery, and press barons Lords Beaverbrook and Castlerosse, not to mention the Maharajas of Rajpipla and Cooch Behar. Huntsman's fame as an equestrian tailor also attracted the most glamorous, if scandalous, ladies in 1920s society to its door. Measurement books record actresses and aristocrats Gertrude Lawrence, Adele Astaire, Joan Bennett, Edwina, Lady Mountbatten and Lady Diana Cooper being measured-up 'astride'.

HUNTSMAN　65

二、萨维尔街西装的定制方式分类

萨维尔街定制店的西装分为三种类型：成衣（Off-the-peg或Ready-to-wear）、半定制（Made-to-measure）和全定制（Bespoke）。

1. 成衣（Off-the-peg，Ready-to-wear）

成衣，即萨维尔定制店按照自己的板型生产制作的衣服。价格从几百英镑到三千英镑不等。萨维尔街的成衣有一部分是在中国生产的，尤其是君皇仕（Gieves & Hawkes）品牌，由于被香港利丰收购，其店内经营的成衣均是在中国生产。目前中国是全球最大的西装成衣生产基地，大型企业包括如意集团、南山集团、阳光集团、新浪希努尔等。

2. 半定制（Made-to-measure）

半定制是指定制店根据原有的板型，加以尺寸的局部修改，使之更加符合客户的体型。半定制不是真正的一人一板，不过相比尺寸固定的成衣来说，更加符合客户体型特征。半定制的价格相比成衣高一些，一般两千英镑起。

3. 全定制（Bespoke）

全定制是完全按照客户身材数据做全新的样板，属于真正的一人一板，中间经历至少三次假缝试穿和调整，每件衣服都是精益求精、独一无二的。在萨维尔街上全定制一套西装，一般要12周以上的时间，这还是客人在伦敦的情况下。很多外国人在萨维尔街定制的衣服要等候一年的时间。萨维尔街定制协会对全定制有严格的规定。

三、萨维尔街西装的定制特点

1. 一人一板（全定制）

裁缝会根据客人的体型专门裁剪出一个板型，而不是根据现有板型进行修改调整（套码或推板）。目前国内的很多定制品牌基本都是套板模式（所谓的大数据），只是符合了客户的尺寸，并不能针对体型特征做富有针对性的调整。目前先进的智能定制系统通过输入客户数据，可以在几秒钟自动生成完全符合客户体型的样板，与萨维尔街手工打板的本质是一样的，只是计算机代替了人，让制板的效率得到大幅提升。

2. 精益求精的工匠精神

萨维尔街所有的服务人员都非常专业，对于每个客户的服务都一丝不苟，在选料上不会为了降低成本而选择人造纤维的面料，包括纽扣等配件也基本是牛角扣等天然材质。针对每个小的工艺细节都追求完美，包括对条格、特体处理等都是尽善尽美。

3. 富有文化内涵

可以说，萨维尔街所销售的产品并非衣服那么简单，而是经过了两三百年沉淀的西装文化。他们恪守英式西装的文化传统，每家店都有自己独特的风格，不会因为竞争关系而互相抄袭，更不会因为争夺客户而大打价格战。萨维尔街定制店的服务人员基本上都是在本行业工作多年的资深人士，如果是新手，必须由师傅带领多年才能独立工作。

第二节 萨维尔街定制名店

一、安德森与谢泼德（Anderson & Sheppard）（1873年建店）

这是萨维尔街上最负盛名的一家裁缝店，客户包括各国名人。

他们的设计风格保留了比较传统的英式西装风格，多年来，虽然市场上潮流变化多端，但他们一直恪守传统，始终坚守古典风格的西装传统。价格4000英镑起，8到12周的定制周期。

笔者曾经带国内考察团访问过这家店，体验非常深刻（图11-5）。印象最深的是这家店保留了自开店以来两百多年的客户资料（图11-6）。接待者介绍，他们与每个顾客至少都会沟通三次，把每次的沟通情况记录到一个小的本子上，然后再定期整理到大的客户档案里。有时候年轻的客户可以通过这些档案找到他爷爷的爷爷当年定做衣服所留存的记录，当然客户就会非常感动。

据说，他们家的面辅料都是各大面料商为其特制的，在其他定制店无法买到一样的面辅料（图11-7、图11-8）。还有，这家定制店的量体间也设计得非常独特，不大的空间内有三面墙壁都是镜子，客户站在中间，可以很方便地观察自己每个角度的体型。

→ 图 11-5　右为安德森与谢泼德定制店的客户经理

↑ 图 11-6　柜子里的文件档案记录了两百多年来的客户档案
↙ 图 11-7　面料和纽扣等陈列
↘ 图 11-8　安德森与谢泼德的定制工作间

二、亨茨曼（H. Huntsman）（1849年建店）

这是萨维尔街上最昂贵的一家裁缝店（图11-9）。亨茨曼持有英国王室颁发的多种皇室供货许可证。在服装上有上千种款式可供选择，并且有自己专有的面料款式。每年三次巡回美国、法国。据说亨茨曼喜欢把口袋做得很浅，所以定制时务必说明自己的要求。

全定制价格：二件套4600英镑起，平均85小时制衣时间，制作周期为8到12周。

电影*King's Men*就是以这家店为背景拍摄的。

这家店的风格比较鲜明，店铺内墙上所挂的两个鹿头装饰与他们的品牌名称一致（图11-10～图11-13）。

↖ 图 11-9　右为亨茨曼的客户经理

← 图 11-10　亨茨曼的店铺装修古典朴素

→ 图 11-11　亨茨曼的客户接待体验区

↙ 图 11-12　亨茨曼的店内同样保留着有些岁月沉淀的客户档案

↘ 图 11-13　亨茨曼的裁剪工作间

三、亨利·普尔（Henry Poole）（1806年建店）

亨利·普尔是萨维尔街上的第一家裁缝店（图11-14）。拥有英国王室颁发的多种供货许可证。客户包括爱德华七世、各国王室等。亨利·普尔会定期访问欧洲各国、美国、日本、中国等地。这是第一个进入中国的萨维尔街定制品牌。

全定制会提供三次试穿，9到12周的制衣周期。

这家店同样是古典风格，所陈列的衣服并不多，但有很多纽扣、领带等服饰配件展示（图11-15~图11-18）。

↗ 图11-14 亨利·普尔店面橱窗
← 图11-15 左为亨利·普尔定制店的负责人
→ 图11-16 亨利·普尔店内场景
↙ 图11-17 亨利·普尔产品陈列
↘ 图11-18 亨利·普尔工作区

四、埃德&拉芬斯克洛夫（Ede & Ravenscroft）（1689年建店）

这是伦敦最古老的裁缝店（图11-19）。三百多年来，他们获得过几乎所有皇室成员的皇室供货许可证。埃德&拉芬斯克洛夫位于萨维尔街最南端。他们可提供上千种不同面料供客户选择（图11-20、图11-21）。英国的学士服都由这一品牌提供。

全定制提供两到三次试穿机会，价格2500英镑起，6到8周的制衣周期。

↑ 图11-19　埃德&拉芬斯克洛夫的古典风格店面

→ 图11-20　埃德&拉芬斯克洛夫的展厅

↓ 图11-21　埃德&拉芬斯克洛夫的工作间

五、君皇仕（Gieves & Hawkes）（1785年建店）

君皇仕是由两个品牌于1974年合并而成的。Gieves成立于1785年，以裁制军装闻名；Hawkes成立于1771年，专制军帽。二百多年以来，君皇仕深得英国皇室推崇，伊丽莎白二世、爱丁堡公爵和查尔斯王子都为君皇仕授予了皇室徽章（The Royal Warrents），并任命君皇仕最高荣誉和褒奖。另外，君皇仕还是英国军队的军装供货商。所有皇家护卫队制服也均统一保存在君皇仕的总店内。几年前香港利丰集团收购了这家店，并将其命名为君皇仕在我国国内推广（国内主要做成衣品牌）。

君皇仕是萨维尔街最大的店，属于萨维尔街一号，也是笔者在萨维尔街走访停留时间最长的一家店（图11-22）。

君皇仕的品牌风格保留了比较显著的英国军服风格（图11-23）。

君皇仕店内有一间历史博物馆，陈列着多年来重要的品牌文物和最经典的英国女王护卫队军服。墙上所挂的客户照片中包括各个时期的英国皇室贵族，以及皇室所赐予的勋章和信件等（图11-24、图11-25）。

← 图11-22　君皇仕的店面橱窗

→ 图11-23　君皇仕的样衣陈列

↙ 图11-24　博物馆陈列有各个时期的名人客户图片

↘ 图11-25　君皇仕店内保存的英国女王仪仗队礼服

访问期间，笔者参观了他们的全手工缝制间，并详细了解了缝制过程和工艺细节（图11-26、图11-27）。每件衣服都是全手工缝制，经过三次试穿，第一次试穿板假缝的缝份预留比较大，经过试穿后，拆开衣服对裁片加以修改。第二次试穿后，要再次把衣服拆开，精修裁片。直到第三次才是正式的缝制。

六、滕博阿瑟（Turnbull & Asser）

滕博阿瑟定制店位于萨维尔街不远的杰明街，是一家最擅长做定制衬衫的男装店（图11-28、图11-29），英国前首相丘吉尔就曾经是这家店的忠实顾客。

店内有各种款式的衬衫成衣（图11-30），价格折合人民币大概一千元左右，和国内的品牌相比不算贵了。当然定做的价格比成衣价格高很多。

↖ 图11-26　君皇仕店内裁缝的工作场景

← 图11-27　君皇仕半成品产品的细节

→ 图11-28　滕博阿瑟的店面

↙ 图11-29　滕博阿瑟的店内场景

↘ 图11-30　滕博阿瑟店内的裁缝正在修剪衬衫纸样

店内的面料花色非常丰富。他们的销售方式值得国内同行借鉴，客人每次六件起订，下单后三周内做一件给客人试穿。试穿后经过修改再次试穿，直到第一件完全满意，才会把另外五件同时做出来。

古色古香的店内除了主打产品衬衫以外，还有领带、袖扣、雨伞、拐杖等配件（图11-31）。

七、世家宝（Scabal）

世家宝是英国著名的定制面料品牌，在萨维尔街也设有高级定制店（图11-32）。

店内的装饰相对其他品牌属于比较现代的风格，一把庞大的剪刀算是品牌的标志物（图11-33），很容易让消费者记住。

世家宝的面料样本包装都非常精美（图11-34、图11-35），有些产品在国内代理那里是看不到的。

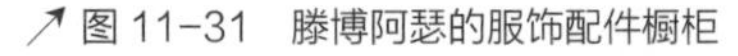

↗ 图11-31　滕博阿瑟的服饰配件橱柜
← 图11-32　世家宝店内负责人商务接待
→ 图11-33　世家宝的橱窗设计
↙ 图11-34　世家宝的各类面料样册
↘ 图11-35　世家宝的样品

八、克龙比（Crombie）（1805年）

克龙比是一家以男士大衣为主的定制品牌，1805年建店，距今也有两百多年的历史了（图11-36~图11-38）。店内有丘吉尔在内的众多名人照片，这些名人当年都曾是光顾克龙比店铺的常客。

笔者在店内试穿过他们的男士毛呢大衣，板型非常经典（图11-39）。据老板介绍，几年前香港利丰集团也曾经希望收购他们的品牌，但是最后没有达成。

↖ 图11-36　克龙比店面
← 图11-37　丘吉尔等历史名人都是克龙比的客户
↙ 图11-38　克龙比的西装样衣展示
↘ 图11-39　经典的克龙比大衣款式

九、史陶尔斯（Stowers）

这是在萨维尔街最年轻的一家定制品牌，只有二十多年的历史，据说创始人之前是滕博阿瑟品牌技术最好的师傅，后来出来自己开了这家店。通过其品牌商标就能感受到他们的风格偏向于现代（图11-40）。

很凑巧，我们在店内遇到了老板，他对于开发中国的市场很有热情，表示出了很大的合作诚意。令笔者印象很深的事情是，我们碰到他时，他刚刚运动回来，见到我们后先说对不起，需要先换衣服，等他换好衣服出来，整个形象与之前截然不同（图11-41）。可见服装礼仪在他们看来非常重要。

↑ 图 11-40　史陶尔斯的店面标牌

↓ 图 11-41　左为史陶尔斯的创始人

据店内的接待介绍，他们是萨维尔街最具创新意识的定制店，除了板型新潮以外，他们还尝试使用包括真皮在内的各种材料（图11-42~图11-44）。

通过图11-45中的人物可以看到，包括板师在内的所有师傅都是比较年轻的。

↑ 图 11-42　史陶尔斯的样衣陈列
→ 图 11-43　史陶尔斯的工作间
↓ 图 11-44　史陶尔斯的产品陈列

↑ 图 11-45 史陶尔斯店内的裁剪工作间

十、萨维尔街定制名店考察感想

在走访萨维尔街和意大利一些高级定制店的过程中，笔者对工匠精神有了深刻的解读。工匠精神是一种态度，也是一种文化内涵，不一定是非要强调纯手工艺，本质上，工匠精神是对品质的一种精益求精以及对客户个性化需求的尊重和专注。

当今中国服装产业定制化转型的热潮一浪高过一浪，而要想在这场深刻而伟大的变革中获得成功，除了技术创新以外，更需要学习深厚的西装文化与精益求精的服务意识。只有突破了贪大求量的旧有意识，彻底抛弃低水平的同质化竞争，才能真正重视品质和服务，中国的定制事业也才能发展起来。

此外，中国的市场潜力巨大，中国的产业基础也远超西方国家，只要我们坚持不懈地努力，总有一天会走在世界定制行业的前列。

第十二章

服装定制的市场营销

GARMENT CUSTOMIZATION MARKETING

LIBRA
FEES
COSTS

第一节 服装定制的营销方式

近年来服装定制在我国得到快速发展，短短几年来，大大小小的服装定制店、定制会所开遍大江南北。如何更好、更快地推进服装定制的发展，除了研究与此相关的技术和产品以外，服装定制营销也非常重要。如何建立更好的营销模式、掌握更好的销售方法，对于加快服装定制尤其重要。结合近年来的不断探索尝试，以及对跨界营销的学习，笔者总结了以下营销方式供定制行业的同仁参考借鉴。

一、店铺类型

定制店的作用主要有三个方面：获客、体验和服务。按照定位不同，定制店分为旗舰店、社区店、会所店、工作室等不同的形式。

1. 旗舰店

旗舰店一般选择位置较好的商业地段，除了获客、体验和服务以外，还兼具品牌示范的作用，一般投资较大，装修豪华、功能齐全（图12-1）。一个较理想的旗舰店至少要有120平方米以上的面积，店铺布局分为橱窗展示区、成品陈列区、面料展示区、量体区、会谈区等，室内需要色调统一、主题明确，尤其是灯光很重要（图12-2、图12-3）。店内需要的道具包括服装展示人体模型、衣架、展示台等，还需有与之配套的咖啡机、茶具等。根据品牌的定位不同，装修风格可以分为古典型、现代简约型、中西合璧型、欧式经典型等。

作为主打定制的店铺，需要在店面布局和细节方面体现出定制的特色，如通过橱窗展示体现出本店的产品风格；通过解剖样

↖ 图12-1　旗舰店外观
← 图12-2　旗舰店店内布局
↙ 图12-3　旗舰店产品陈列展示区

衣展示体现不同的板型与工艺细节；通过提供多种可选面料突出定制的丰富性。另外还可以提供更多的领带、皮鞋、皮包等配饰，为客户提供一体化的服务。

作为定制店不同于传统的成衣店，定制店需要以客户为中心（图12-4），在展示产品的基础上，更多地为客户提供全面的服务，包括更好的试衣间、化妆间、量体间等，需要营造一种良好的氛围，让客户能够愿意坐下来，慢慢交流。有条件的定制店可以选择3D人体扫描、试衣魔镜等科技产品作为辅助服务。与传统的定制店不同，云衣定制的体验店内还有上网专区，客户可以通过计算机查询各类款式和面料。整个下单过程也是通过互联网完成（图12-5）。

2. 社区店

社区型的定制店不需要太大，也不需要太多功能，主要以服务为主，兼顾展示少量较有代表性的衣服。社区型的体验店主要选在高端社区附近，为社区的人群提供服务，由于距离消费者较近，对于消费者来说比较方便，也很容易获取信任。

3. 会所店

会所店与工作室不是靠自然人流获客，而是通过熟人介绍或者互联网导流等方式，其优势是租金便宜，可以租较大面积，通过布置让客户获得更好的体验。

↑ 图12-4　意大利定制店服务

← 图12-5　云衣定制互联网平台

二、店铺营销

定制店的销售除了靠自然人流，也可以结合其他各类营销方式，如经常组织各类活动，并通过良好的服务建立口碑，逐步建立自己的粉丝群体。

定制店需要丰富自己的产品类型，除了定制衣服，还可以搭配与之相匹配的皮鞋、领带、丝巾等，以产生连带销售。对于资源不足的定制店，可以加盟定制平台，如云衣定制，该平台上有几十个定制品牌，产品品类几千种，可极大丰富店铺的产品类型，以满足不同类型客户的需求。

1. 上门服务

部分客户因为比较忙或者其他原因，不方便到店定制时可以选择上门服务（图12-6）。目前提供上门服务的定制品牌很多，包括报喜鸟、衣邦人、量品、云衣定制等。与到店服务相比，上门服务无法携带更多样品，只能针对性地带部分面料样品和服装样品。所以提供上门服务之前，与客户的沟通非常重要。准确了解客户的需求和大致体型，才能有针对性地带更加适合客户的样品。

上门服务如果到客户家里，有一个比较好的优势，就是可以通过让客户穿自己之前比较满意的衣服，来准确地了解客户的穿衣习惯和需求，这样就不一定需要带很多号服。

上门服务的另外一个好处是，不管是到客户家还是到对方工作地，都比较容易产生连带销售。客户的家人、邻居、同事、朋友等都可以顺便成为销售对象。如果结合一定的返佣利益或者积分制度，很容易让客户带来更多的客户，生意就会越做越大。

↑ 图12-6　量体服务
↓ 图12-7　获得精准客户的异业联盟

2. 建立商务拓展合作与异业联盟

（1）通过与其他相关组织进行业务合作，也是开展定制业务的重要方式，如与银行、商会、高尔夫俱乐部、豪车俱乐部、游艇俱乐部、红酒会所、养生会所等建立合作关系，给其会员提供一定的赠品或者优惠，也可以联合组织各类活动，逐步扩大自己的客户数量。此外，可定期与合作机构联合举办形象设计沙龙或者讲座，通过专业的讲解、现场提供搭配服务等让客户在学习交流的过程中定制属于自己的衣服。另外在各类企业和团体机构的年终活动中，也可以提供抽奖券等形式，获得更多的精准客户。

（2）异业联盟是一种不同行业之间的联合，针对共同的客户，提供多样化的产品和服务，以满足客户的多种需求（图12-7）。服装定制最常见的异业联盟包括与婚纱影楼合作开展婚礼服装定制，以及与洗衣店和改衣店合作推广定制服务等。

3. 众筹和团购

（1）众筹的类型包括产品众筹、股权众筹、产品+股权众筹等不同形式。定制产品的众筹主要是主推少量的热销款，通过批量降低成本和价格，形成一定的竞争力，让更多客户尝试定制服务。股权众筹是让更多人参与到定制经营中，集众人的力量，共同把定制事业做大。产品+股权的众筹方式，则可以让更多有定制需求的人加入销售队伍，获得更大的市场影响力。如云衣定制曾经通过产品+股权的众筹方式，达到过一周筹集98万众筹金的记录。

（2）团购是面向团体的定制服务，既可以是统一的款式，也可以是不同的款式。团购是形成批量定制的最有效方式。当今很多企事业单位都需要统一服装，形成自己的独特形象。

4. 新媒体营销

当今互联网的作用越来越大，各行各业都在利用互联网进行营销。通过互联网，尤其是移动互联网，可以实现低成本传播，让更多的人群了解你、发现你。近年来，服装定制领域中也有不少品牌通过新媒体运营获得了快速成长，比如码尚（MatchU）轻定制通过微信、今日头条等新媒体的推广，获得了快速成长。

互联网营销的方式有很多种（图12-8），包括搜索、广告、微博、微信、今日头条、抖音等。目前品牌最常用的是微信营销，通过微信朋友圈、各类社群可以发布自己的新产品、新服务以及活动信息等，也可以建立自己的公众账号，通过公众账号经常发布一些流行信息、西装文化等，可以影响更多的人了解品牌的服务。现在还比较流行直播，也可以定期通过直播讲解各类专业知识或流行资讯，再通过微信和微博进行扩散推广，让更多的潜在客户通过专业分享找到品牌，形成长期的依赖。

有条件的公司也可以开发自己的移动APP或小程序，通过互联网数据库对自己的客户数据进行有效管理（图12-9）。

← 图12-8　新媒体构成

→ 图12-9　博克科技为定制品牌提供的半定制系统

第二节 销售人员的能力提升

销售能力是通向成功之路的必备能力（图12-10），许多工商巨子和80%的企业经营者来自销售队伍，因为两种角色有共同的特质——永不言败，自我激励，鼓励创新，重视客户。

↑ 图12-10　销售能力是通向成功的必备能力

↓ 图12-11　Ask销售模型

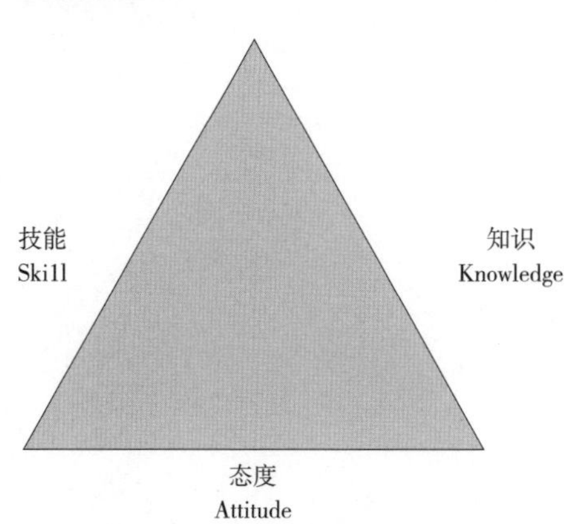

一、成功销售人员必备能力

（1）建立自信，自信是获得销售成功的前提。

（2）持之以恒，通过不断学习和经验积累，获得成长进步。

（3）充满热情，感染客户。热情礼貌是销售人员的基本素质。

（4）言而有信，让人信赖。营销就是建立信任，只有客户信任，才能获得交易。

（5）善于聆听与发问，听和问是了解客户需求的最重要方式。

（6）灵活应变，找到关键。不同类型的客户需要不同的方法和措施。

（7）随和的性格，广结人缘。广交朋友，善交朋友，广泛的人脉带来更多的业绩。

（8）良好形象与个性魅力，销售人员就是品牌的代言人。

（9）努力成长为产品与行业的专家。成为专家，就能获得客户的认可。

（10）温和地消除对抗情绪。嫌货才是买货人，不要将对抗者拒之门外。

（11）善用时间和机会，抓住一切机会产生销售。

（12）抓住重点，区别对待，二八定律是这个世界上最普遍的真理，20%的人掌握了80%的财富，20%的客户带来80%的交易。

（13）以退为进，步步为营，有时候暂时的撤退是为了更好的进攻。

（14）避免陈词，勇创新意。创新是销售的永恒话题。

（15）适时提出要求。敢于提出成交要求，才有成交机会。

二、关于销售人员的ASK模型（图12-11）

1. 态度（Attitude）

（1）态度决定一切，销售业绩既取决于拜访客户的效果，也取决于与客户在一起的时间。

（2）寻求发展的态度，主动学习多方面的知识，集中全力，制定长远目标。

（3）销售拜访时的态度不仅要自信，还要乐于帮助客户，从而建立一种信任关系。

（4）双赢的态度，双赢即为各自得到所需，是长久合作的基础。

2. 知识（Knowledge）

作为一名销售人员应该掌握哪些专业知识?

（1）服装品类文化知识；

（2）形象设计美学知识；

（3）量体服务专业知识；

（4）服装保养礼仪知识。

3. 技能（Skill）

良好的技能令销售人员更具效率，一名优秀的销售人员应当具备的技能，包括观察力、吸引力、沟通力、说服力、想象力、应变力、满意力等（图12-12）。

三、关于销售的重要观念

（1）销售就是找到客户的真正需求，并帮助客户以最合理的方法获得需求。

（2）销售人员需要强化客户需求，并帮助客户做出选择。

（3）聆听与发问是获取客户需要的最佳方式。

（4）销售商品之前首先要推销自我。

（5）以交朋友的心态来销售会事半功倍。

（6）产品价值塑造是关键，销售中对产品的介绍，重点是将产品的特点与客户的需求结合起来。

（7）利润 = 销售金额 × 利润率 × 购买人数 × 购买次数。

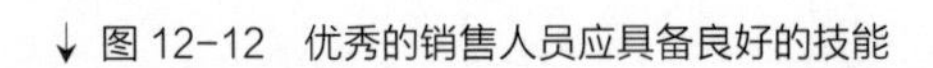

↓ 图 12-12　优秀的销售人员应具备良好的技能

四、如何接待不同类型的顾客

不同的顾客性格特点不同，消费习惯也不一样。

1. 男女客户的购买心理

（1）女性：大部分女性购买具主动性，购买心理不稳定，易受外界干扰，注重外观、质量、价格，愿意接受建议。

（2）男性：大部分男性购买具冲动性，理智较强，目的明确，讨厌长篇的介绍，希望快速交易，注重效率，缺乏耐心。

2. 常见顾客类型

根据性格与特点的不同，常见客户可以分为四种类型（图12-13），分别是猫头鹰型、孔雀型、老鹰型和鸽子型，各自的特点如下。

（1）猫头鹰型（分析型客户）。代表职业：律师、教师。

①常见表现：

语音语调，语速不快，音量不大，音调无变化。

肢体语言，面无表情，不喜欢表现。

②顾客心理分析：

性格，孤僻，决策很慢。

需求，守旧，力求准确。

③销售应对技巧：

产品介绍，介绍产品需谨慎，不可草率；适度称赞，建立彼此友善的关系；让顾客了解利益所在，以获得对方理性的支持。

疑问解答，耐心细致解答，用事实说话。

促成，引发客户对商品的认可、产生兴趣后，主动出击；用事实说话，用产品的优势打动顾客，得到顾客的认可。

（2）孔雀型（表现型客户）。代表职业：主持人、活动策划者。

①常见表现：

语音语调，语速较快，抑扬顿挫。

肢体语言，表情丰富，易交往。

→图 12-13　常见顾客类型

②顾客心理分析：

性格，爽快、果断，但以个人为中心，凭感觉作判断。

需求，被认可、被关注，新鲜刺激。

③销售应对技巧：

产品介绍，适当夸张炫耀，多让顾客说话，可通过唠家常使关系密切起来。

疑问解答，体察顾客感情，不必解答问题。

促成，多称赞，多建议，鼓励成交。

（3）鸽子型（平和型客户）。代表职业：行政人员、技术员。

①常见表现：

语音语调，语速平稳，音量适中。

肢体语言，从容、安静，善于倾听。

②顾客心理分析：

性格，友好，镇静，决策较慢。

需求，按部就班，一定的感情，信任，稳定性。

③销售应对技巧：

产品介绍，亲切、诚心相待，争取良好的第一印象；声音要温和，不急不躁。

疑问解答，探寻需求，试探性询问，产品介绍有的放矢。

促成，被拒绝时，态度要好，并表示愿意随时提供帮助，让顾客感觉你所做的一切都是为了他。

（4）老鹰型（领导型客户）。代表职业：老板、高管、单位干部。

①常见表现：

语音语调，音量较大，说话速度快，喜欢质问。

肢体语言，面部表情严肃。

②顾客心理分析：

性格，果断、爽快，以任务和事实为中心。

需求，领导别人，时间第一，效率高。

③销售应对技巧：

产品介绍，迎接顾客，保持微笑、热情招呼；探寻需求，开门见山；产品介绍，直截了当，突出产品的档次，体现身份。

疑问解答，简洁明了，体现专业。

促成，征求意见，让其做主。

五、不同消费群体购买关注点分析

1. 爱美心理

以白领、年轻女性为主，在购买产品时，这类群体不以实际价值为主旨，而重视品位与个性，强调款式，流行时尚，“以美丽为中心”，不会过多地计较价格、质量、性能、服务等。但其从众心理较重，喜爱关注周围的事物与环境，存在模仿心理，容易接受他人的建议。

2. 爱名心理

以高管、老板为主，这类群体更加重视品牌消费，希望通过名牌提升本身的名望，表现出和其他人的不一样，对名牌有安全感和信赖感。

3. 爱新心理

时尚男士、青少年为主，这类群体非常重视流行的款式和颜色，追逐新潮，对价格是否合理、质量是否有保障不太考虑，关注的“核心”是时尚和个性。

4. 爱廉心理

低收入者，这类群体选购产品时，最重视价格，关注“处理品”“特价品”，不重视款式细节，性价比是追求的核心。

5. 爱旧心理

老年人，这类群体通常“留恋过去”，根据自己的生活习惯和爱好来判断购买准则，有持续性和经常性特色，要说服他们改变穿衣习惯很难。

定制服装可以高度满足以上五种客户的需求，按客户所需定制，从风格、款式、板型、数据等全方位为客户打造完美形象。现在商场内的品牌店均以某个品类、某个风格定位，一个品牌仅仅只能服务相对应的小部分客户。定制市场正在蔓延展开，日后成熟的服装定制平台一定是包罗万象的，我们可以展望一下，未来的服装定制平台将集成与形象有关的所有产品，包括衣服、鞋帽、配饰、发型、妆容服务等，提供一站式形象打造生活馆。

六、FAB销售技巧

F——特性（Features）：指产品的特性，销售时可以给顾客介绍有关商品本身所具有的特质。

A——优点（Advantages）：指产品特性带来的优点。

B——好处（Benefits）：指当顾客使用产品时所得到的好处；这些好处是源自产品特性、引发到穿戴时所带来的优点，目的是使顾客使用体验佳。

定制产品的FAB销售法则举例如下所示。

1. 西服

F（特性）：面料采用意大利进口100%纯羊毛面料，质地薄，呢面光滑，纹路清晰，采用高级定制工艺——半毛衬，西服驳头、胸部里衬均使用进口高档黑炭衬、马尾衬。

A（优点）：100%纯羊毛面料使西服身骨挺括，面料光泽自然柔和，手感柔软而富有弹性，紧握面料后松开，基本无皱褶。半毛衬工艺使用特等的马尾衬，富有弹性，驳头自然里翻，领子更加顺贴，前胸挺括，立体感强。

B（好处）：进口纯羊毛面料手感好，光泽柔和且保暖性好，采用高档半毛衬工艺，穿着舒适、永不变形，领子、胸部立体感强，易打理，立体感效果非常好。

2. 衬衫

F（特性）：面料采用国内外口碑最好的面料品牌，采用长绒棉，因为其品质优良被世人称为棉中极品。同时确保一人一板定制，注重板型、工艺、细节。

A（优点）：纯棉衬衫手感柔和、轻薄柔软，色泽清晰，透气性好。一人一板工艺确保每一个定制细节更细致、更合身，免烫工艺可达到水洗30次后，服装依然平整如新。

B（好处）：纯棉衬衫上身亲肤细腻，让人穿着非常舒适，吸汗透气性好，利于健康。免烫衬衫便于打理，不用熨烫，洗后悬挂便平整如新，省时的同时又处处体现精英、绅士气质。

3. T恤

F（特性）：丝光棉T恤采用长绒棉原料，经精纺、烧毛、丝光等多道工序制成，具有原棉天然的特性，还具有丝一般的触感。最讲究的细节体现在辅料上，每一件T恤都用英国高士线和进口纽扣缝制，且每一个扣子都进行了手工绕脚。

A（优点）：丝光棉不仅具有棉的舒适度，还有丝般的触感。高等辅料让整个产品本身更具品质感，绕脚工艺更立体、更美观，且再也不用担心掉扣了。

B（好处）：丝光棉T恤上身清凉透气，并柔软抗皱，即使在炎热的夏天也能让人感觉到清凉舒适。

很多时候，销售人员无法全方位的介绍产品，基本上是客户问一句答一句，完全被客户牵着鼻子走，客户问完也就不了了之，因为除了他想了解的信息，销售人员没有介绍到其他亮点，吸引其下单购买。如果能熟练地使用FAB法则，将产品的全方位信息都熟记于心，方能在沟通的过程中用专业的态度赢得客户的信任，并促成交易。

七、被拒绝时的处理态度和方法

（1）被拒绝是工作的一部分（图12-14）。

（2）眼光放在长远之处。

（3）对痛苦有所理解。

（4）了解客户为什么拒绝。

（5）将你的本身跟工作角色分开。

（6）将拒绝视为两个人在某一时间的互动行为而已。

（7）将拒绝视为无价的教训。

（8）看看自己的成就。

↓ 图12-14 被拒绝是销售工作的一部分

（9）让身心休息一下。

（10）了解成功的百分比。

（11）跟同事朋友分享自己的感觉。

（12）了解这一行的景气循环。

（13）努力迎接下一波的销售高潮。

（14）找专家协助。

八、成交与连带销售

在介绍产品过程中，当顾客表现出以下成交信号时，就要果断提出成交要求（图12-15）。

（1）客户询问价格的细节。

（2）客户不断认同。

（3）解决客户疑问。

（4）客户兴趣浓厚。

（5）客户询问交货日期。

（6）客户调整姿势。

成交要求的提出可以以较为委婉的形式。比如说，为了不耽误您使用，今天尽快下单吧；也可以说，看来这个是最适合您的产品了，就选这个好了。

如果不能立即成交，需要告诉客户，今天先把数据帮您量好保存起来，日后确定好了，可以随时联系。

连带销售是指在客户购买了一个商品时，通过专业的搭配设计，让客户购买更多的商品。

在服装定制中，我们可以根据客户的职业、身份、体型、肤色等各种因素，为客户提出搭配建议。比如，可以建议购买套装的客户多加一条裤子，以便经常替换；也可以推荐相配的衬衫和领带，甚至皮鞋和手包等；对于购买单件西装的客户，可以推荐配套的裤子；在量体中，如果发现客户的脚型比较异常，也可以推荐皮鞋定制；节假日如果做促销活动，可以建议客户多定制几

↓ 图12-15 在沟通中积极促成合作

件轮换着穿，也可以顺便帮家人定制。服务人员还可以利用服装保养的有关知识，推荐客户购买更多的服装，如可以告诉客户频繁地穿同一套西装不利于西装的保养，建议多定几套轮换着穿，最好让衣服穿一天休息两天，这样才能保证西装不会变形，让衣服获得更长的使用寿命。

要实现良好的连带销售，掌握服装搭配和形象设计的基本技能是关键。只有通过不断学习（图12-16），并加以实操练习，才能够不断提升自己的美学素养和销售能力。

九、专业服务与客户维护

服装定制的销售与专业服务是密不可分的，销售的效果既取决于销售的技巧和态度，也取决于服务的专业度。

一般接待定制客户需要完成八个步骤：客户接待、了解客户需求、介绍面料和产品、款式设计、量体、号服试衣或者半成品试衣、成衣交付、回访客户，具体请参考第十章量体与服务。

销售人员需要掌握的专业知识包括：

（1）服装品类、板型、工艺以及面料等产品知识；

（2）服装礼仪、文化、风俗习惯等知识；

（3）服装保养维护知识；

（4）服装色彩与搭配等美学知识；

（5）量体与服务技能；

（6）行业知识等。

这些专业知识大部分本书都有涉及，与这些知识相关的图书资料也非常丰富，从业者需要多积累。除了从已有的书籍资料中吸取知识的营养外，服装定制是一个高度实践性的工作，从业者只有通过实践才能加深理解，获得属于自己的经验。在从知识到经验的转化过程中，实践是必不可少的环节。

← 图12-16　云衣定制会定期提供形象设计、服饰搭配、量体服务等专业培训

第三节 服装定制会员管理

服装定制一般采取会员制度，有效的会员维护与管理是实现长期发展的重要方式（图12-17）。定制店建立必要的会员制度和服务准则，也是企业经营的一部分。

一、会员制度的建立

定制店的会员制度并没有参考的标准，一般根据各地的行情和环境有针对性地制定即可。制定会员制度的基本原则是为了更好地服务客户，让客户形成多次消费。

1. 会员制度的形式

一般采用的形式包括免费入会与付费入会两种，通过互联网方式一般是免费注册即入会，享受统一的会员服务标准，由于互联网的便利性和边际成本低，发展会员的速度一般比较快。付费会员一般是针对少数重点客户，有一定消费门槛，如充值两万元成为会员，可以享受更优惠的价格或者额外的赠送。充值是锁定用户的一种方式，不过如果后期服务不到位，也会引起客户的投诉。

也有的商业项目采取熟人介绍成为会员的方式，通过这种方式，对会员形成一种信任感和稀缺性。这种方式一般是给予介绍人和被介绍人一定的激励，如分别赠送礼品或代金券等，本质上是一种分销方式。

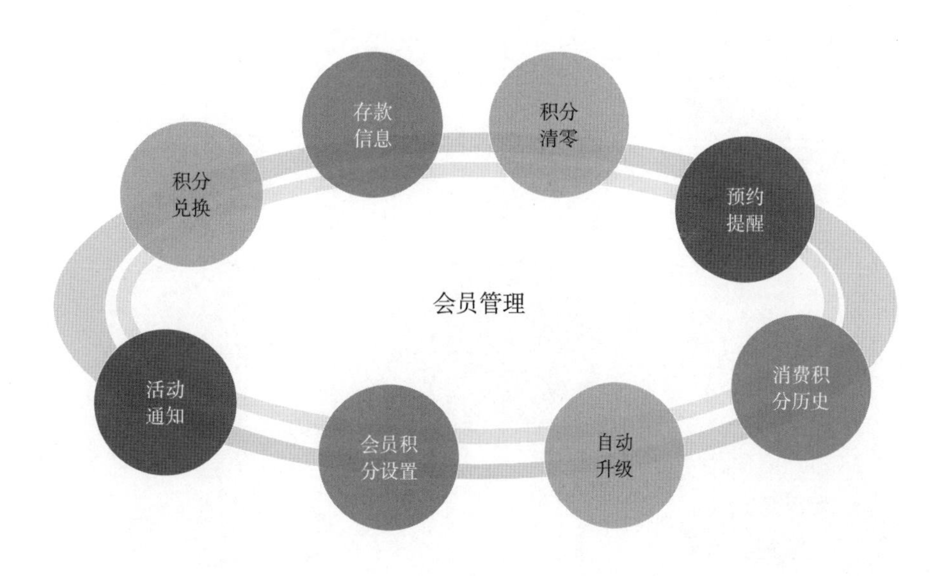

→图12-17　会员管理

2. 会员制度的核心任务

会员制度的核心是为重要客户创造更多的价值，而不是仅仅为了区分客户。如图12-18所示，会员真正获得价值等于会员价值减去会员成本。会员价值包括产品价值、服务价值、个人价值以及形象价值等，增加产品价值一般意味着增加企业的成本，而增加服务价值、个人价值和形象价值，不一定要增加经营成本，通过提升服务人员的专业水平即可实现。对于会员成本来说，降低金钱成本意味着企业获利能力的降低，而通过给客户减少时间成本、精力成本以及心理成本，却可以在没有降低企业利润的基础上，让客户降低了成本，所以研究如何给客户带来方便性和信任感是关键（图12-19）。

二、优良的会员服务理念

1. 良好的服务理念对于会员价值的提升至关重要

下面列举的只是一部分服务理念。

（1）优良的服务就是产品，有形产品只是我们提供服务的载体。

（2）服务是一种具有美好境界的创造活动。

（3）让我们的会员成为回头客才算是成功。

（4）我们的收入来自会员，会员是我们的“衣食父母”。

（5）会员不是慈善家，会员需要我们提供舒适完美的服务。

（6）会员抱怨时，是会员为我们创造提供优质服务的机会。

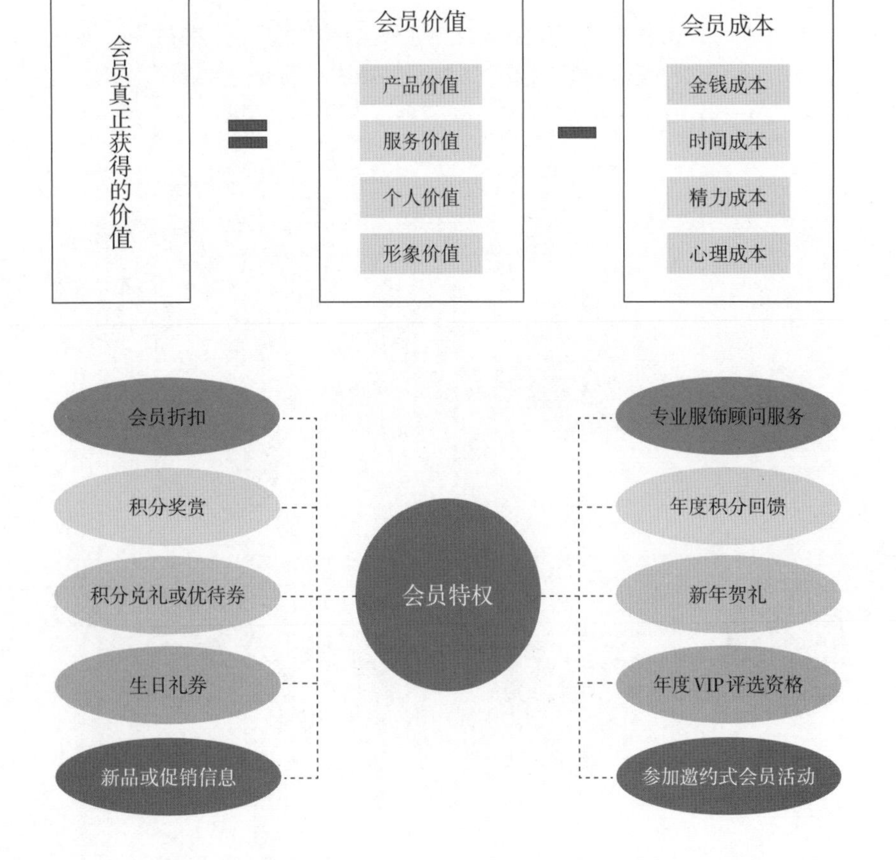

↑ 图12-18 会员获得的真正价值

↓ 图12-19 通过会员特权提升会员价值的常见方法

（7）我们提供服务的基本依据是会员的需求。

（8）客户满意只是基本，客户感动才是目标。

（9）客户购买我们的产品是对我们的一种信任，我们千万不能辜负客户的信任。

（10）客户在这里定制衣服，不仅仅是需要一件衣服，更重要的是体验一种尊贵和愉悦。

2. 研究客户需要对于培养优良的服务理念至关重要

下面是客户的需求等级。

一级是生理需要：衣服的三个基本生理功能是遮体、御寒、防护，舒适也是基本需求生理之一。

二级是安全需要：能接受的成本，获得基本的认知和信任，材料天然，没有副作用。

三级是归属感需求：偏好，养成了购买习惯，形成了固有关系，找到了爱的感觉。

四级是尊重需求：定制的服装体现客户的身份，获得尊重和赞美，比普通的成衣品牌更容易让客户获得形象的认可和肯定。

五级是自我实现需求：完美的定制服装帮助客户实现个人理想和对美的追求，能帮助客户获得良好的社会形象。

三、开发定制会员的工具和方法

1. 线上开发定制会员的常用工具

通过各类资源、工具吸纳粉丝进而发展成会员的途径主要有以下几种（图12-20）。

加入各类微信群或QQ群，添加符合条件的群友为好友。

定期在朋友圈分享与定制有关的图片和文字，让更多人能够发现自己。

在各类群里多分享有关定制的内容，吸引意向客户。

通过企业QQ或微信管理所有的粉丝，定期推送相关内容。

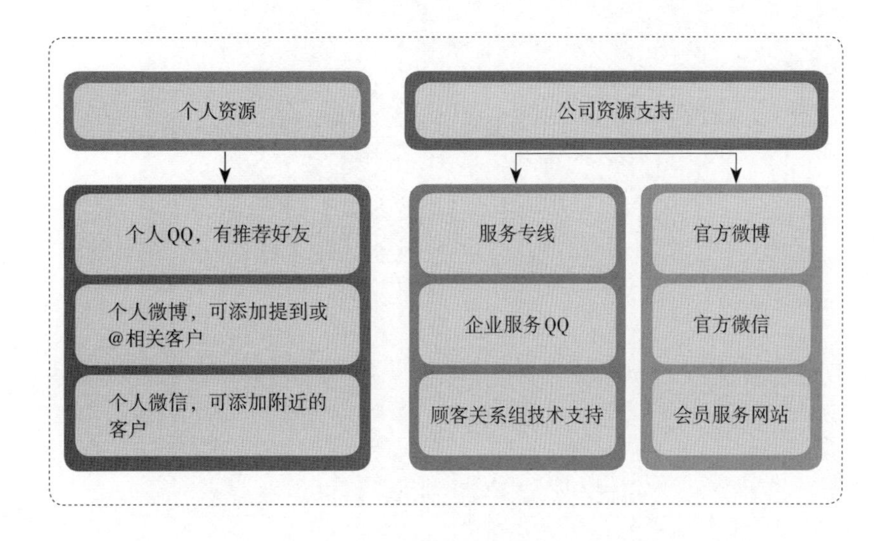

→ 图12-20　开发定制会员的资源

在各类平台经常发布与定制有关的软文，扩大品牌知名度。

对官网加以优化或竞价排名，让客户更容易找到我们。

在各大平台多发布与定制有关的图片和文字。

利用新媒体采集各类意向客户数据，通过大数据营销覆盖更多人群（目前各类互联网营销的图书及视频教学非常多，建议大家多看相关的图书或视频教学）。

2. 线下发展定制会员的主要方法

（1）自动上门的顾客。想让顾客消费就要先读懂顾客的心理和喜好，并利用自己的专业知识为顾客提供建议，做好针对性的销售。只有顾客第一次买到自己称心的衣服，下次才会再来。

（2）老会员的同伴。将老会员的同伴介绍成为会员，建议新加入的会员填写有关资料。

加强口碑传播，鼓励老会员成为“广告代言人”，引导他们分享服务的体验。

以充值送券或者赠送饰品等方式吸引客户加入会员。

（3）商家联盟的顾客。留意街上的男士周边产品连锁店及其他商业组织等，如高端男士理容店、跑车俱乐部和高尔夫俱乐部等，他们的会员就是我们的目标会员。

可以主动与结盟商家签订合同，相互享有会员福利。并通过联合举办酒会、答谢会等邀约式活动，共享会员（图12-21）。

← 图 12-21　发展线下会员

（4）活动招募的顾客。在高端会议现场派发名片，积极主动添加客户微信，经营社群。

店内举办邀约类活动时，可向被吸引而来的非会员散客展示公司实力和品牌影响力。

四、会员的分类与维护

1. 顾客的分类及消费特征

按照顾客不同的类型，可以将其分为潜在顾客、顾客、普通会员、主要会员和重要会员。

潜在顾客：对定制服装有兴趣的人。

顾客：购买过一次及以上的人。

普通会员：认可定制，愿意多次消费的人。

主要会员：不定期定制，多次消费的人。

重要会员：忠实顾客，经常介绍新客户的人。

如图12-22所示，会员维护就是把潜在顾客变成顾客，把顾客变成普通会员，把普通会员变成主要会员或者重要会员的过程。与现有的会员做生意，成本只有开发新会员的1/5~1/8，多留住5%的现有会员，可提高85%的获利率。

如表12-1所示，不同会员类型的消费特征、消费时间和消费能力都不同。重点会员属于超前消费，消费能力强，可以把最新引入的高端产品推荐给他们。主要会员属于功能型消费，消费能力中等，宜适合推荐主流的产品。普通会员一般考虑消费的性价比，支付能力较弱，宜推荐性价比高的产品（建议以国产面料为主的产品）。

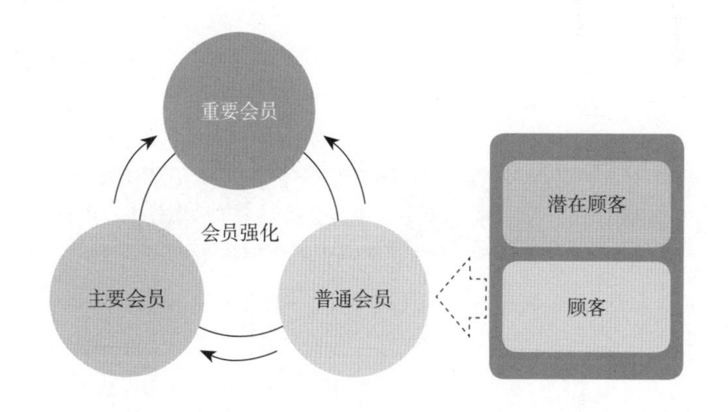

→图12-22　会员的分类与转化

表12-1　会员的分类与消费特征

会员分类	消费特征	消费时间	消费能力
重点会员	超前消费	产品引入期/成长期	强
主要会员	功能型消费	产品成长期/成熟期	中等
普通会员	性价比消费	产品成熟期/衰退期	弱

2. 会员维护方法

常见的会员维护方式包括会员回访、邀约式活动、数据支持、信息管理、总部活动、会员回馈等多种方式，一般可以考虑在节假日多做活动，客户生日也可以有针对性的回馈促销。常见的会员邀约活动包括图12-23所示的各种方式。

邀约活动可以实行店长负责制，量体师、形象设计师、客户专员等分工合作。活动的基本流程如图12-24所示，分为筹备、接待、互动等环节。

不同等级的会员维护技巧参考图12-25所示。

服饰顾问的专业能力
生日会
新品鉴赏会
答谢会
亲子日
爱心日
课程分享
下午茶
服饰专场
会员邀约活动
对会员需求的精准把握

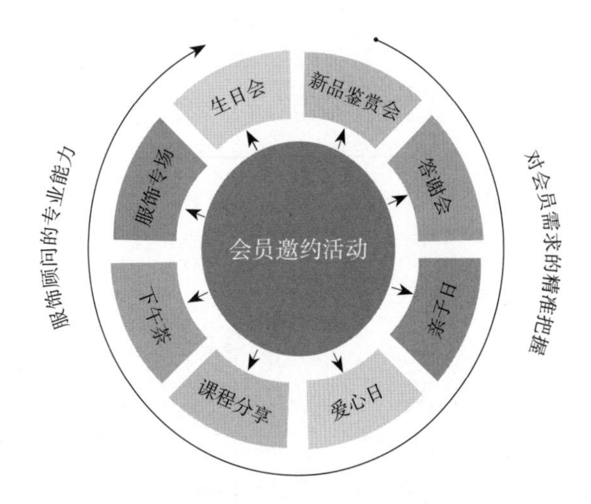

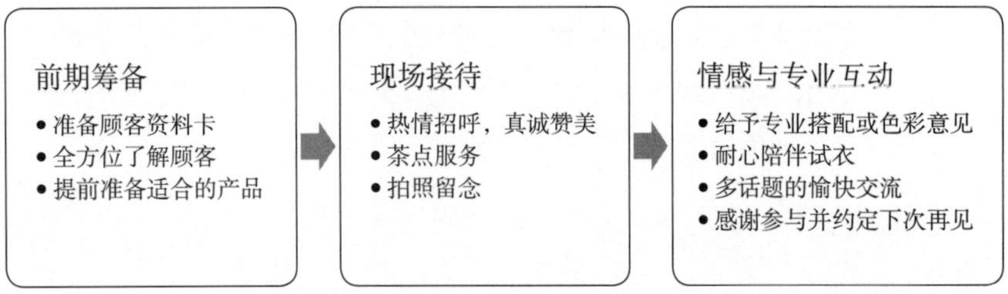

前期筹备
• 准备顾客资料卡
• 全方位了解顾客
• 提前准备适合的产品
现场接待
• 热情招呼，真诚赞美
• 茶点服务
• 拍照留念
情感与专业互动
• 给予专业搭配或色彩意见
• 耐心陪伴试衣
• 多话题的愉快交流
• 感谢参与并约定下次再见

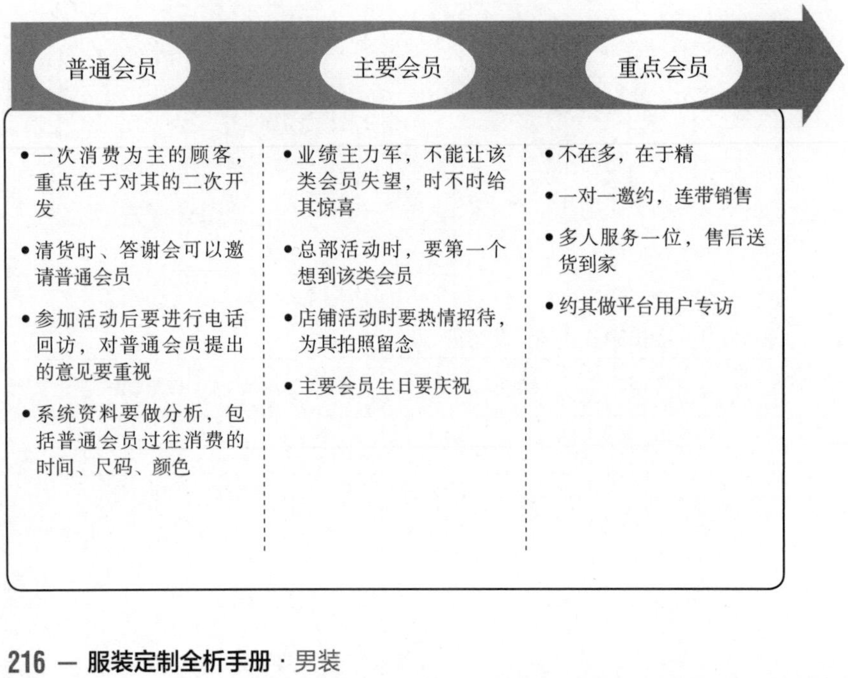

普通会员
• 一次消费为主的顾客，重点在于对其的二次开发
• 清货时、答谢会可以邀请普通会员
• 参加活动后要进行电话回访，对普通会员提出的意见要重视
• 系统资料要做分析，包括普通会员过往消费的时间、尺码、颜色
主要会员
• 业绩主力军，不能让该类会员失望，时不时给其惊喜
• 总部活动时，要第一个想到该类会员
• 店铺活动时要热情招待，为其拍照留念
• 主要会员生日要庆祝
重点会员
• 不在多，在于精
• 一对一邀约，连带销售
• 多人服务一位，售后送货到家
• 约其做平台用户专访

↑ 图12-23　会员邀约活动
← 图12-24　邀约活动流程
↓ 图12-25　会员维护技巧

五、会员维护的基本要求与案例

1. 服务人员要做到良好的会员维护

（1）会员的开发与维护就是一门沟通的艺术，人与人的真实情感互动，讲究用心、用情、用脑去读用户、懂用户、爱用户（图12-26）。

（2）了解并热爱自己所服务的品牌文化，并能感染顾客、打动顾客。

（3）拥有丰富的个人资源并恰好地利用上，能为销售人员带来越来越多的忠实顾客和持续不断的业绩。

（4）消费金额不足时，是考验销售人员连带销售技巧的好时机，需要用心把握住。

（5）不要害怕面对面赞美顾客，赞美贵在贴心，让人如沐春风。

（6）满足顾客在知识、能力、判断力上的“虚荣心”。

（7）适时送给顾客一份小礼物，也会让其感动不已，销售人员的善良、体贴、热情会留给顾客无限美好的记忆……

2. 正面的维护案例

（1）关心每一位顾客，要真正地和顾客做朋友。让顾客感动，也是维系顾客的核心。

如早晨顾客到店没吃早餐，销售服务人员可以请顾客吃早餐；如果顾客买了很多东西，一个人提不方便，销售服务人员可以主动、热情地帮其送货上门。

→ 图 12-26　为会员提供增值服务

（2）让顾客钟情于品牌和店铺而非服务人员。店长要求所有服务人员必须熟悉每一位熟客，让每位顾客进门都有宾至如归的感觉。导购们也要将自己的熟客介绍给所有服务人员认识，让顾客无论何时来到店铺都感觉很亲切，这样顾客就不会因为专注于某个导购，因正巧她没在而流失销售。

3. 反面的维护案例

顾客：明明是你们做的衣服有问题，我就是要退货，不行找你们领导来。

店员：我们领导很忙，不可能你说让她过来就来啊。

顾客：你们当时承诺说周期10天的，现在都11天了，说到又做不到。

店员：遇到特殊问题很正常，不就耽误了一天。

顾客：你们的款式太少了，都无法好好选。

店员：这是你不专业，你不懂西服，定制的款式本来就不多。

第十三章

服装科技与互联网应用

GARMENT TECHNOLOGY AND INTERNET APPLICATIONS

like
ONline
Hello
POST
wi-fi
WOW
WOW

第一节 数字技术驱动服装产业定制化转型

蓬勃发展的数字经济正在改写各行各业的发展模式，“互联网+”已经成为各个行业转型升级的新常态。经济界近年来提出新零售与新制造概念，即企业以数字化为基础，通过运用互联网、大数据、人工智能等先进技术手段，对商品的生产、流通与销售过程进行升级改造，进而重塑业态结构与生态圈，并对线上服务、线下体验以及现代物流进行深度融合的新模式。在服装产业，近年来呈现出三个明显的特点：产品个性化、生产定制化、营销网络化。基于互联网、数字技术、人工智能以及物联网等新技术应用和新零售模式的服装定制化改造在产业界正在大规模展开。以博克科技为例，其通过十余年服装CAD/CAM系统研发的经验，在服务国内外万余家服装企业的基础上，根据行业转型需要，研发出了基于数字化系统集成与互联网相结合的服装定制解决方案，在产业界取得了一定的示范作用，也得到了行业的广泛关注。服装定制行业的相关品牌企业可以在了解服装行业变化与科技发展的基础上善用资源，加快自身的转型步伐。

一、互联网时代服装产业价值链的演变

1. 传统服装产业价值链的特征

服装产业的价值链比较长，上游是纺纱、织布、印染等生产，然后是各类成衣生产，再到以设计与营销为主的品牌运营，再到以代理加盟为主的销售渠道，最后才通过零售到达消费者。在传统的工业时代，品牌商处于主导地位，控制着从原材料、生产、设计研发、分销零售等各个环节，商业活动围绕少量重要数据展开，企业之间的协作是单向的、线性的、紧耦合的控制关系。这种线性价值链的特点有三个方面，一是信息不对称，中间环节过多，线条长，产业效率低；二是用户参与成本高；三是信息化程度低。在短缺经济时代，这种模式不会遇到瓶颈，资源是企业竞争的重要条件。

2. 消费互联时代服装产业价值链的变化

随着消费互联网的出现，服装产业的价值链发生了相应的变化。以阿里巴巴为代表的B2B平台出现以后，分销渠道被互联网所代替，商家不需要像以前那样必须通过总代理、分代理等多级渠道进入市场，取而代之，通过互联网，商家可以直接面对零售商。而当淘宝、天猫、京东等大型B2C平台出现以后，商业的扁

平化进一步加剧，众多品牌不再依赖零售商，通过B2C平台，品牌商可以直接面对消费者。电商时代的到来给传统百货业造成了强烈冲击。电商时代的特征是价格成为重要竞争手段，价格战愈演愈烈，参战企业越来越多。传统的消费电商只是改变了服装的零售方式，并未改变服装产业的商业逻辑，依然是先生产再销售。由于预测式的生产方式与消费者需求之间的鸿沟无法逾越，大量的库存和退货在所难免。服装库存无情地吞噬着企业的利润，据不完全统计，服装品牌普遍的库存率在40%上下，有些品牌多年累积下来的库存数量惊人。这也就造成了传统服装产业无力为继。

3. 产业互联时代服装产业价值链的变化

每次产业关系的转变，都带来了不同程度效率的提升与成本的下降，同时，各个环节的商家在产业链上的地位也将发生改变（图13-1）。在品牌时代，品牌商处于商业生态的顶端，所主导的设计与零售控制着整个产业链上的大部分利润，生产商处于弱势地位，这种特征被描述为微笑曲线（图13-2）。在未来，随着产业互联网的发展，品牌商的主权将逐步下降，很有可能不再是整个链条的主导者，在很大比例上，消费者可以通过互联网直接向生产厂商定制他们需要的商品。生产厂商的盈利能力大幅提升，其商业生态位置会上移。所以，产业互联网时代显著的商业特征不再是以价格竞争为主导的零售，而是以满足个性化需求为主导的定制生产为主要竞争手段，支撑个性化定制的基础是企业全面数字化。

↓ 图13-1 互联网时代服装产业链的变化

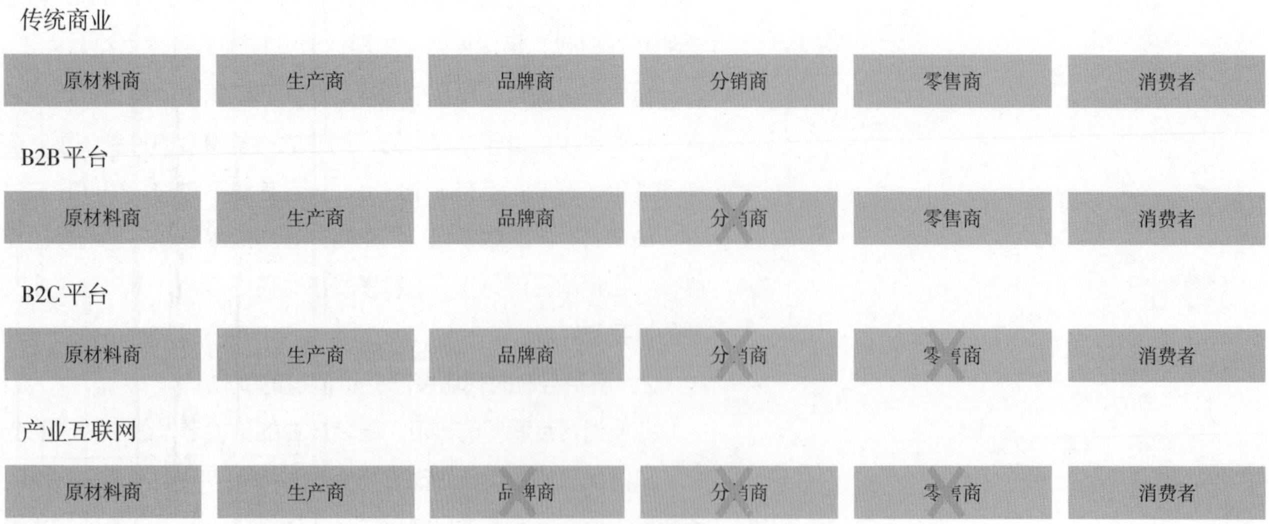

传统商业
原材料商 生产商 品牌商 分销商 零售商 消费者
B2B平台
原材料商 生产商 品牌商 分销商 零售商 消费者
B2C平台
原材料商 生产商 品牌商 分销商 零售商 消费者
产业互联网
原材料商 生产商 品牌商 分销商 零售商 消费者

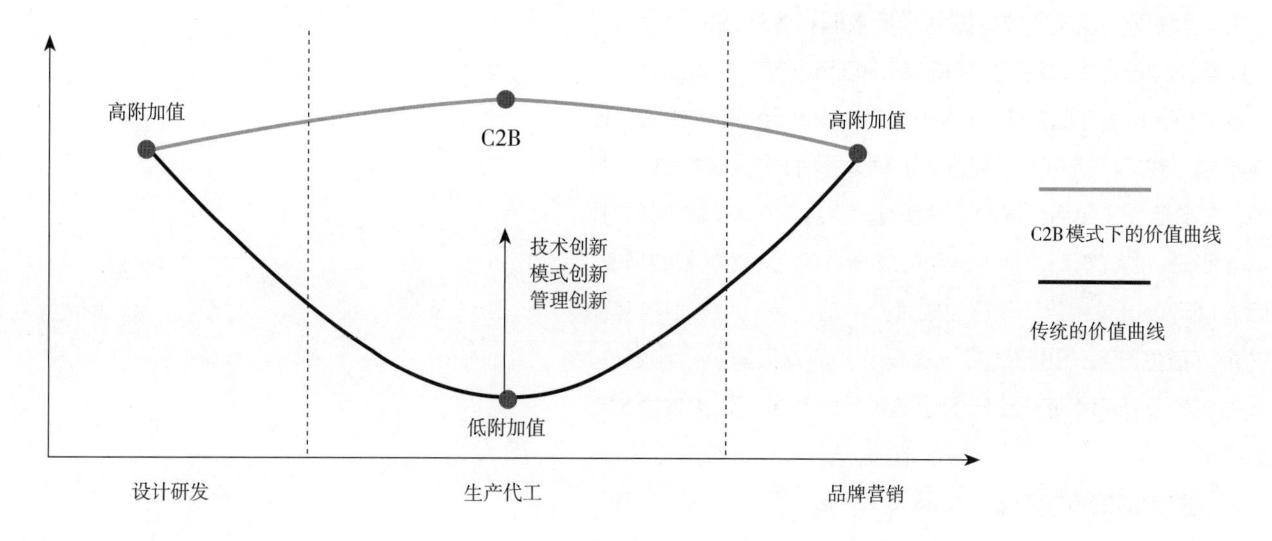

↑ 图 13-2 微笑曲线的变化

二、数字技术带来的智能化设计与柔性化生产

1. 规模化定制需要实现的生产转变

从传统的批量化生产到个性化定制，最大的难点在于板型设计和生产的管控，由于每个人的体型数据都不相同，要真正满足每个人的需求，就要实现一人一板、一衣一款、一单一流，缝制流水线也需要改造成为适合单件流程的柔性化生产线。同时，需要通过技术的改造，实现三个目标，一是个性要求不降低品质，二是单件生产不提高成本（在一定的范围内），三是混合流水不降低效率。

2. 服装 CAD 的两种类型与特点

数字化的服装CAD用于规模化的服装定制，存在两种技术路径，其一是基于点放码的密集号型，需要对每个板型提前推放多达数十个甚至数百个不同的号型，这些号型通过数据库被分门别类的加以管理，当订单通过互联网达到企业以后，数据库的程序（MTM系统）就会通过数据分析自动匹配到对应的服装样板并加以组合，形成与用户非常接近的服装样板。另一种是基于参数化的一人一板，也就是不需要提前推放大量的号型，当系统读取到网上的订单后，通过人工智能的方式，按照系统所积累的富有经验的板师的制板方法，对服装样板自动调整，自动生成与消费者人体数据相一致的服装样板。尤其对于定制服装的特体处理，密集号型无法精准处理各种特体板型，而参数化的CAD系统可以通过参数精准控制各个特体部位的板型细节，如驼背、弯腰、凸肚、溜肩等，通过数字化以后，特殊部位就可以实现精准控制，进而减少试穿次数和修改次数。参数化服装CAD的另外一个显著特征是联动修改，当修改板型的一个部位时，与该部位相关联的部位也会同时进行相应改变。毋庸置疑，参数化的CAD对于服装定制更加高效精准。

3. 互联网实现从人体数据到样板数据和生产数据的互通

以博克科技为例，其在多年服装CAD研发推广的基础上，根据行业需要，研发了面向服装行业的MTM服装定制下单平台，通过该平台，线下门店可以实现输入人体数据并自选款式面料进行下单。下单后，与平台相连的工厂通过博克服装CAD读取订单数据，依据已有的样板库，两秒自动生成符合客户体型的服装样板，然后通过超级排料和自动裁床完成裁剪（图13-3），并且与其他工艺系统和生产系统进行对接，实现了从数据采集、网络下单，到智能板型设计和柔性化生产的全链条数据互通，让大规模定制成为可能。

4. 数字化系统的集成

目前服装企业普遍存在着数据孤岛现象，因为企业的各个系统分别由不同供应商提供，相互之间数据不兼容，造成了数据无法互通，严重影响了企业的效率和决策。博克科技在推广定制CAD系统的过程中，联合多家软件企业，包括产品研发管理PDM系统、工艺工时GST系统、生产执行MES系统以及供应链管理SCM系统等，打通了各个系统之间的数据，形成了一个完整的数字化解决方案（图13-4）。该方案以MTM下单平台为数字主线，左侧的PDM、CAD、3D系统等应用于产品研发，研发好的CAD样板再上传至服装纸样云系统。右侧的CAD系统、工艺系统、分床系统、排料系统以及裁剪系统和生成系统等一起作用于柔性化的快速生产。通过CAD系统自动读取来自网络的订单和人体数据，与服装纸样云系统内对应的纸样相结合，自动生成符合客户体型的样板，然后通过工艺系统生成工艺单，通过排板系统形成排料图，排料图发送至裁剪系统进行自动裁剪，然后再通

↓ 图13-3　数字定制流程

过APS以及MES实现排板和生成。整个系统让服装定制实现全程数字化、智能化，更加高效可控，成本也随之降低。本质上是用标准化的手段去生产个性化的产品。

5. 柔性化生成

传统大规模的流水线属于刚性化的生成，要求大批量、少订单、无差异，而个性化制造的特征是单件化、差异化，需要从传统的刚性化生产往柔性化生产转变。建设柔性化生产线的途径有两个，一个是重建，成本较高；另一个是改造，原来的设备继续使用，只是在已有的基础上增加基于物联网的MES软件系统即可。如图13-5所示，改造后的柔性化生产可以实现两个目标：订单量可大可小，生产反应时间快。MES系统的核心功能是在数据采集的基础上平衡生产，通过操作工人的刷卡或扫描二维码，对应的显示系统可以自动指挥工人生产不同的工序，自动实现平衡生产。与GST系统相结合，可以实现生产工艺与工时的统一，在平衡生产的同时，可以自动指挥工人用正确的工艺要求完成生产。

↑ 图13-4　服装定制数字化系统的集成

↓ 图13-5　柔性化生产线的改造途径

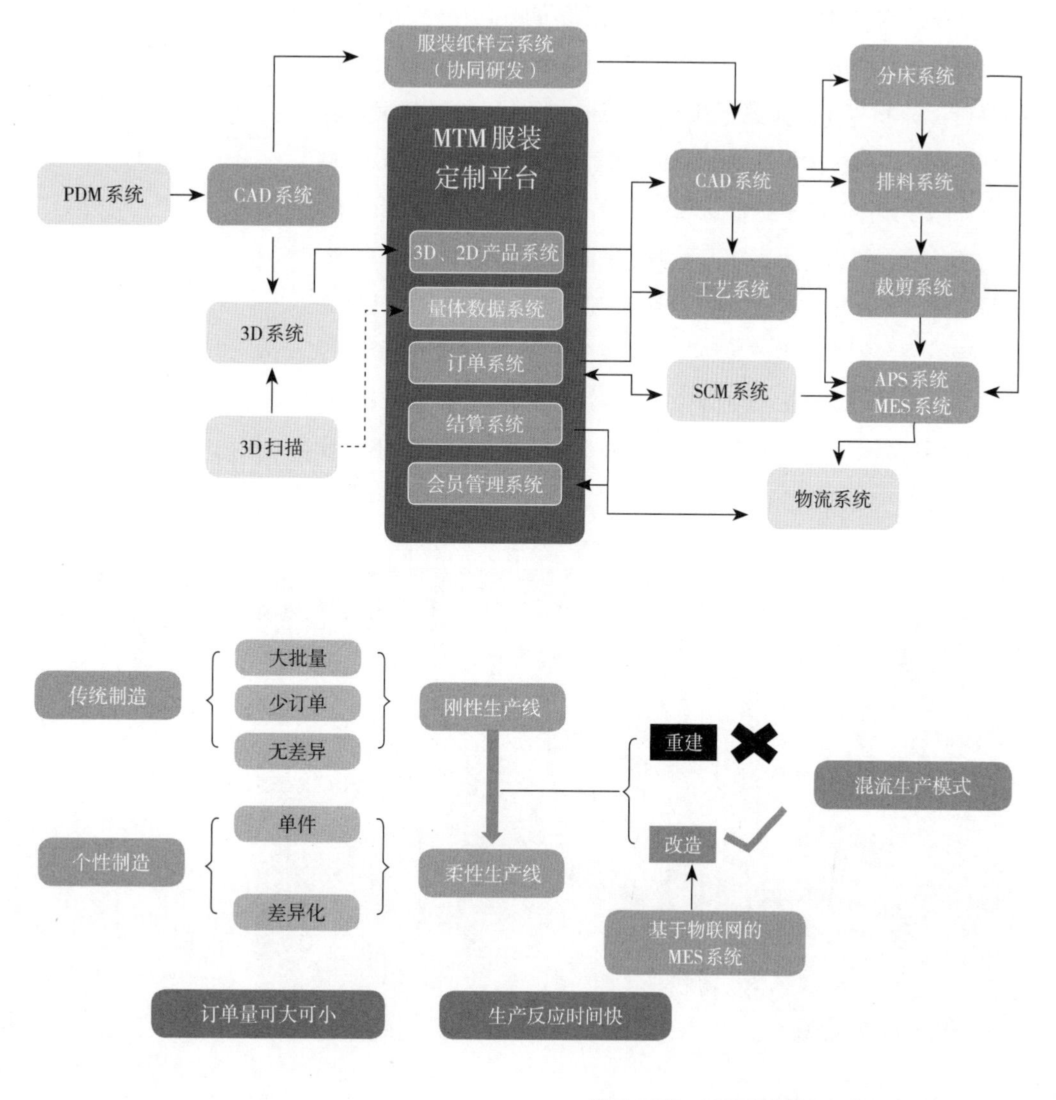

有些企业采用吊挂系统，与MES结合起来，实现缝制裁片的自动传输，可以大幅提升生产的效率（图13-6）。吊挂系统比较适合西装、大衣、裤子等男装生产，样片较小的其他产品更适合使用流水槽或AGV自动传输车。

未来的数字技术在时尚大数据、人工智能以及VR/AR等方面会有广阔的发展前景。除了生产方面的应用，数字技术还会广泛应用在虚拟试衣、自动搭配、数据采集等方面，进一步实现用户参与设计的想法，方便企业实时了解用户，企业与用户的关系将进一步改变。

三、数字化带来产业生态的演化

跳出企业内部的局限，站在行业的高度审视服装的变化，将会发现更多的创新机遇。互联网时代，服装行业正在由传统的价值链往价值网方向转变，在“互联网+”的背景下，当数据产生是全方位、实时、海量的时候，企业间的协作就必须像互联网一样，要求网状、并发、实时的协同。其特征的变化包括运营数据化、渠道扁平化、信息共享化以及协同网络化。

1. 服装行业产业互联网平台的价值

产业互联网时代的来临，将会诞生更多的行业平台，云衣定制平台便是其中的先行者。博克科技在多年服装数字化研究推广的基础上，积累了大量的行业资源，通过提供在线的服装智能CAD系统和在线样板，吸引大量的服装企业和板师，进而吸引面料商加入平台，形成强大的供应链平台。另外，通过与线下门店的合作，实现线下服务、线上下单。平台依据工厂的性质和专长进行订单分发，工厂端通过博克服装CAD读取订单数据，进行快速生产。平台的基本模式是通过提供智能工具，吸引定制资源加入平台，并通过线下店提供服务，实现数据采集；通过互联网平台连接用户数据和设计数据以及生产数据，最终实现规模化的服装定制。

← 图13-6　吊挂系统流水线

2. 客户细分与服务模式

可以把定制分为三种基本类型：标准模式的DIY定制、个性化设计的众筹模式以及特殊需求的众包模式。针对职业人士和团体客户，平台提供常规西服、衬衫等DIY定制和品牌定制。针对个性需求较强的用户（尤其是女性用户），平台通过引进设计师，以作品众筹的方式进行预订服务。针对有特殊需求的客户，平台提供任务定制，以设计任务众包的形式进行服务。平台通过引入服装顾问角色（服装定制师），让他们通过平台为客户提供上门量体、服装搭配和推荐等服务。整个服务过程如图13-7所示。

目前制约服装定制化转型的最重要因素是国内缺乏相应的专业服务人才，今后随着国内服装企业的转型进一步强化，对服装定制服务人才的需求会逐步提高，这给服装教育也带来了新的机会。目前已经有多家服装院校与云衣定制在内的互联网定制平台达成了合作，共同培养服装定制专业服务人才。当然，随着产业的转型，原来的产业工人也会有一部分转到服务角色。

↓ 图13-7　定制模式全景图

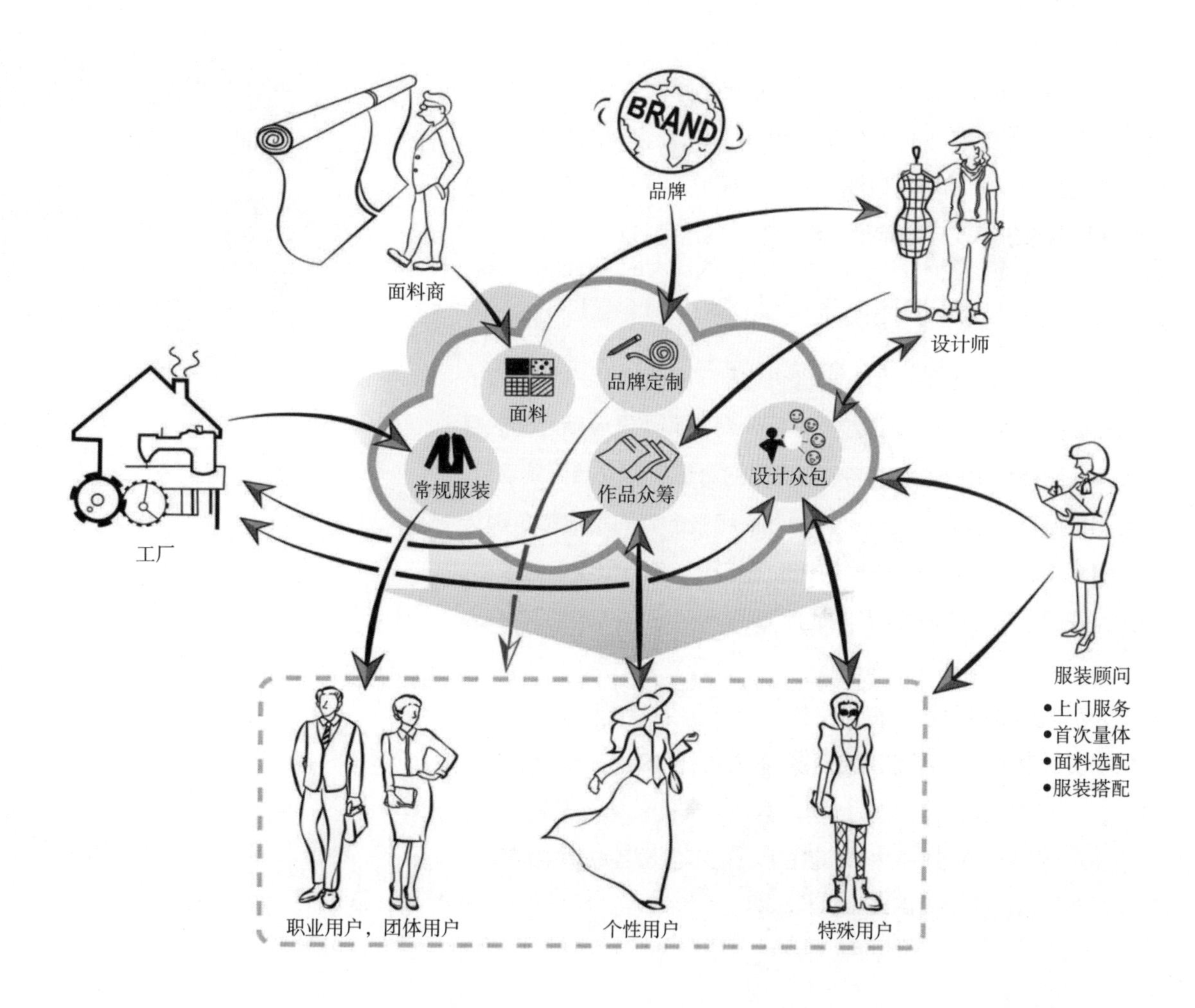

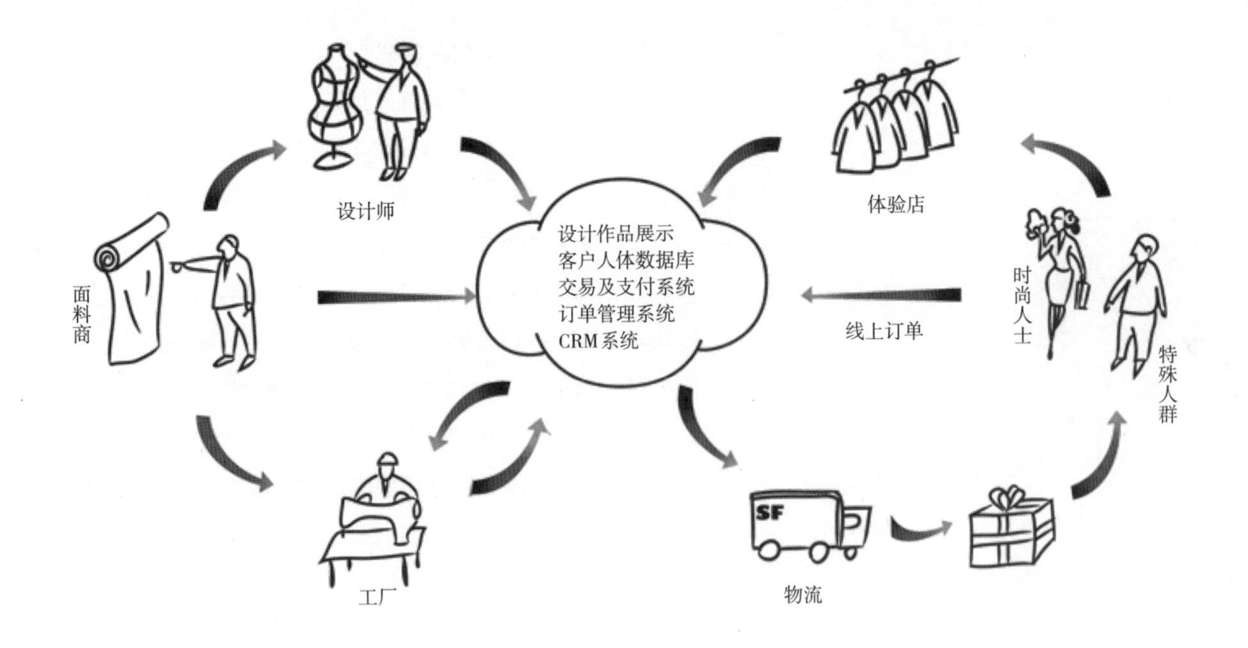

↑ 图 13-8　服装定制生态

↓ 图 13-9　以用户为中心的价值环模型

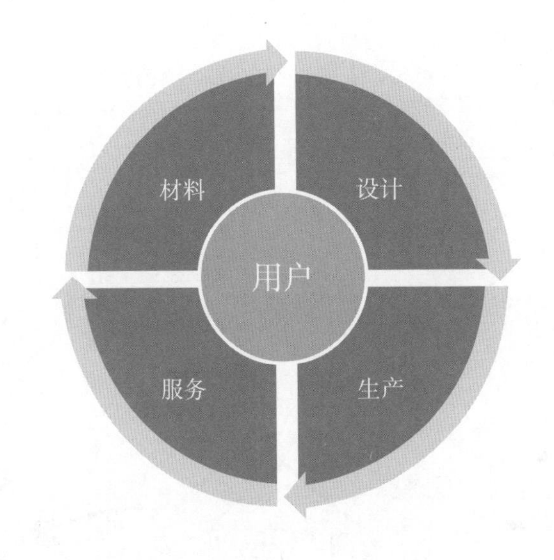

3. 商业生态的演化

随着这一模式的不断深入，服装企业的社会化分工也将进一步深化，从之前的设计、研发、生产、零售一体化，将会变为根据各自的擅长和资源优势进行分工协作。设计师今后不一定需要依附于品牌，完全可以通过平台直接服务消费者，生产商也不需要什么产品都做，只要做自己最擅长的即可。除了云衣定制平台以外，目前市场上还出现了不少类似的产业服务平台，包括睿时尚、聚道等。服装行业的生态演化到最后，可能会形成图13-8所示的行业生态，消费者可以线下服务、线上下单，而整个供应链将会在平台系统下实现自组织、自管理、自运营。

四、结论：从价值链到价值环

由此，服装产业的价值链模型进化到了基于以用户为中心的价值环模型（图13-9）。通过互联网平台，实现供应商之间的互联互通，消费者用户也可以与供应商家的每个角色进行互联互通，而且用户距离材料商、设计师、生产商和服务商的距离都是最近的，相比之前以品牌商为主导的长价值链模型是一个巨大的改变。产业互联网所导致的消费者与供应厂商和服务商之间的互联互通，对于消费者来说实现了三个转变：一是公开透明，用户可以根据成本、品质和服务选择不同的材料、设计、生产和服务；二是用户参与设计更方便，能够满足更多的个性化需求；三是价格更加合理，由于信息透明与竞争加强，各个环节的价格会趋向合理，既不会像传统品牌那样价格高高在上，也不会像互联网品牌那样恶性竞争，造成低价劣质。

从传统的先生产再销售，到现在的先销售再生产，不是简单的顺序倒置，它可以从根本上解决传统服装行业生产供应与消费者需求之间的鸿沟无法逾越这一难题，有效避免了库存积压和高退换货，真正做到按需生产，在给消费者带来利益的同时，也让商家获得了更多的附加值。从价值链到价值环的转变，不仅是对理论的重大突破，更是通过优化资源配置，大幅提升了行业效率和资源价值转化率，减少了库存浪费和决策低效，最终优化了产业生态。

第二节 互联网平台——博克云

一、博克云平台简介

博克云平台是面向服装行业的智能设计研发平台，未来会逐步整合服装上下游资源，打通数据，优化产业配置，提升产业效率。将本地化的CAD系统与线上的共享数据库结合起来，通过SAAS订阅模式，为服装行业提供网络化的专业服务。服装工作室、定制店、学生、个人制板师、服装工厂通过博克云平台，不仅可以获得免费下载使用正版CAD软件、免费学习由入门到实例操作的一系列教学教程，更可以通过共享版CAD软件调用平台上丰富的纸样文件，减少研发投入成本和精力，极大提升样板研发和学习的效率，有效降低用户的学习和使用成本。

登录平台免费下载博克智能服装CAD系统——共享版，该系统集成了打板、放码、超级排料三大模块，包含智能设计、智能调板、自动推放、超级排料等功能，一支智能笔完成大多数功能，易学易用，可极大提高出板效率。

平台上提供软件操作、制板等教学视频，覆盖由入门到实例操作的一系列教学，让大家学习服装制板变得更方便简单。

平台上的纸样专区有着上千款经典纸样，用户可通过免费下载的CAD软件调用自己需要的纸样，简单修改数据即可生成一人一板，大幅提升制板效率。

二、平台注册流程

步骤一（图13-10）：

打开博克云网址 www.cloudbok.com，点击首页右上角“注册”按钮。

步骤二（图13-11）：

输入手机号、密码，获得验证码即可。

步骤三（图13-12）：

注册成功后，在弹出的登录界面输入手机号和密码，登录账号。

BOK博克云

注册

8167 39S后重新获取

勾选代表您同意《博克智能平台服务协议》

注册

BOK博克云

登录

登录

立即注册 忘记密码

↑ 图13-10 步骤一

↙ 图13-11 步骤二

↘ 图13-12 步骤三

三、下载共享版CAD软件流程

步骤一（图13-13）：

先点击首页上的“软件下载”，再点击“免费CAD下载”按钮。

步骤二（图13-14）：

进入安装包下载界面。选择安装包的下载保存路径，点击“下载”按钮。

步骤三（图13-15）：

安装包下载成功后，双击安装程序，点击“下一步”。

选择安装路径（可以默认，也可以更改），一直点击“下一步”就可以安装完成（图13-16）。

安装过程中，如果出现杀毒软件拦截，需将程序添加为“信任”。安装后，在弹出的注册表编辑器对话框，选择“是”（图13-17）。

安装成功，点击“完成”（图13-18）。

↑ 图 13-13　步骤一
↙ 图 13-14　步骤二
↘ 图 13-15　步骤三

↓ 图 13-16　安装过程
↙ 图 13-17　安装过程中会弹出的对话框
↘ 图 13-18　安装完成

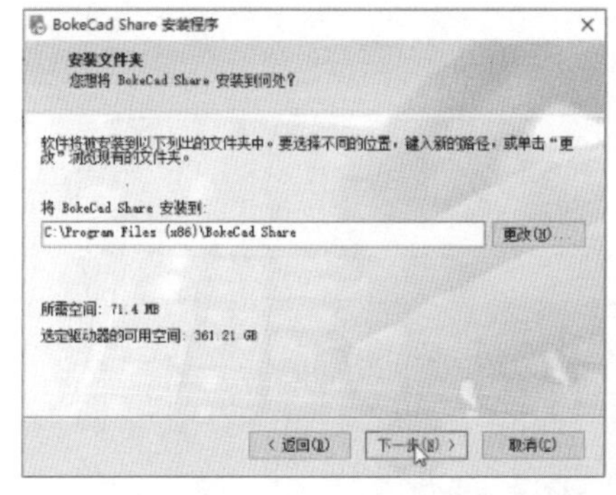

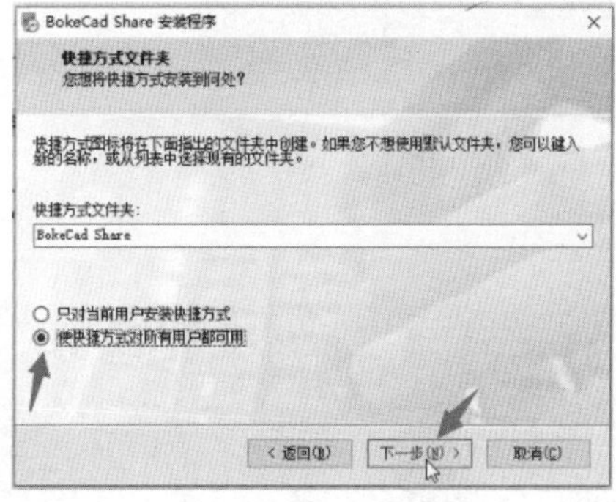

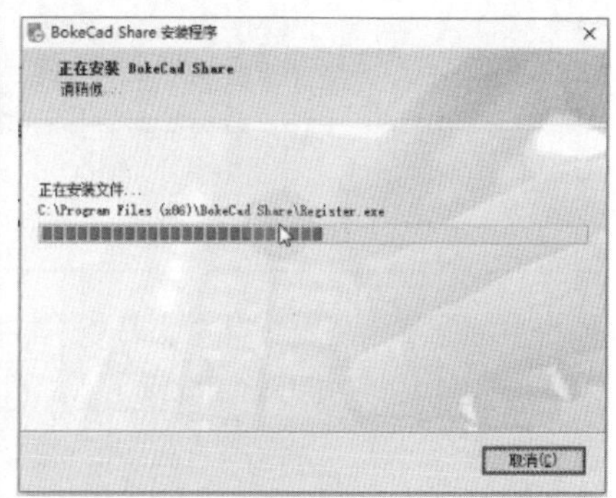

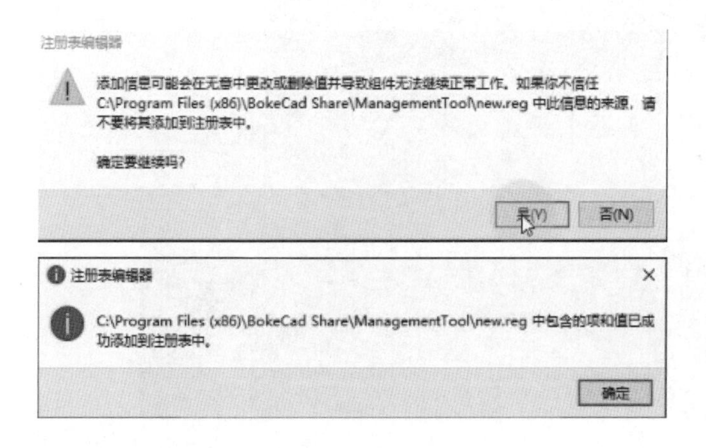

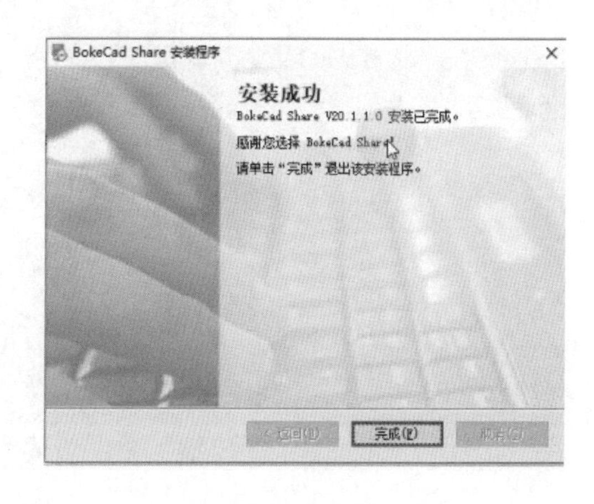

安装成功后，桌面出现“BokeCAD Share”图标（图13-19）。

四、共享版CAD软件介绍

步骤一：鼠标双击桌面程序“BokeCAD Share”（ ）图标，进入软件启动界面（图3-20）。

步骤二：在启动主界面里有四种启动模式。

新建文档：进入软件的操作界面（图13-21）。

纸样商城：点击后跳转至博克云界面（首次跳转需先登录账户），即可选择平台上的丰富纸样（图13-22）。点右上角“返回CAD”则返回软件操作界面。

已存文档：用来打开保存过的文件。

上次文档：在不正当的关闭模式下系统突然关掉（突然断电、死机等），通过执行上次文档命令，即可找到上次关闭前的文件内容。

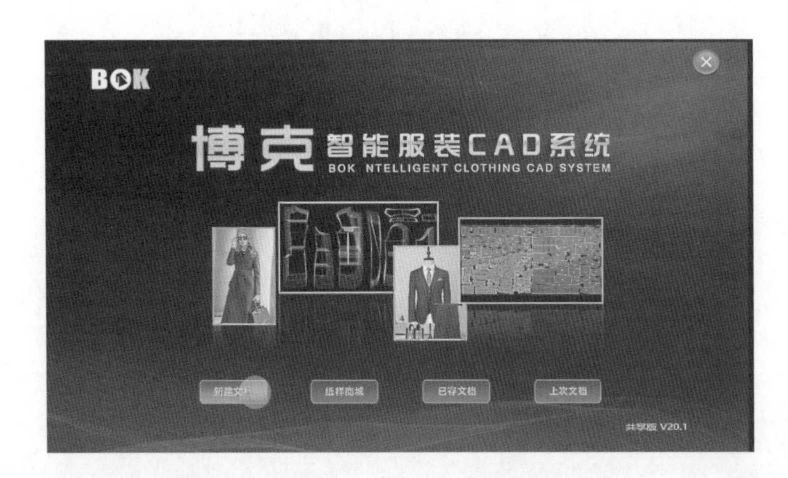

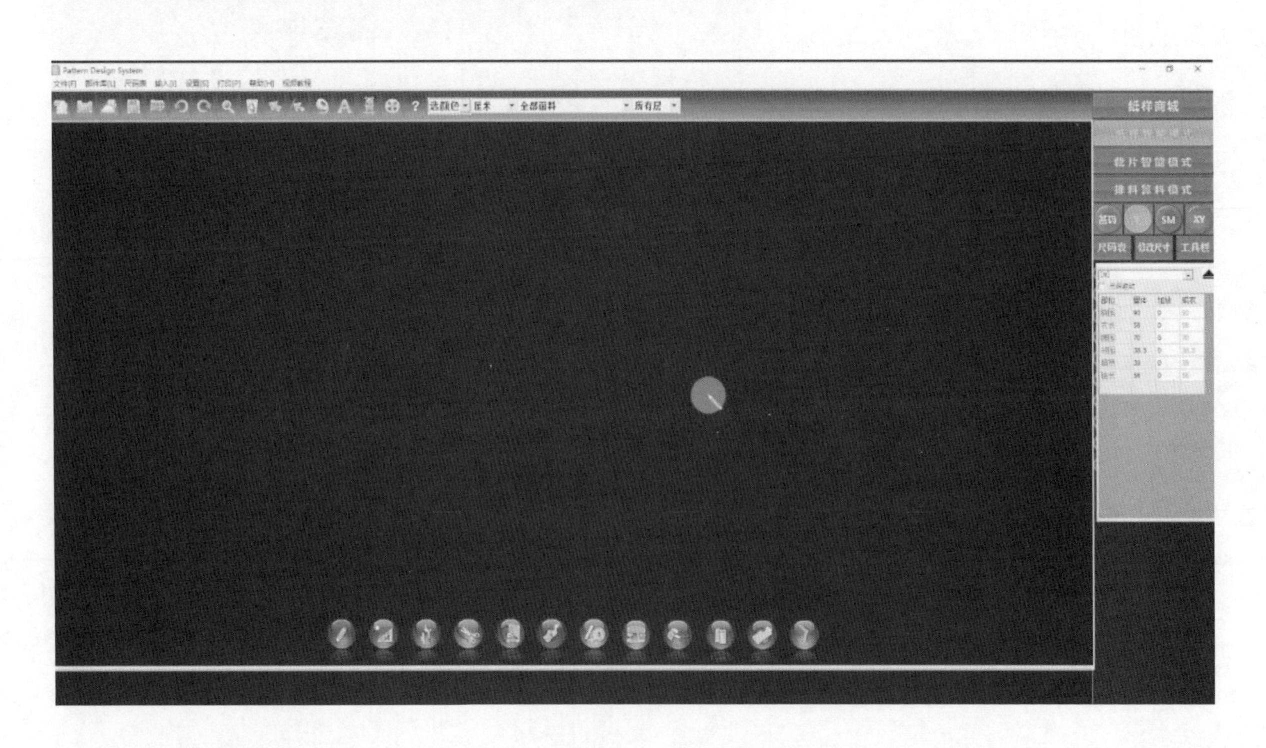

↑ 图13-19　桌面图标

← 图13-20　启动界面

↓ 图13-21　操作界面

↑ 图 13-22 登录账户选择纸样

五、纸样调用及快速改板操作

步骤一（图13-23）：

打开共享版CAD，点击“纸样商城”按钮，跳转至博克云界面。

步骤二（图13-24）：

博克云上有上千款经典和大牌纸样，选择点击某个纸样，点击“预览”。

步骤三（图13-25）：

如需调整纸样尺寸，则在打开纸样文件后，点击右侧的“尺码表”工具，利用博克强大的联动修改功能，尺码表改好后，自动生成新的样板。

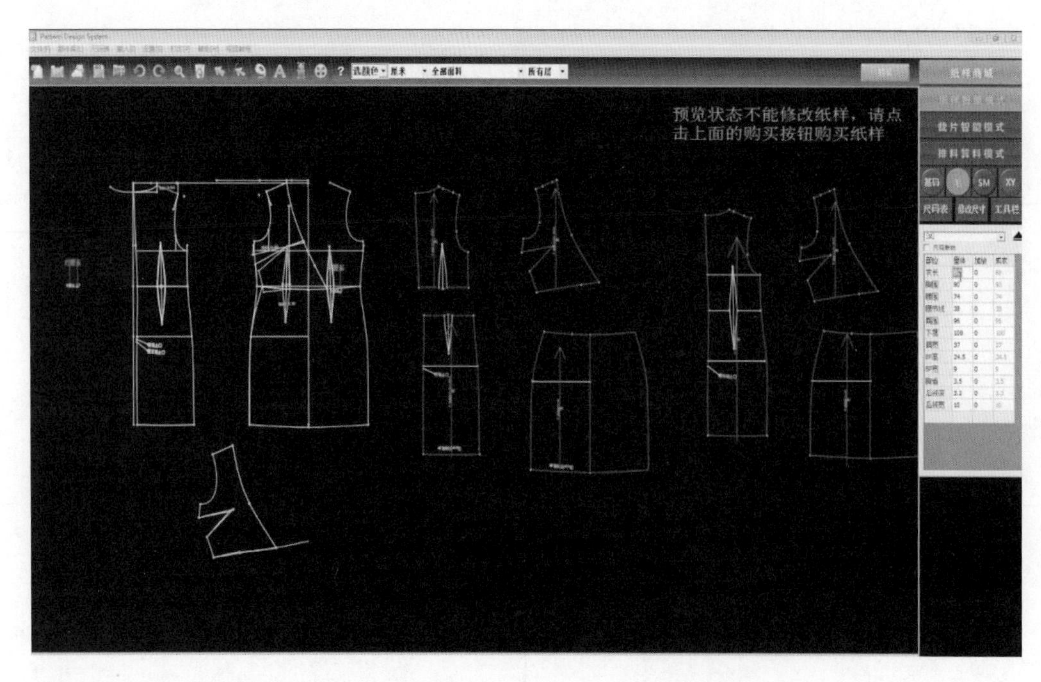

↑ 图 13-23 步骤一
← 图 13-24 步骤二
↓ 图 13-25 步骤三

步骤四（图13-26）：

如需修改纸样款式，需点击右上角的“购买”按钮（平台上有免费的纸样，也有收费的纸样）。将购买后的纸样文件保存到电脑，利用已有的款式，进行快速改板。

六、排料输出操作

步骤一（图13-27）：

打开做好的样板文件，点击右侧“排料算料模式”按钮。

步骤二（图13-28）：

设置排料件数、幅宽、面料、排料方式和方向等参数后，点击“开始”进行排料。

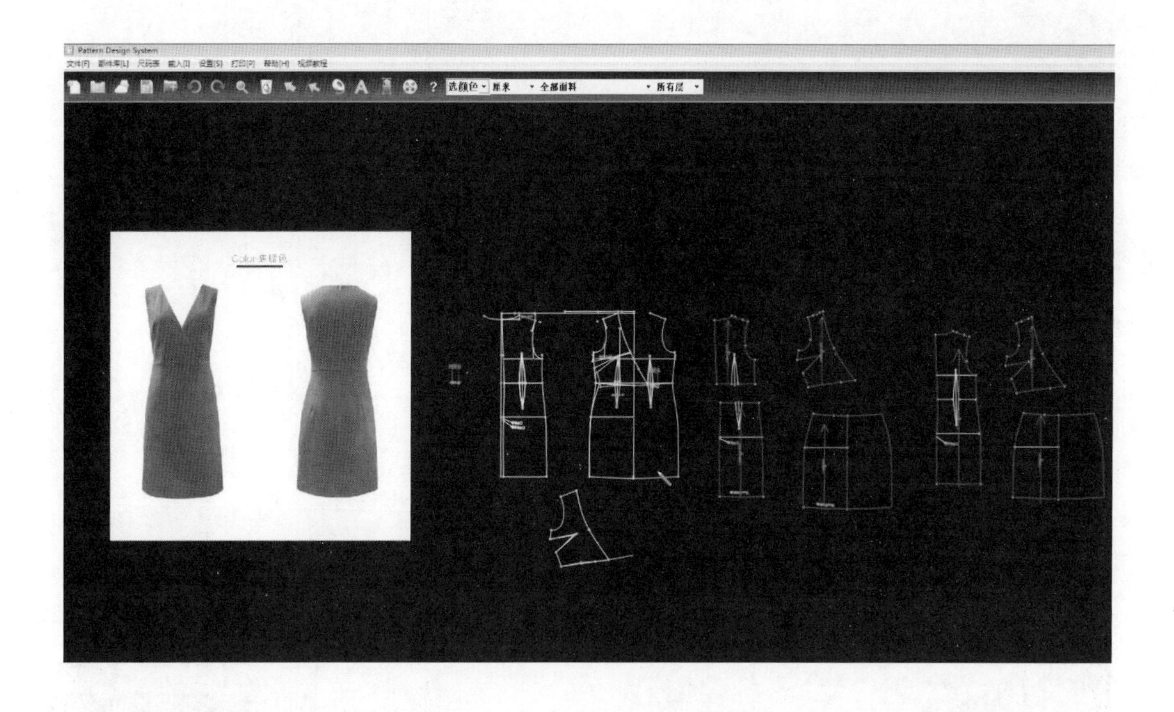

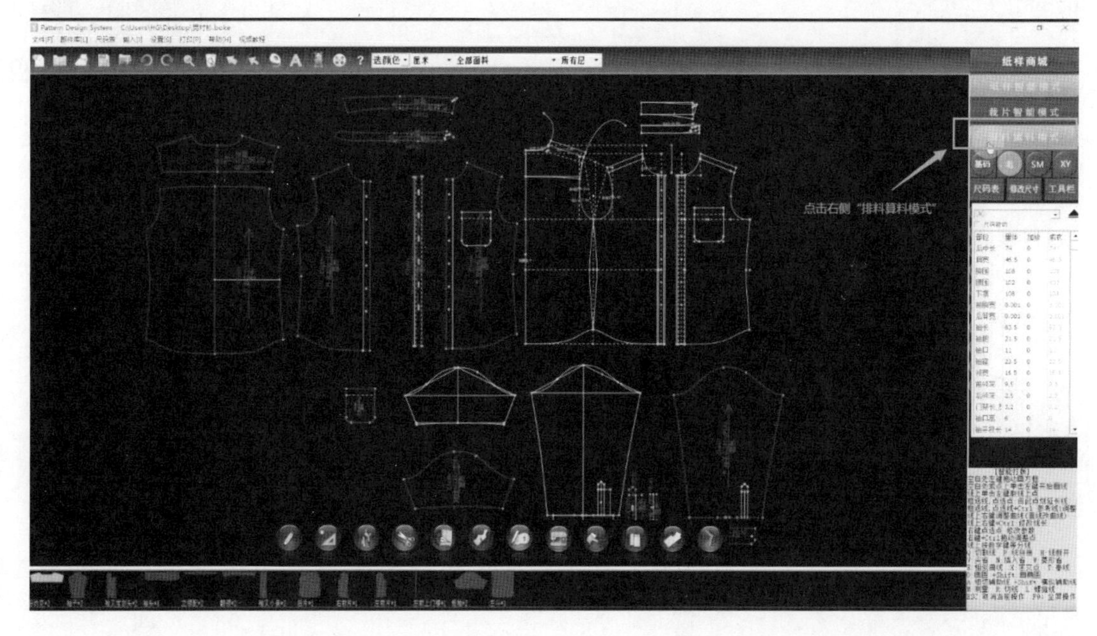

↑ 图 13-26　步骤四
↓ 图 13-27　步骤一

步骤三（图13-29）：

排料完成后，先点击“打印”，再点击“输出打印文件”。在输出界面可以预览文件，修改输出参数。

步骤四（图13-30）：

在输出界面，点击“确定”后，会出现支付界面；支付成功后，就可以输出PLT文件，再用打印机读取输出的PLT文件打印就完成了。

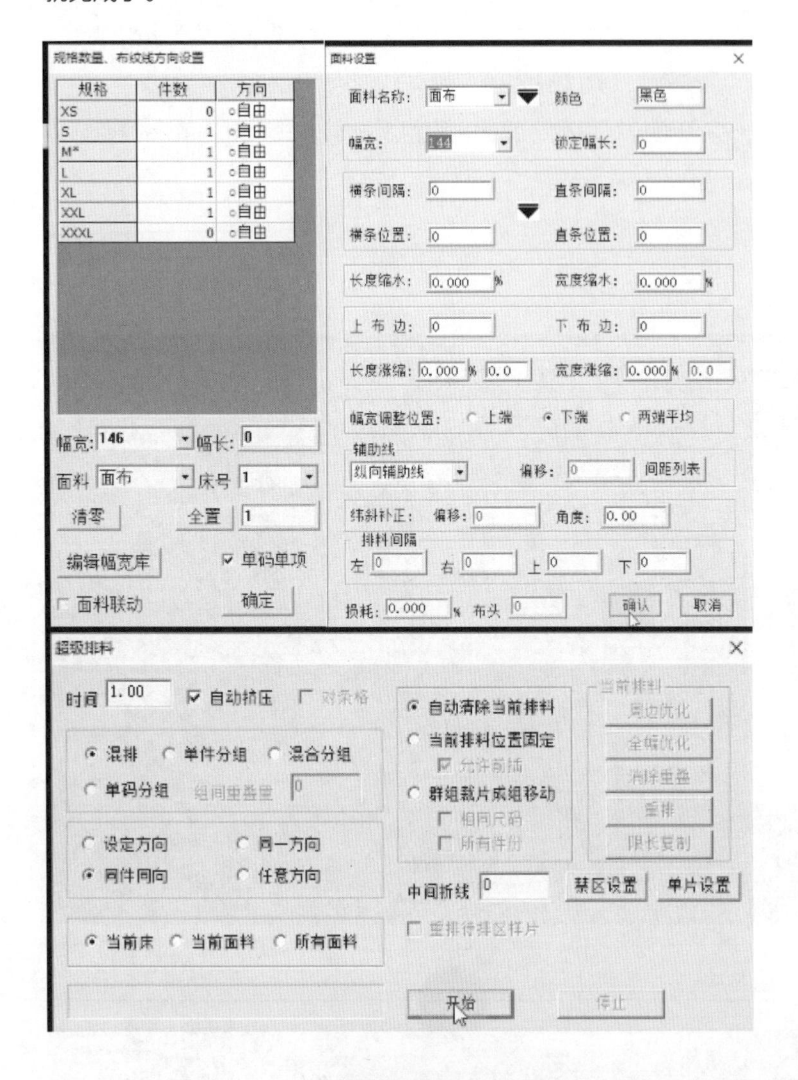

← 图 13-28 步骤二

↓ 图 13-29 步骤三

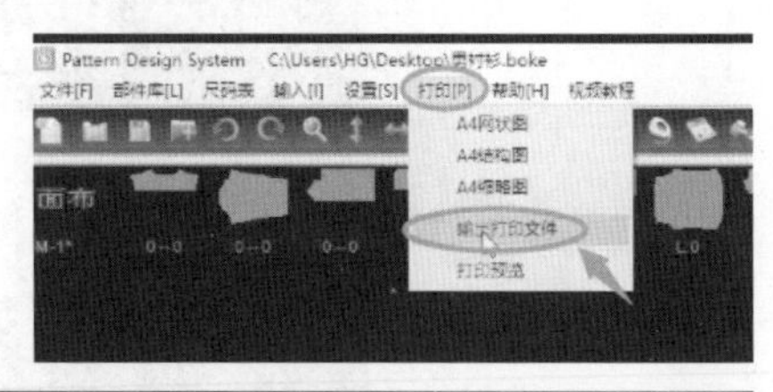

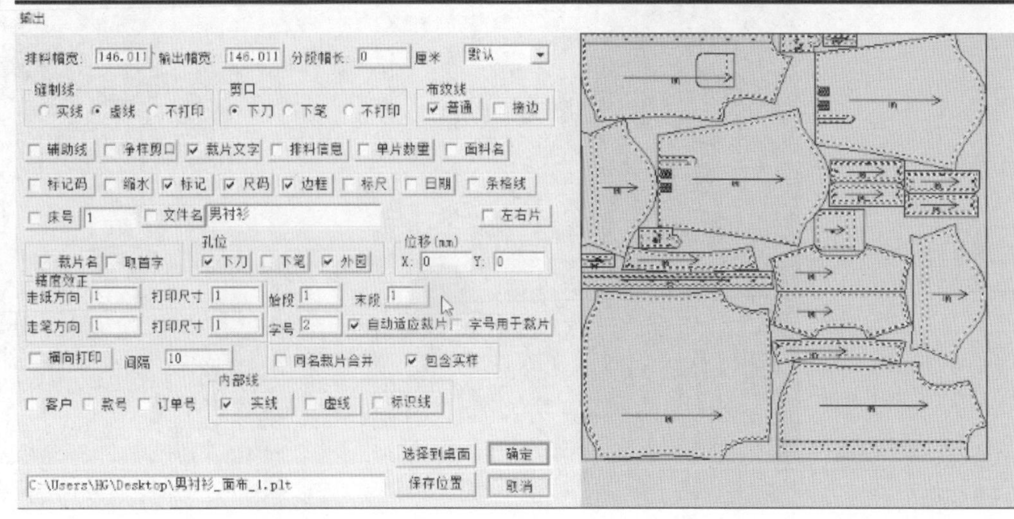

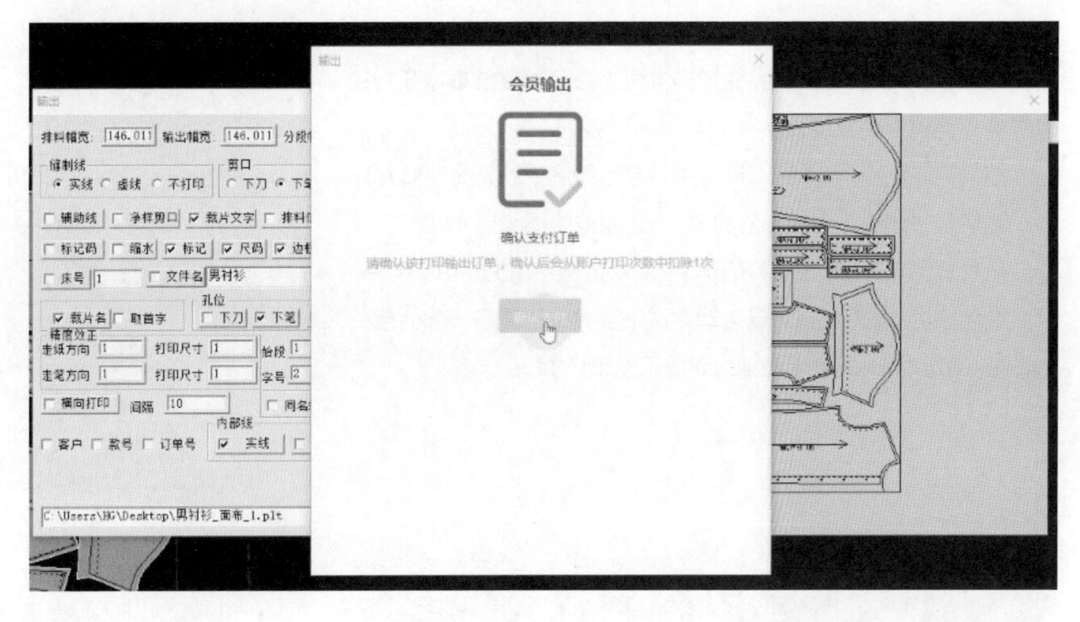

↑ 图 13-30　步骤四

第三节 3D扫描与3D试衣

一、3D扫描与测量

以博克3D扫描为例，介绍3D人体扫描与人体测量的基本应用。

如图13-31所示，博克3D扫描仪是一种旋转型的3D扫描仪，其特点是结构简单、占地面积小、成本低、比较实用。

整个系统主要包括硬件和软件两个部分，硬件主要有3D摄像头、底盘和支架、电机和传送系统、控制主板等；软件主要有3D建模系统和3D测量系统。

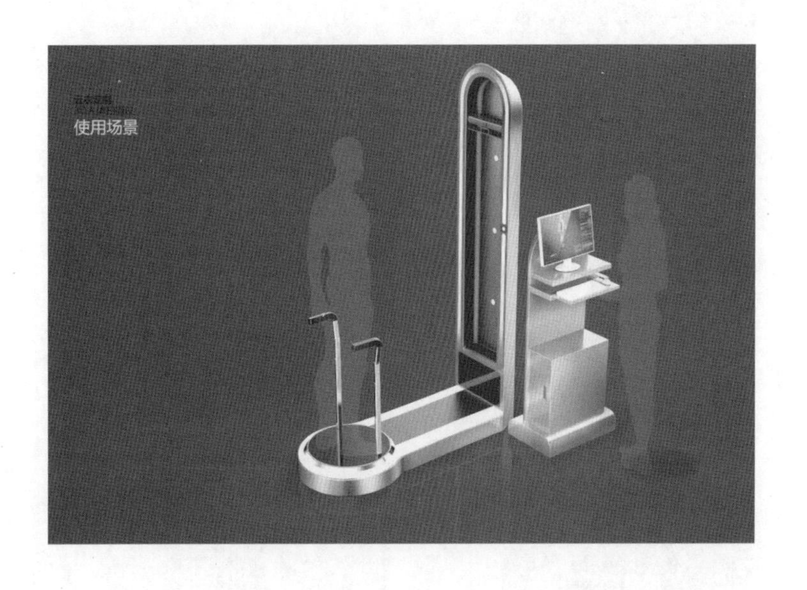

→ 图 13-31　3D 扫描与测量过程

使用过程中，人站在旋转盘上，两脚分开，双臂张开，保持稳定，经过90秒的旋转，完成扫描过程。为了测量准确，在扫描过程中，消费者需要穿紧身衣（图13-32）。

扫描完成后，系统自动完成3D建模，经过必要的设置和修剪，最后经过渲染，形成彩色的3D人体模型（图13-33）。

所生成的3D人体模型可用于3D测量数据和3D虚拟试衣。

使用3D测量系统，可以自动完成主要数据的测量，部分部位的数据（衣长等）需要手动辅助完成（图13-34）。

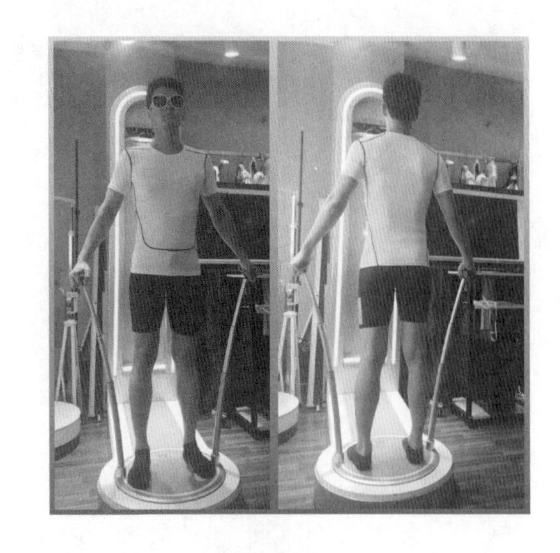

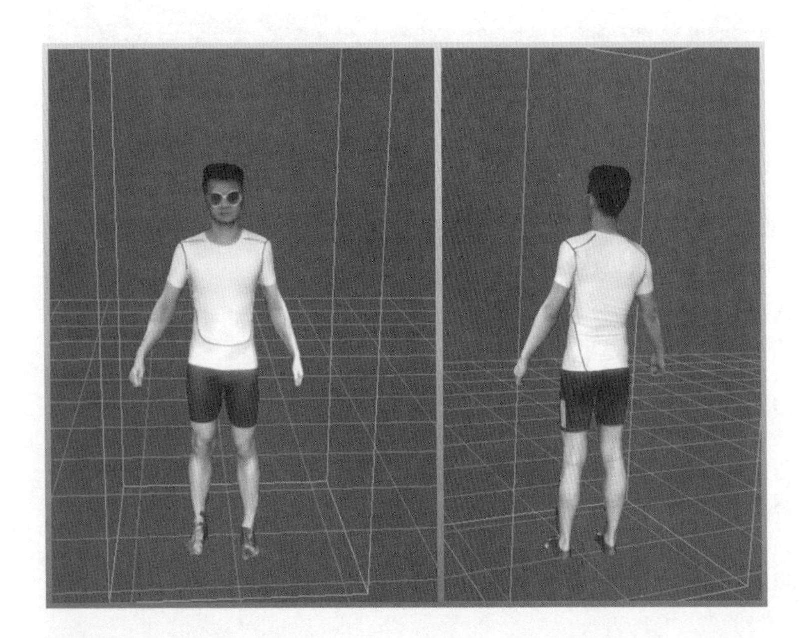

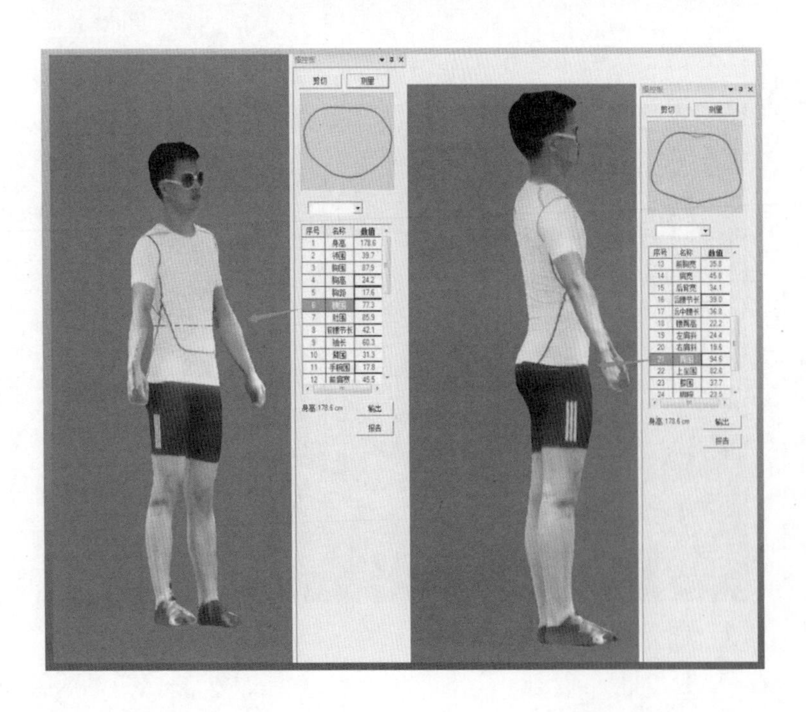

↗ 图13-32　3D扫描仪效果图

↑ 图13-33　3D人体模型

↙ 图13-34　3D测量系统完成后的数据测量

最后，测量的数据可以导出到Excel表格，形成如图13-35所示的测量报告。

二、建立CAD样板

将测量的数据导入博克定制CAD系统，系统就会根据所选择的款式，自动生成符合客户体型的样板（需要在系统内输入各个部位的松量）（图13-36）。

↑ 图13-35　测量报告

↓ 图13-36　自动生成样板

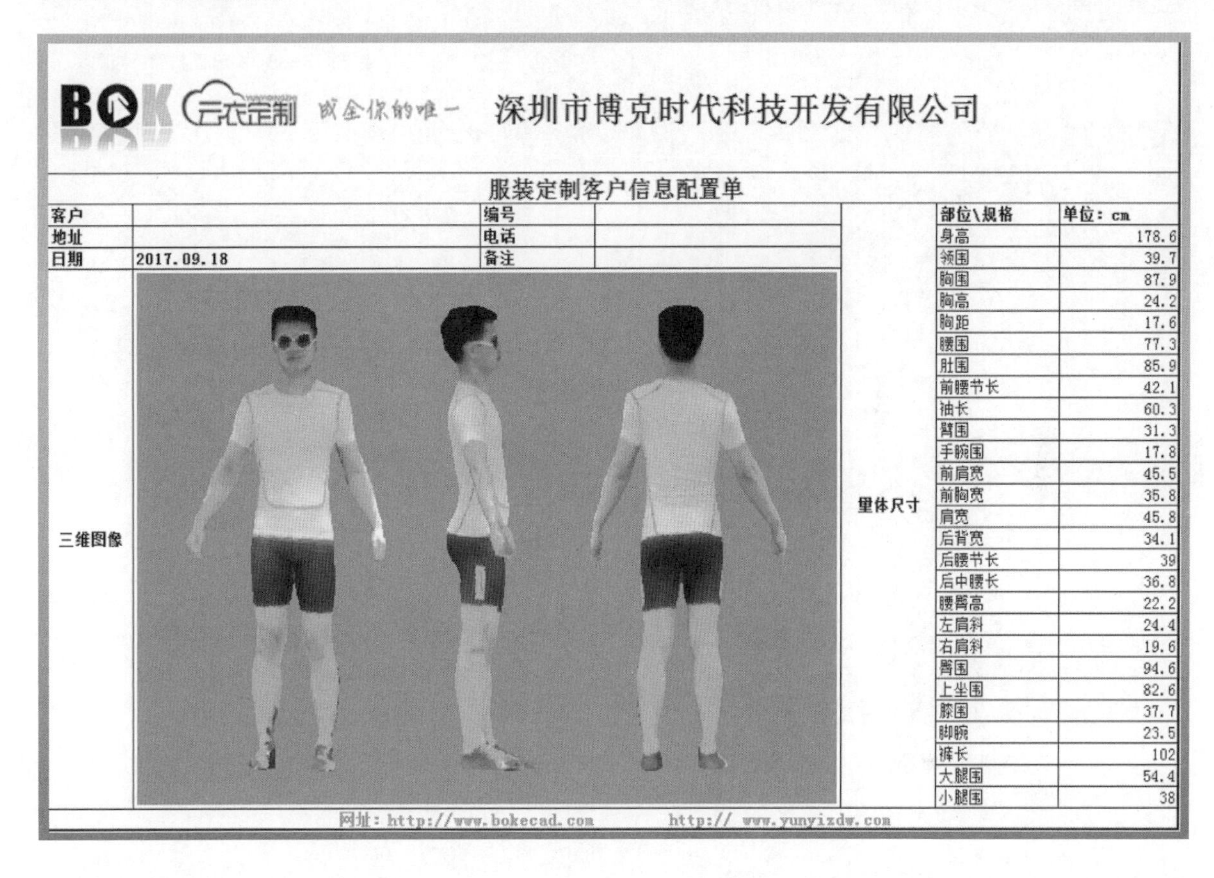

BOK 云衣定制 成全你的唯一　深圳市博克时代科技开发有限公司

服装定制客户信息配置单

客户		编号		量体尺寸	部位\规格	单位：cm
地址		电话			身高	178.6
日期	2017.09.18	备注			领围	39.7
三维图像					胸围	87.9
					胸高	24.2
					胸距	17.6
					腰围	77.3
					肚围	85.9
					前腰节长	42.1
					袖长	60.3
					臂围	31.3
					手腕围	17.8
					前肩宽	45.5
					前胸宽	35.8
					肩宽	45.8
					后背宽	34.1
					后腰节长	39
					后中腰长	36.8
					腰臀高	22.2
					左肩斜	24.4
					右肩斜	19.6
					臀围	94.6
					上坐围	82.6
					膝围	37.7
					脚腕	23.5
					裤长	102
					大腿围	54.4
					小腿围	38

网址：http://www.bokecad.com　　http:// www.yunyizdw.com

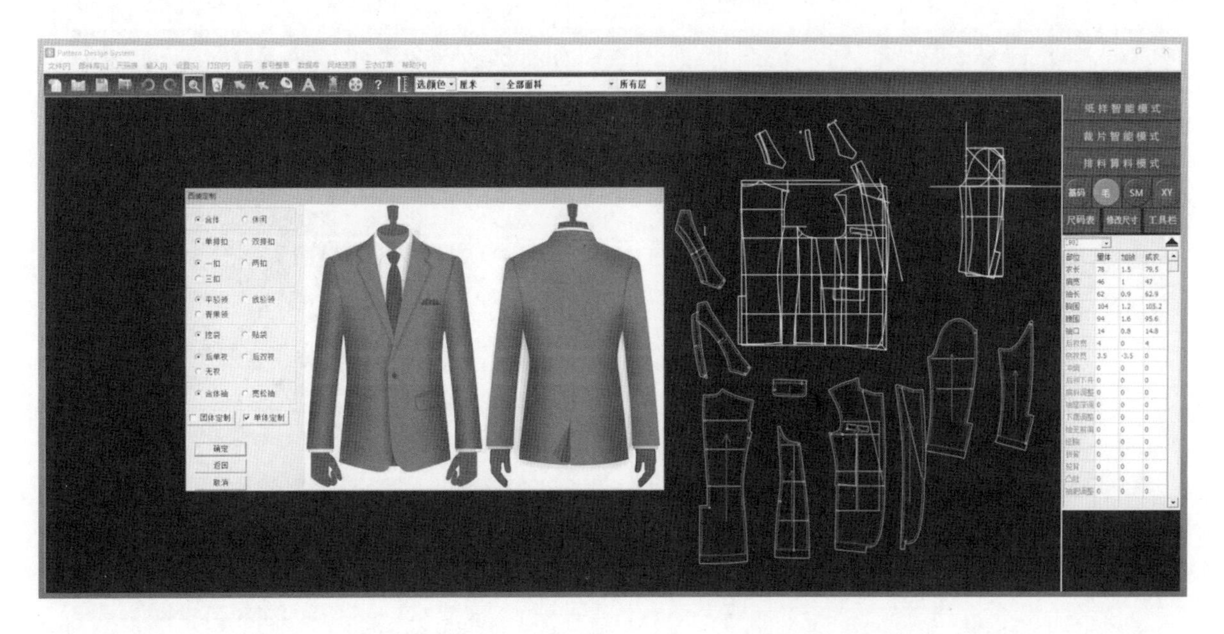

三、3D虚拟试衣

把样板文件转成DXF格式，导入3D虚拟试衣系统，通过虚拟缝合，该衣服就可以“穿”在客户身上了（图13-37）。随后通过设置不同的颜色和面料图案，便可以在没有做成衣服之前，让客户看到成衣的效果（图13-38）。

根据客户尺寸，快速形成多个款式的服装样板和3D效果，形成系列设计方案，给客户选择（图13-39）。这样就可以有效地解决定制服装多次试身以及售前客户不直观的难题。

↑ 图13-37　虚拟缝合

↓ 图13-38　挑选面料颜色与图案

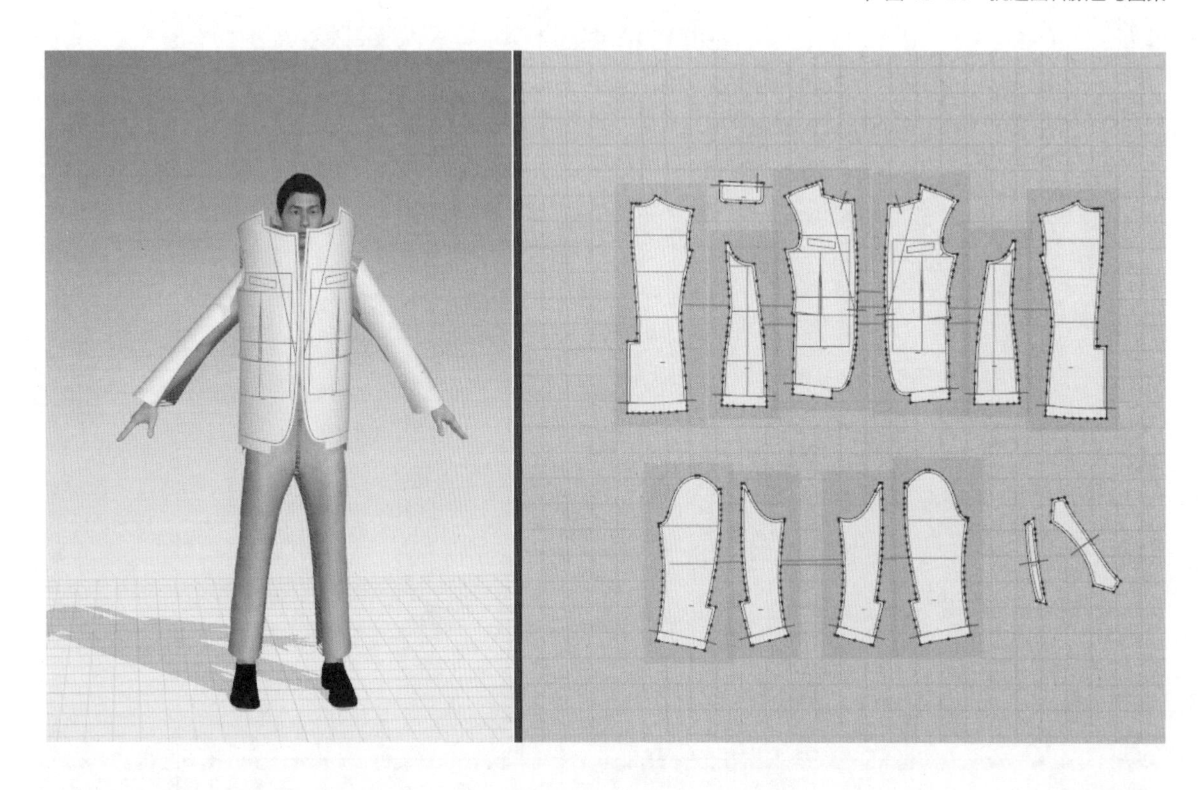

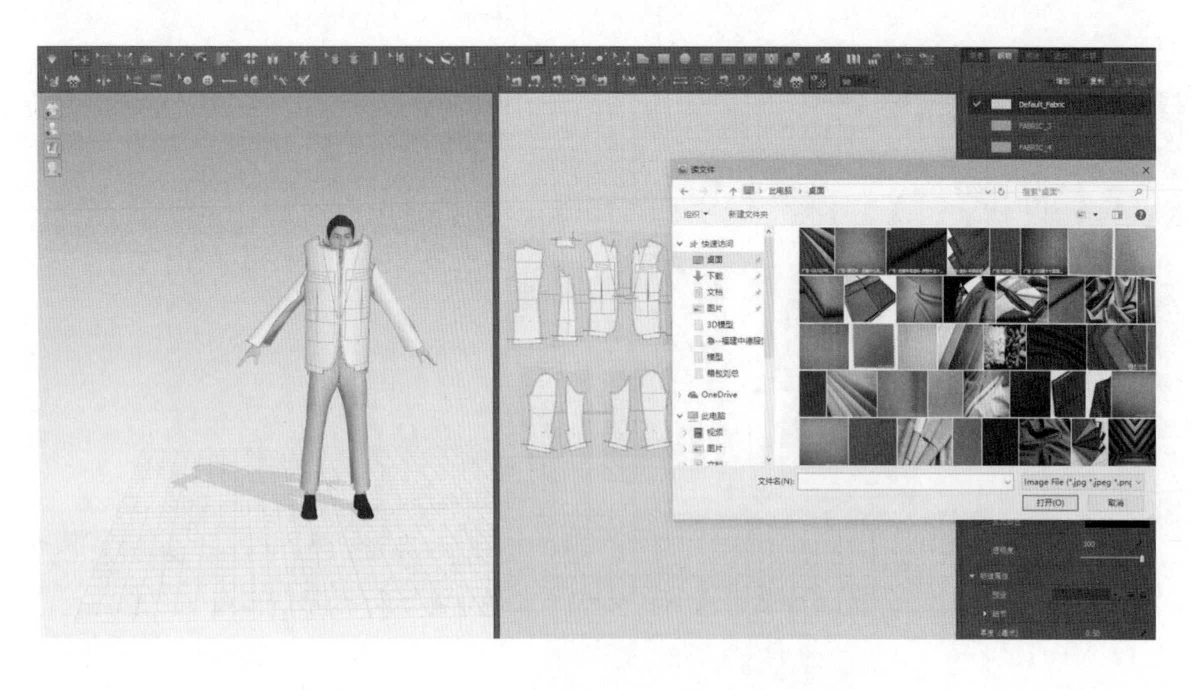

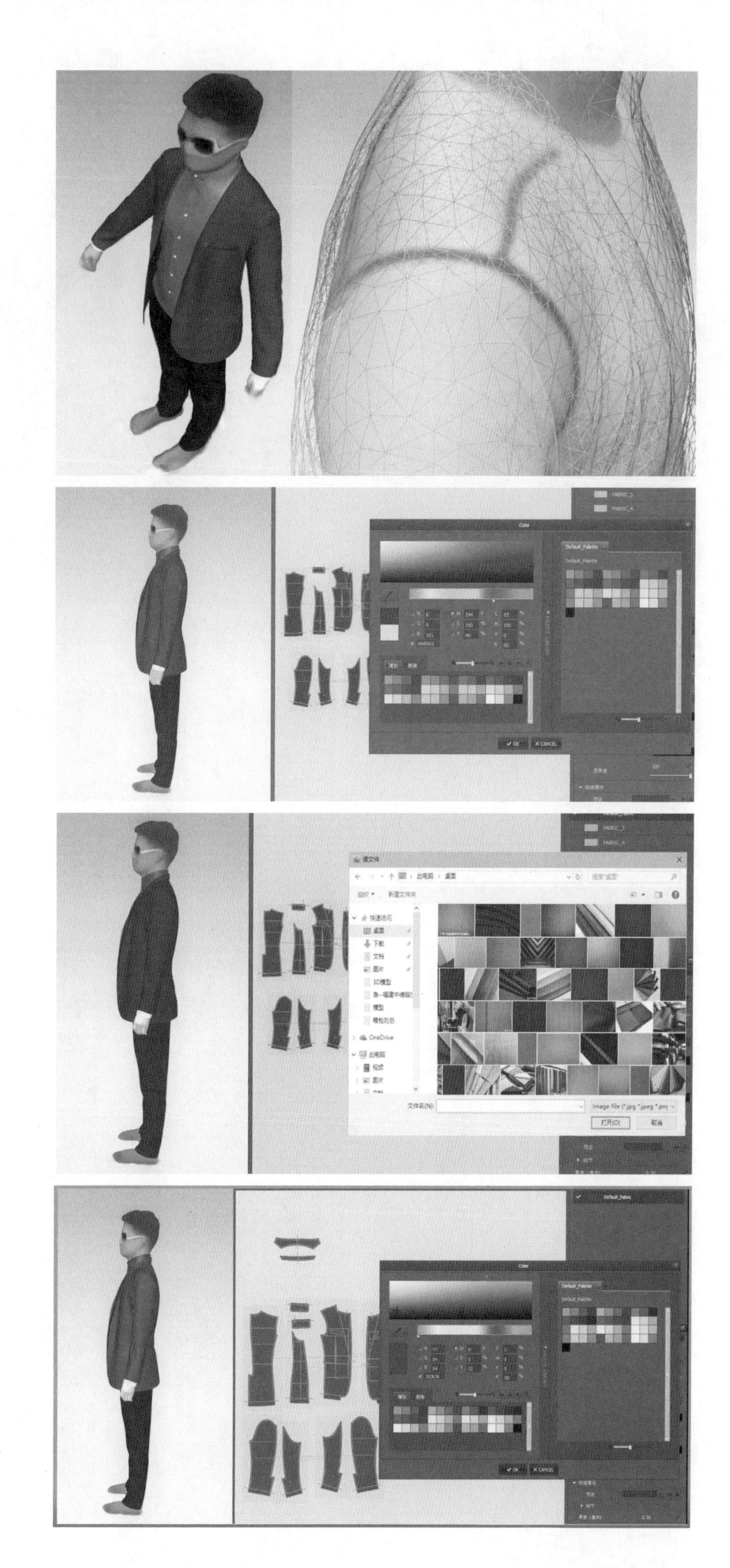

→ 图 13-39　形成多个设计方案